新东方 XDF.CN

MW01706806

基础培训

新东方AP考试指定辅导教程

AP微积分

第2版

Calculus AB&BC

北京新东方学校AP教研中心·主编
罗 勇·编著

群言出版社
QUNYAN PRESS
·北京·

图书在版编目(CIP)数据

AP微积分 / 罗勇编著. —北京：群言出版社，2010（2019.11重印）
ISBN 978-7-80256-207-3

Ⅰ. ①A… Ⅱ. ①罗… Ⅲ. ①微积分—高等学校—入学考试—自学参考资料 Ⅳ. ①O172

中国版本图书馆CIP数据核字（2010）第225086号

责任编辑： 孙春红
封面设计： 大愚设计

出版发行： 群言出版社
地　　址： 北京市东城区东厂胡同北巷1号（100006）
网　　址： www.qypublish.com（官网书城）
电子信箱： dywh@xdf.cn　qunyancbs@126.com
联系电话： 010-62418641　65267783　65263836
经　　销： 全国新华书店

印　　刷： 三河市良远印务有限公司
版　　次： 2010年12月第1版　2019年11月第18次印刷
开　　本： 880mm×1230mm　1/16
印　　张： 20.75
字　　数： 240千字
书　　号： ISBN 978-7-80256-207-3
定　　价： 60.00元

序 言

AP(Advanced Placement)课程在中国的成功登陆，无论是对中国高中教育的体系还是对中国高中教育的教学思路都是个不小的冲击。不同于国内高中“一刀切”(不论学习能力强弱，不论不同兴趣爱好，所有高中生都学习统一的标准课程)的教育体系，AP课程作为美国大学理事会(College Board)的明星产品，让学有余力的高中生能提前学习大学课程，不仅体现了分级教学的思想，更是满足了不同学习能力、不同学习兴趣学生学习的需要。

据美国大学理事会的年度报告，申请顶尖名校的学生向大学招生办提供了平均4~5门AP成绩，而AP成绩在所有录取因素中以80.3%的影响力居第一位。因此，在SAT和TOEFL成绩的基础上，AP成绩成为了步入名校竞争的新项目。随着中国学生留学大潮的涌来，加上AP课程在中国本土的开设，AP考试成为了时下最时髦的留学考试之一。

历史的实践告诉我们，无论是科学，还是技术，还是小到一个考试，完全照搬西方肯定是行不通的。因此，AP在中国的教学、考试辅导等工作都已经悄然开展，不管是摸石头过河，还是模拟赶超，AP中国本土化势必进行。基于此，北京新东方学校成立了一支具有博士学历教师组成的AP教研中心团队，大力开展了AP课程的教学教研活动。在近两年的研究过程当中，教材问题成为了当前最棘手的问题。在目前国内市面上，适合中国本土的AP教材几乎空白。为了帮助国内AP学习者更好的学习AP课程和准备AP考试，我们按照AP官方给出的考试大纲，编写了此套中英文结合的AP教材。AP考试不同于托福等语言类考试，它是学科考试。学科知识无论用什么语言来描述都是同样的知识，因此本系列教材适当辅以中文解释，帮助考生更深入的理解。另一方面，为了让考生能够适合未来英文学习和英文考试的需要，本系列教材的定理展开、例题讲解等大部分内容都采用了英文描述。中英结合，易于中国考生对知识点的理解和把握。希望本套教材能给AP学习者助一臂之力。

最后，要感谢关心和支持本套书出版的大愚文化传播公司，北京新东方学校北美部的AP教研团队，是他们的努力才使得本书能够顺利的出版。限于水平，书中难免有不妥之处，望同行、读者不吝赐教。

范 猛

北京新东方学校北美考试部主任

第二版前言

本书第二版是在第一版的基础上，根据教学实践和考试研究，按照新版的AP微积分考试说明(AP calculus course description)，参考大量读者的建议和反馈，进行修订而成的。

在本次修订中，我们对相关的概念进行了重新定义（如critical point等），对相关章节进行了重新布局(如第6章等)，丰富了相关考试重点内容的习题(如第10章等)。同时，第二版添加了图形计算器在AP微积分考试中的使用指南，增加了1套AP微积分考试的模考题，补充了《AP Calculus AB&BC公式大全》和《AP Calculus BC考试中常见的极坐标图像》两个附录。第二版对第一版出现的个别印刷错误等也进行了修改和校正。

本次修订工作得到了北京新东方学校李楠楠老师、林丹丹老师、周麟老师、袁堂钢老师等，以及北京新东方大愚文化传播有限公司的大力支持。新版存在的问题，欢迎广大同行、读者批评指正。联系邮箱：luoyong2@xdf.cn或luoyong980@163.com。欢迎访问作者的个人主页www.luoyong.org获取更多关于AP微积分的信息。

罗　勇

2012年12月于北京

第一版前言

众所周知，教学工作有三个主体：学生、教师、教学资料，其中教材是教学资料当中最为重要的部分。随着AP教学在中国的迅速开展，编写一本适合中国AP学习者的教材显得尤为重要。本书便是基于此想法，在对AP教学和AP考试反复研究的基础上编写而成的。

本书得以成功出版，要归功于团队的力量。本书从构思结构到归纳考点，从主要知识到课后习题，从仔细编辑到认真校对，无不体现了领导、同行以及各位朋友的帮助。在此，要感谢北京新东方的范猛老师和李楠楠老师，是他们高瞻远瞩的把握了本书的知识结构；要感谢北京化工大学的郄凤翔、赵俊、刘勇、万里平，是他们对本书进行了中英文校对、习题的核算等大量细致的工作；要感谢我的父母及哥哥嫂嫂，是他们无形的精神支持，使得我在万家灯火的春节期间仍坚持在书桌旁完成此书稿。同时要感谢以下朋友们对我个人以及本书出版的支持，他们是：曾柳、李明亮、杨燕山、拓明鑫、李渊、李宁、许世彬、马欣欣、曾泽泉。此外，北京新东方大愚文化传播有限公司更是给予了大力支持，在此表示衷心的感谢！

最后，要感谢我可爱的学生们，感谢他们陪伴我走过每一堂AP微积分课，感谢他们对本书提出的宝贵建议和反馈。

限于本人水平和时间仓促，对书内的疏漏和不当之处，敬请读者批评指正，以便重印和再版时予以改正。

罗　勇

2010年12月于北京

Contents

* BC only

Chapter 1

Introduction of AP Calculus Exam AP微积分考试介绍

AP是Advanced Placement的缩写，即大学预修课程。AP课程及考试始于1955年。美国高中AP课程是由美国大学理事会(College Board)主持，在高中阶段开设的具有大学水平的课程，有22个门类、37个学科，已在美国15000多所高中里普遍开设。它可以使高中学生提前接触大学课程，避免了高中和大学初级阶段课程的重复。目前，已有40多个国家的近3600所大学承认AP学分为其入学参考标准，其中包括哈佛、耶鲁、牛津、剑桥等世界名牌大学。清华大学、北京大学、北京语言大学等也接受AP成绩。

美国每年有200万高中毕业生，他们都要参加美国高考SAT和AP课程的考试。美国的初等教育是免费的，而高等教育是收费的。美国高中生会在11年级时完成SAT的考试，在12年级，即高中的最后一年，要做两件大事。其一，依据SAT的考试成绩，申请大学和奖学金；其二，选修和备考AP课程及考试。该项考试的目的在于，利用高中最后一年免费教育的时间，提前完成一些美国大学的学分课程及考试。否则，在大学阶段完成同样的课程和学分，要支付高昂的学费。也就是说，AP课程及考试可以为高中生起到减免大学学分、降低大学教育成本、缩短大学教育时间的目的。对中国学生而言，除了可获取美国大学学分、省时省钱外，还可以在国内提前解决好在美国上大一课程适应难的问题。

申请美国名牌大学时需要向学校招生办提供：申请论文(个人陈述)、年级排名、在校总平均成绩，入学考试(SAT)成绩、AP/A-LEVEL成绩、推荐信、工作实践经验等信息。从美国大学录取顾问委员会公布的影响大学录取因素比较分析可以了然人心。AP成绩以80.3%的影响力居第一，对大学录取过程起决定性作用，因为它向学校充分展示学生的才智、专长及学生能力。所以学习AP课程，参加AP考试可以让学生在名校录取竞争中脱颖而出，占尽先机。

AP微积分课程包括微积分AB(Calculus AB)和微积分BC(Calculus BC)两门课。微积分AB需要1年的课程学习时间，其内容大约占了大学一年微积分课程内容的四分之一(本书未加“*”内容为AB的全部考试内容)，而微积分BC需要1年多的课程学习时间，其内容包括了大学一年微积分课程内容的二分之一(本书全部内容为BC的全部考试内容)。开设AP Calculus课程的学校或者自学的读者，应该在高一高二进行合理安排，确定课程计划，以保证把学习微积分应具备的知识先行学习完毕。由于AP微积分是一门大学水平的课程，具有挑战性，因此准备学习此门课程的学生须有坚实的数学基础。

一、考试报名

AP国内报名网站：http://www.apchina.net.cn；

香港考务局报名网站：http://www2.hkeaa.edu.hk；

AP考试每门课程考试费用1000元或1400港币左右；

AP考试每年3月上旬截止报名，5月初考试。

二、考试内容

见考试说明(AP calculus course description)。

(下载地址：http://www.collegeboard.com/student/testing/ap/about.html)

三、考试概况

1. 考试试卷题型分布(考试时间共195分钟，共108分)

多项选择题 Multiple-Choice section	总计45题/105分钟	每个选择题答对得1分，不答得0分，答错不扣分，卷面得分乘以一个系数1.2为最后得分。如果所有题都对，则得54分，占总分的50%。
A部分：无计算器	28题/55分钟	
B部分：有计算器	17题/50分钟	
自由问答题 Free-response section	总计6题/90分钟	每题9分，共54分，占总分的50%。
A部分：有计算器	2题/30分钟	
B部分：无计算器	4题/60分钟	

2. 2009年AP成绩大概分数对应表和5分制给分比例

AB Exam			BC Exam	
考试实际分数	5分制		考试实际分数	5分制
65－108	5		66－108	5
48－64	4		55－65	4
34－47	3		39－54	3
21－33	2		31－38	2
0－20	1		0－30	1

Calculus AB Subscores

Examination Grade	Calculus BC	
	N	% At
5	41.209	56.5
4	13.843	19.0
3	8.999	12.3
2	4.531	6.2
1	4.393	6.0
Number of Students	72.965	
3 or Higher/%	64.041	87.8
Mean Grade	4.14	
Standard Deviation	1.21	

Calculus BC Subscores

Examination Grade	Calculus BC	
	N	% At
5	31.554	43.2
4	12.807	17.6
3	14.041	19.2
2	5.408	7.4
1	9.155	12.5
Number of Students	72.965	
3 or Higher/%	58.402	80
Mean Grade	3.72	
Standard Deviation	1.40	

3. 考试成绩评定

AP 考试的成绩评定实行 5 分制。

得 5 分表示具有非常好的资格；得 4 分表示具有好的资格；

得 3 分表示具有资格； 得 2 分表示可能有资格；

得 1 分表示不予推荐。

一般得 3 分及以上的成绩为大多数大学接受，可以在以后进入大学时折抵大学的学分。少数顶尖大学要求 4 分或 5 分才能折抵大学学分。如哈佛大学 2003 年做出新规定，大多数专业 5 分的 AP 成绩才能折抵哈佛大学的学分。

4. 微积分考试允许使用的图形计算器

在微积分 AB、微积分 BC 的考试中，允许使用图形计算器，但在使用要求上有少许的不同，内置以下功能的图形计算器被允许在微积分 AP 考试中使用：

(1)能作函数图像；

(2)能够求方程的根(在解数值方程时)；

(3)能够对一个函数的导数进行数值计算；

(4)能够对定积分的值进行数值计算。

Casio	Hewlett-Packard	Texas Instruments
FX – 6000 series	HP – 9G	TI – 73
FX – 6200 series	HP – 28 series *	TI – 80
FX – 6300 series	HP – 38G *	TI – 81
FX – 6500 series	HP – 39 series *	TI – 82 *
FX – 7000 series	HP – 40 series *	TI – 83/TI – 83 Plus *
FX – 7300 series	HP – 48 series *	TI – 83 Plus Silver *
FX – 7400 series	HP – 49 series *	TI – 84 Plus *
FX – 7500 series	HP – 50 series *	TI – 84 Plus Silver *
FX – 7700 series		TI – 85 *
FX – 7800 series	Radio Shack	TI – 86 *
FX – 8000 series	EC – 4033	TI – 89 *
FX – 8500 series	EC – 4034	TI – 89 Titanium *
FX – 8700 series	EC – 4037	TI – Nspire/TI – Nspire CX *
FX – 8800 series		TI – Nspire CAS/
FX – 9700 series *	Sharp	TI – Nspire CX CAS *
FX – 9750 series *	EL – 5200	TI – Nspire CM – C *
FX – 9860 series *	EL – 9200 series *	TI – Nspire CAS CX – C *
CFX – 9800 series *	EL – 9300 series *	
CFX – 9850 series *	EL – 9600 series *	Other
CFX – 9950 series *	EL – 9900 series *	Datexx DS – 883
CFX – 9970 series *		Micronta
FX 1.0 series *		$Smart^2$
Algebra FX 2.0 series *		
FX – CG – 10 (PRIZM) *		
FX – CG – 20 *		

四、备考资料

1. 考试说明(AP calculus course description)。考试说明被列为考生必读书，考生想要了解的关于考试的任何内容考试说明中几乎都有，不仅有考试大纲，还有自由问答题的样题和评分示范。所以在开始准备和临考前都要重点研究考试说明。考前也需要对照考纲进行复习，做到不遗漏。

2. AP 官网免费下载的所有自由问答题(参考 http://apcentral. collegeboard. com)。

五、备考时间安排

美国高中如果开 AP 微积分课程的话，一般是安排一年的学习时间。从每年暑假开始上，一直到第二年 5 月份。但是由于中国的考生，很多人还面对高考或者 SAT 考试的压力，即使拿到了 OFFER 的读者也没这么多时间来学习。所以我们必须接受这样一个在有限的时间里完成学习 AP Calculus 和考试的挑战。如果说从每年 1 月份开始准备的话，对于数学底子还不错的中国高中生来说，时间上和能力上都是完全来得及的。下面给出一个建议的时间表：

时间	周数	安排
1.1 - 1.7	1	看考试说明，考试报名，下载打印官网上的资料，准备一个 AP 考试用的计算器，学习一些基本的数学术语的英文表达
1.8 - 2.28	7	把本教材看一遍，要求是基本看懂、看通(如果自学感到很吃力的话，可以上辅导班，让老师帮助自己疏导“考试内容的框架”)
3.1 - 3.28	4	把本教材再看一遍，把教材所有的例题和习题都做一遍，熟练计算器的使用
3.29 - 4.30	4	研究官方样题，做模拟题，总结考试规律和解题方法
5.1 - 5.7	1	考前查漏补缺，准备考试用的物品，熟悉考场

Chapter

2 Functions 函数

【Vocabulary·词汇梳理】

Interval n. 区间

[引]open/closed interval 开/闭区间

length of an interval 区间长度

Variable n. 变量

[引]independent variable 自变量 intermediate variable 中间变量

Function n. 函数

[引]domain and range 定义域与值域

sign function 符号函数

piecewise function 分段函数

function property 函数性质

even function 偶函数

odd function 奇函数

periodic function 周期函数

monotone function 单调函数

inverse function 反函数

composite function 复合函数

elementary function 初等函数

power function 幂函数

exponential function 指数函数

logarithmic function 对数函数

trigonometric function 三角函数

inverse trigonometric function 反三角函数

parametric function 含参函数

polar function 极(坐标)函数

vector function 向量函数

transforming function 函数变换

operation of function 函数运算

[引]add、subtract、multiply、divide v.（加、减、乘、除）

sum、difference、product、quotient n.（和、差、积、商）

Trigonometric identity 三角恒等式

[引]Pythagorean identities 毕达哥拉斯等式 $\sin^2 x + \cos^2 x = 1$

double-angle formula 两倍角公式 $\sin 2x = 2\sin x\cos x$

power-reducing formula 降幂公式 $\cos^2 x = \frac{1 + \cos 2x}{2}$

sum and difference formula（角）和差公式

$\sin(x \pm y) = \sin x\cos y \pm \cos x\sin y$

Polar equation 极坐标方程

[引] vertex 顶点

polar coordinate 极坐标

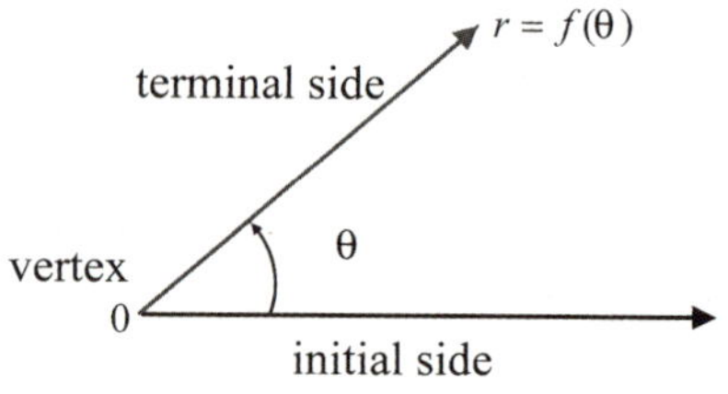

【Topics·知识精讲】

2.1 Five Basic Elementary Functions[①] 五种基本初等函数

高中所学五种函数(幂函数、指数函数、对数函数、三角函数、反三角函数)都是我们进一步学习高等数学的基础。AP 微积分将以这五种函数为基础展开极限、导数和积分等学习，进步一讨论函数的各种性质。五大函数的定义域和值域、图像和性质(单调性、奇偶性、周期性等)以及运算都是 AP 学习者需要牢固掌握的基础知识。

我们知道描述一个函数有以下四种形式：

Verbally（by a description in words 文字描述）

Numerically（by a table of values 数值列表）

Visually（by a graph 图像）

Algebraically（by an explicit formula 解析式）

AP 微积分考试中，free-response 部分总共 6 个题，试题中出现的函数将会以上面四种形式出现。在分析样题的时候，我们发现部分题都只给出函数的图像，不给出函数解析式，这时候让中国考生感觉比较吃力。因为中国的高考和中国的考生最喜欢和最习惯做的题几乎

① 本章为国内高中高一所学函数知识的总结，学完高一课程的读者只需把本章作为一个复习章节。若没学本章知识的读者务必认真学习本章知识，本章为后面所有章节的基础。

都是直接给出函数解析式的题，即 Algebraically（by an explicit formula），然后再去求解一些问题。所以读者应当在平时的学习中，要不断地去习惯其他三种形式。

1. Power Functions 幂函数

(1) Power Functions 幂函数 $y=x^{\mu}$ (μ is a constant)

(a) When $\mu=n$ (where n is a positive integer)

When n is even, the function is also an even function(偶函数);

When n is odd, the function is also an odd function(奇函数);

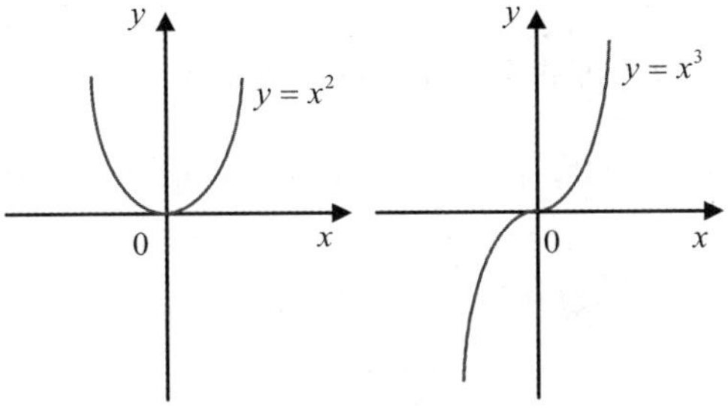

(b) When $\mu=\frac{1}{n}$ (where n is a positive integer)

When n is even, the domain of the function is $(0, +\infty)$;

When n is odd, the domain of the function is $(-\infty, +\infty)$;

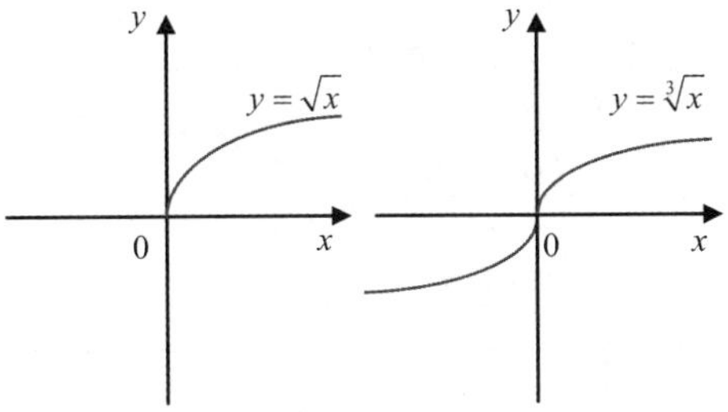

The following figure are the graphs of the functions when $\mu=-1, \frac{1}{2}, 1, 2$.

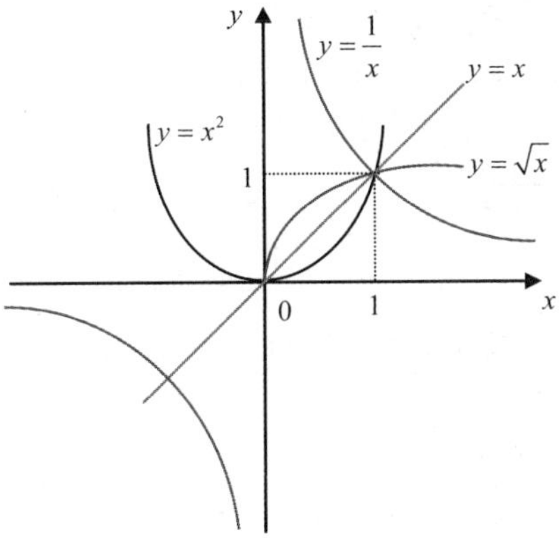

(2) Polynomial Functions 多项式函数

多个幂函数进行加减乘运算即得到多项式函数，记为：

$f(x)=a_0x^n+a_1x^{n-1}+a_2x^{n-2}+\cdots+a_{n-1}x+a_n$ (n is a positive integer or zero)

$n=1$, linear function(一次函数), $f(x)=kx+b\,(k\neq0)$

$n=2$, quadratic function(二次函数), $f(x)=ax^2+bx+c\,(a\neq0)$

$n=3$, cubic function(三次函数), $f(x)=ax^3+bx^2+cx+d\,(a\neq0)$

(3) Rational Functions 有理函数

二个多项式函数进行除运算即得到 Rational function，记为：

$$f(x)=\frac{P(x)}{Q(x)}\,(Q(x)\neq0)\ [P(x) \text{ and } Q(x) \text{ are polynomial functions}]$$

2. Exponential Functions 指数函数

$$y=a^x\,(a>0 \text{ and } a\neq1)$$

(1) Graphs

函数 Function	$y=a^x(a>1)$	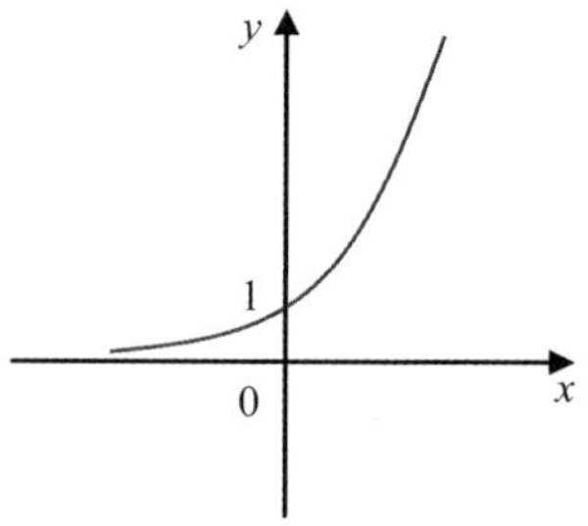
定义域 Domain	$(-\infty, +\infty)$	
值域 Range	$(0, +\infty)$	
过定点 Fixed point	$(0, 1)$	
单调性 Monotonicity	$x\in R$ increasing interval	
函数 Function	$y=a^x(0<a<1)$	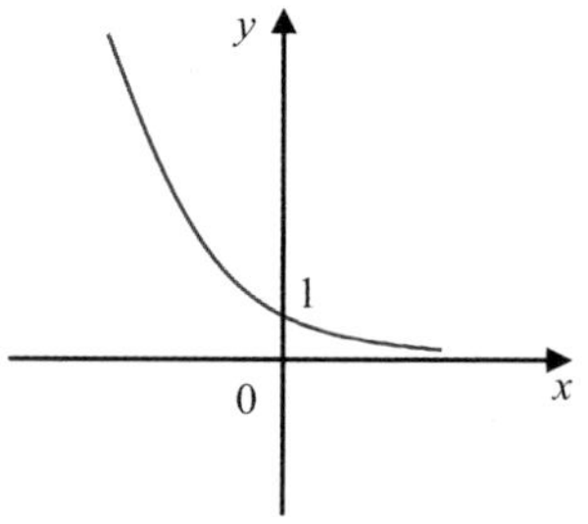
定义域 Domain	$(-\infty, +\infty)$	
值域 Range	$(0, +\infty)$	
过定点 Fixed point	$(0, 1)$	
单调性 Monotonicity	$x\in R$ decreasing interval	

(2) Formulas for Operation

$$a^m a^n = a^{m+n}$$

$$(a^m)^n = a^{mn}$$

$$(ab)^m = a^m b^m$$

$$\sqrt[n]{a^m} = a^{\frac{m}{n}}$$

3. Logarithmic Functions 对数函数

$$y = \log_a x \ (a > 0 \text{ and } a \neq 1)$$

(1) Graphs

<table>
<tr><td>函数
Function</td><td>$y = \log_a x (a > 1)$</td><td rowspan="5">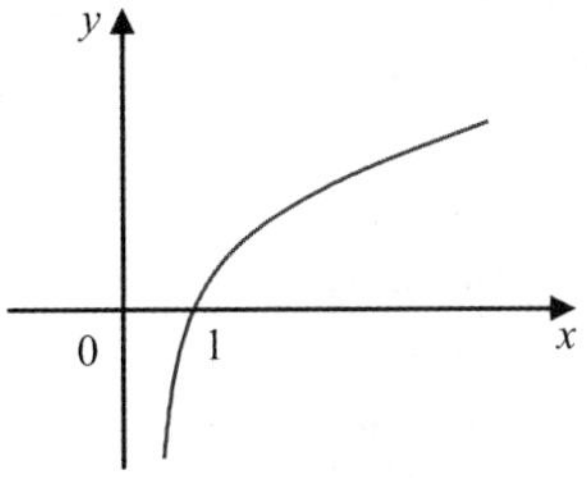
</td></tr>
<tr><td>定义域
Domain</td><td>$(0, +\infty)$</td></tr>
<tr><td>值域
Range</td><td>$(-\infty, +\infty)$</td></tr>
<tr><td>过定点
Fixed point</td><td>$(1, 0)$</td></tr>
<tr><td>单调性
Monotonicity</td><td>$x \in (0, +\infty)$ increasing interval</td></tr>
<tr><td>函数
Function</td><td>$y = \log_a x (0 < a < 1)$</td><td rowspan="5">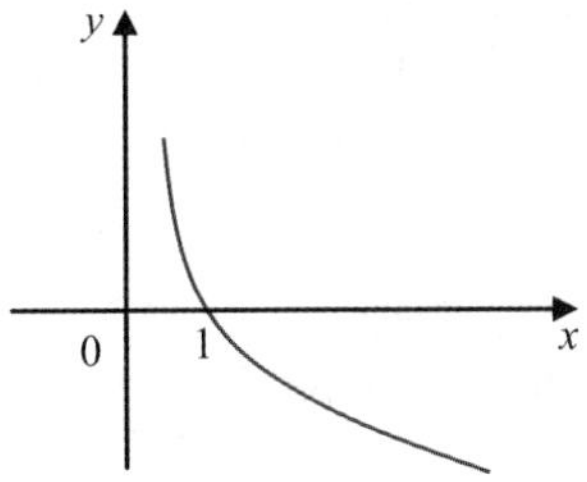
</td></tr>
<tr><td>定义域
Domain</td><td>$(0, +\infty)$</td></tr>
<tr><td>值域
Range</td><td>$(-\infty, +\infty)$</td></tr>
<tr><td>过定点
Fixed point</td><td>$(1, 0)$</td></tr>
<tr><td>单调性
Monotonicity</td><td>$x \in (0, +\infty)$ decreasing interval</td></tr>
</table>

(2) Formulas for Operation

$$\log_a(MN) = \log_a M + \log_a N$$

$$\log_a \frac{M}{N} = \log_a M - \log_a N$$

$$\log_a b = \frac{\log_c b}{\log_c a} (c > 0 \text{ and } c \neq 1)(\text{换底公式})$$

$$\log_{a^n} b^m = \frac{m}{n} \log_a b (n \neq 0)$$

$$a^{\log_a b} = b \text{ or } e^{\ln b} = b (\text{对数恒等式})$$

4. Trigonometric Functions 三角函数

(1) Graphs

函数 Function	$y = \sin x$	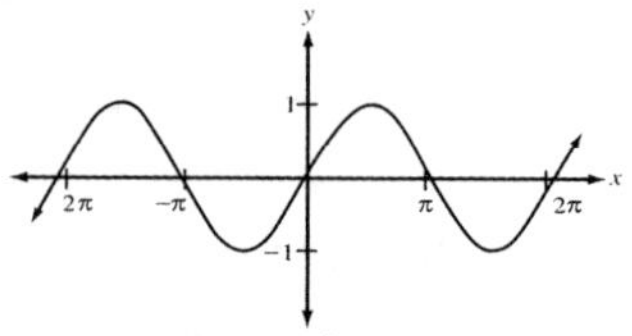 $y=\sin x$
定义域 Domain	$(-\infty, +\infty)$	
值域 Range	$[-1, 1]$	
奇偶性 Even or odd	odd	
单调性 Monotonicity	$x \in (2k\pi - \frac{\pi}{2}, 2k\pi + \frac{\pi}{2})(k \in Z)$ increasing interval $x \in (2k\pi + \frac{\pi}{2}, 2k\pi + \frac{3\pi}{2})(k \in Z)$ decreasing interval	
周期性 Periodicity	2π	
函数 Function	$y = \cos x$	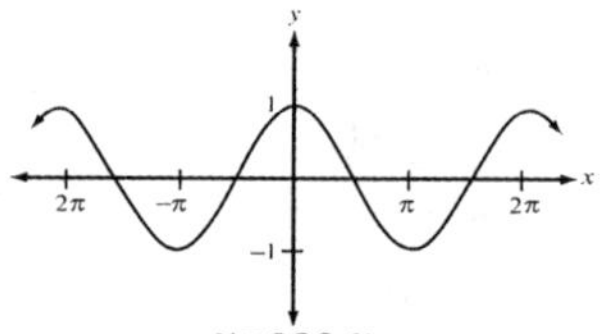 $y=\cos x$
定义域 Domain	$(-\infty, +\infty)$	
值域 Range	$[-1, 1]$	
奇偶性 Even or odd	even	
单调性 Monotonicity	$x \in (2k\pi - \pi, 2k\pi)(k \in Z)$ increasing interval $x \in (2k\pi, 2k\pi + \pi)(k \in Z)$ decreasing interval	
周期性 Periodicity	2π	

函数 Function	$y = \tan x$	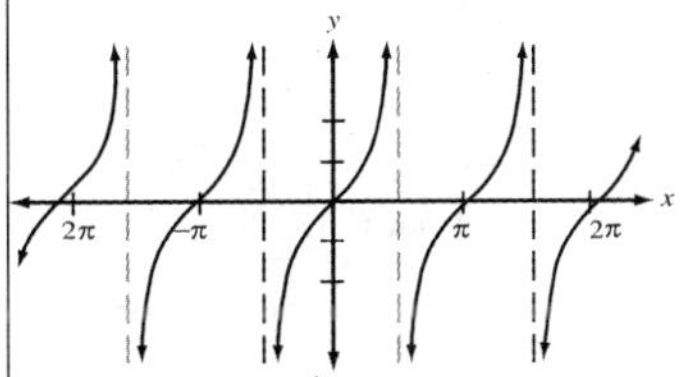 y=tan x
定义域 Domain	$\{x \in R \mid x \neq \frac{(2k+1)\pi}{2}\}\ (k \in Z)$	
值域 Range	$(-\infty, +\infty)$	
奇偶性 Even or odd	odd	
单调性 Monotonicity	$x \in (k\pi - \frac{\pi}{2}, k\pi + \frac{\pi}{2})(k \in Z)$ increasing interval	
周期性 Periodicity	π	
函数 Function	$y = \cot x$	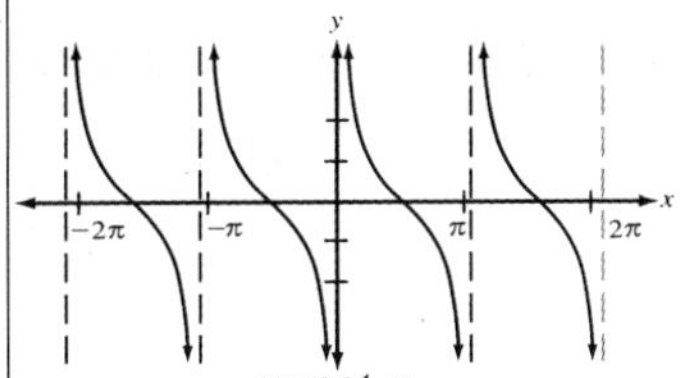 y=cot x
定义域 Domain	$\{x \in R \mid x \neq k\pi)\}\ (k \in Z)$	
值域 Range	$(-\infty, +\infty)$	
奇偶性 Even or odd	odd	
单调性 Monotonicity	$x \in (k\pi, k\pi + \pi)(k \in Z)$ decreasing interval	
周期性 Periodicity	π	
函数 Function	$y = \sec x = \frac{1}{\cos x}$	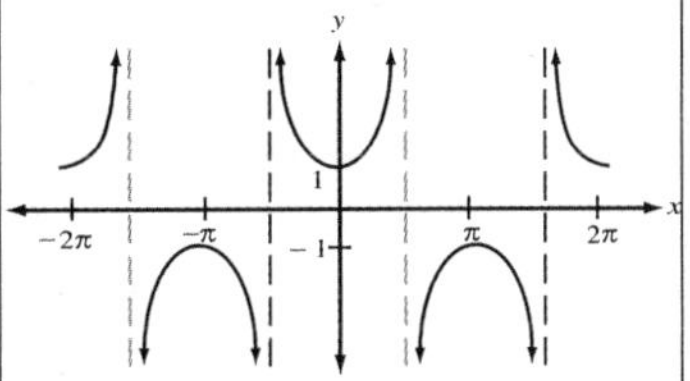 y = sec x
定义域 Domain	$\{x \in R \mid x \neq \frac{(2k+1)\pi}{2}\}\ (k \in Z)$	
值域 Range	$\{y \in R \mid \lvert y \rvert \geq 1\}$	
奇偶性 Even or odd	even	
单调性 Monotonicity	$x \in (2k\pi, 2k\pi + \frac{\pi}{2}) \cup (2k\pi + \frac{\pi}{2}, 2k\pi + \pi)$ $(k \in Z)$ increasing interval $x \in (2k\pi + \pi, 2k\pi + \frac{3\pi}{2}) \cup (2k\pi + \frac{3\pi}{2}, 2k\pi + 2\pi)$ $(k \in Z)$ decreasing interval	
周期性 Periodicity	2π	

函数 Function	$y=\csc x=\dfrac{1}{\sin x}$	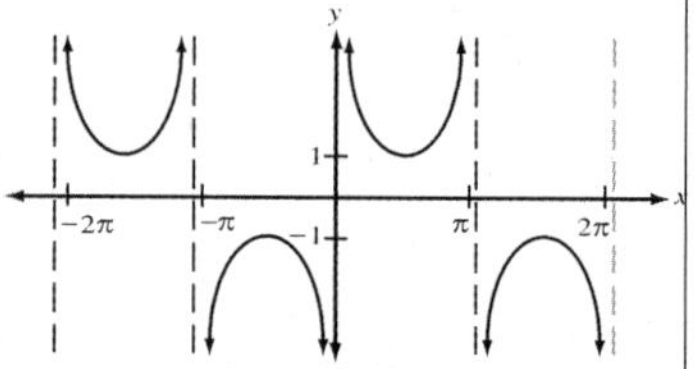 $y=\csc x$
定义域 Domain	$\{x\in R\mid x\neq k\pi\}$ $(k\in Z)$	
值域 Range	$\{y\in R\mid \lvert y\rvert\geq 1\}$	
奇偶性 Even or odd	odd	
单调性 Monotonicity	$x\in(2k\pi+\dfrac{\pi}{2},2k\pi+\pi)\mathrm{U}(2k\pi+\pi,2k\pi+\dfrac{3\pi}{2})$ $(k\in Z)$ increasing interval $x\in(2k\pi,2k\pi+\dfrac{\pi}{2})\mathrm{U}(2k\pi+\dfrac{3\pi}{2},2k\pi+2\pi)$ $(k\in Z)$ decreasing interval	
周期性 Periodicity	2π	

(2) Formulas for Operation

同角三角函数基本公式 Trigonometric identifies	平方关系	$\sin^2x+\cos^2x=1$ $1+\tan^2x=\sec^2x$ $1+\cot^2x=\csc^2x$
	商数关系	$\tan x=\dfrac{\sin x}{\cos x}$ $\cot x=\dfrac{\cos x}{\sin x}$
	倒数关系	$\sin x\cdot\csc x=1$ $\cos x\cdot\sec x=1$ $\tan x\cdot\cot x=1$
诱导公式 Induction formulas	法则：奇变偶不变，符号看象限。 在化简$\dfrac{k\pi}{2}\pm\alpha$的三角函数时，分两步走： 第一步，判断 k 的奇偶性。当 k 为偶数，化简时函数名不变；当 k 为奇数时，化简时函数名变化，正弦与余弦，正切与余切，正割与余割相互变化； 第二步，判断要化简三角函数的正负。把要化简的三角函数的 α 当成锐角，接着判断$\dfrac{k\pi}{2}\pm\alpha$这个角所在的象限，然后判断该角的三角函数的正负，此时的正负即为化简后三角函数的正负。 例如：化简 $\sin(\dfrac{3\pi}{2}-x)$。第一步，$k=3$ 为奇数，则 $\sin(\dfrac{3\pi}{2}-x)$ 应化为 $\cos x$；第二步，当 x 为锐角时，$\dfrac{3\pi}{2}-x$ 在第三象限，则 $\sin(\dfrac{3\pi}{2}-x)$ 为负，把符号添加到 $\cos x$ 前面。最终得： $\sin(\dfrac{3\pi}{2}-x)=-\cos x$	

两角和差公式 Sum and difference formulas	$\sin(\alpha+\beta)=\sin\alpha\cos\beta+\cos\alpha\sin\beta$ $\sin(\alpha-\beta)=\sin\alpha\cos\beta-\cos\alpha\sin\beta$ $\cos(\alpha+\beta)=\cos\alpha\cos\beta-\sin\alpha\sin\beta$ $\cos(\alpha-\beta)=\cos\alpha\cos\beta+\sin\alpha\sin\beta$ $\tan(\alpha+\beta)=\dfrac{\tan\alpha+\tan\beta}{1-\tan\alpha\tan\beta}$ $\tan(\alpha-\beta)=\dfrac{\tan\alpha-\tan\beta}{1+\tan\alpha\tan\beta}$
倍角公式 Double-angle formulas	$\sin 2\alpha=2\sin\alpha\cos\alpha$ $\cos 2\alpha=\cos^2\alpha-\sin^2\alpha=2\cos^2\alpha-1=1-2\sin^2\alpha$ $\tan 2\alpha=\dfrac{2\tan\alpha}{1-\tan^2\alpha}$ (1) $1+\cos 2\alpha=2\cos^2\alpha$ (2) $1-\cos 2\alpha=2\sin^2\alpha$

以上公式能够全部掌握最好，因为西方国家(特别是美国)很重视三角函数的学习，对三角函数的要求比在国内高考还高，例如在国内，我们基本上只需掌握 sin，cos，tan 三个函数就可以了，但是在国外六个三角函数都要求熟练掌握。如果只是对付 AP 微积分考试的话，最少要掌握“同角三角函数基本公式和倍角公式”，在后续的求导和积分中，我们经常可以见到三角函数的踪迹。

5. Trigonometric Functions 反三角函数

(1) Graphs

<table>
<tr><td>函数
Function</td><td>$y=\arcsin x$</td><td rowspan="5">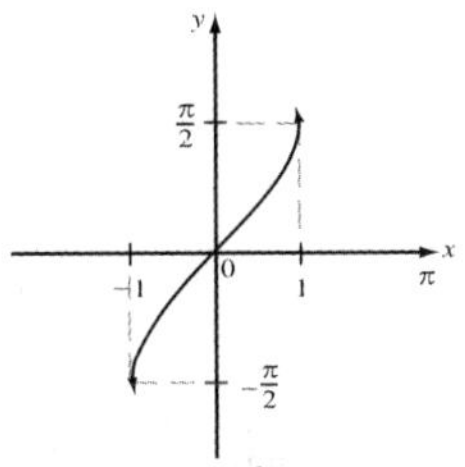
$y=\arcsin x$</td></tr>
<tr><td>定义域
Domain</td><td>$[-1,1]$</td></tr>
<tr><td>值域
Range</td><td>$\left[-\dfrac{\pi}{2},\dfrac{\pi}{2}\right]$</td></tr>
<tr><td>奇偶性
Even or odd</td><td>odd</td></tr>
<tr><td>单调性
Monotonicity</td><td>$x\in[-1,1]$ increasing interval</td></tr>
</table>

函数 Function	$y = \arccos x$	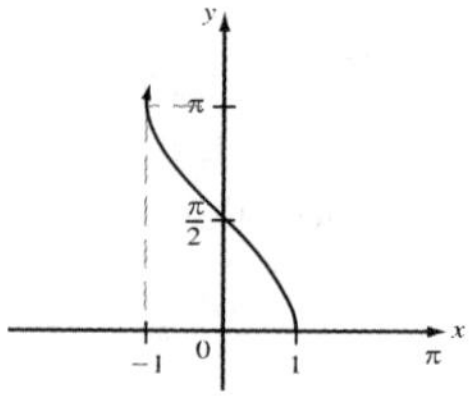 $y = \arccos x$
定义域 Domain	$[-1, 1]$	
值域 Range	$[0, \pi]$	
奇偶性 Even or odd	none	
单调性 Monotonicity	$x \in [-1, 1]$ decreasing interval	
函数 Function	$y = \arctan x$	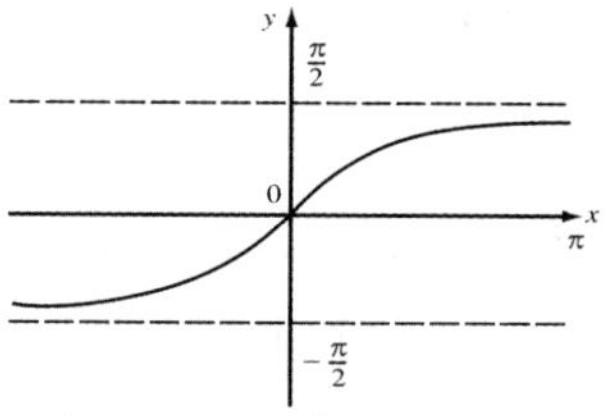 $y = \arctan x$
定义域 Domain	$(-\infty, +\infty)$	
值域 Range	$(-\frac{\pi}{2}, \frac{\pi}{2})$	
奇偶性 Even or odd	odd	
单调性 Monotonicity	$x \in (-\infty, +\infty)$ increasing interval	

对于反三角函数掌握其定义域和值域，熟悉其图像即可。除了上面介绍的五种函数之外，还有以下几个常见的函数需要大家掌握其英文名称、概念和图像性质。

（1）Absolute-Value Functions 绝对值函数

$$f(x) = |x|$$

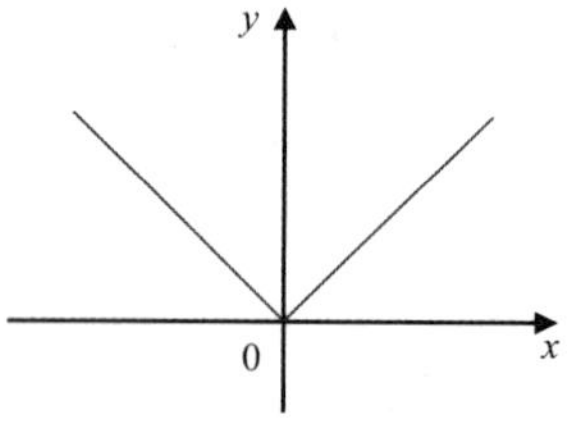

（2）Greatest-Integer Functions 取整函数

$$f(x) = [x]$$

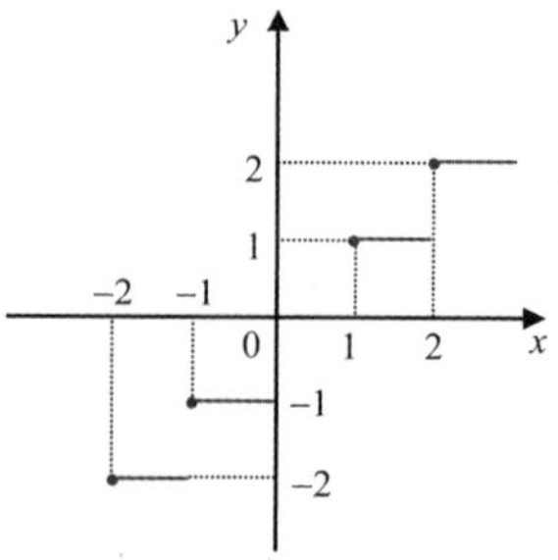

(3) Hook Functions 对勾函数

$$f(x)=ax+\frac{b}{x}\ (a\neq 0,\ b\neq 0)$$

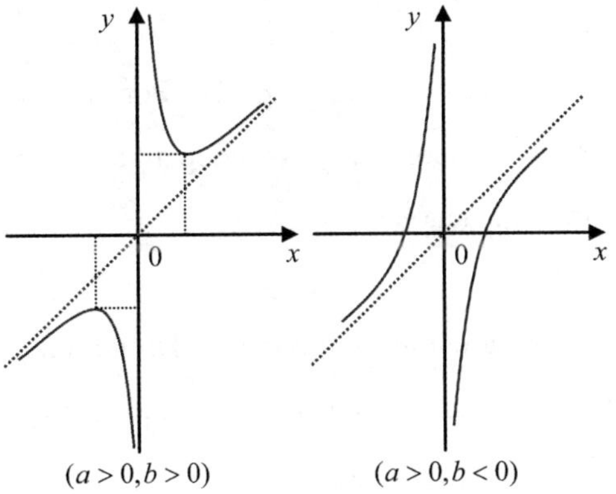

(4) Piecewise Defined Functions 分段函数

The function is defined by different formulas in different interval of its domain(在定义域内，不同的区间有不同的解析式). For example,

$$f(x)=\begin{cases}-1 & (x\leq 0)\\ |x-1|-2 & (x>0)\end{cases}$$

The graph

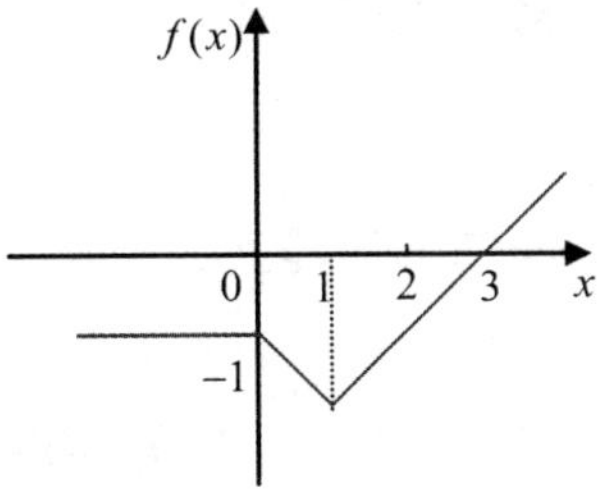

Example 1 Find the value of each expression.

(a) $\log_{\frac{1}{8}}2$ (b) $e^{2\ln 3}$

(c) $\arcsin(-1)$ (d) $2^{(-1+3\log_2 2)}$

Solution: Using the laws of logarithms, exponents and inverse sine function, we get:

(a) $\log_{\frac{1}{8}}2=\log_{2^{(-3)}}2^1=\frac{1}{-3}\log_2 2=-\frac{1}{3}$

(b) $e^{2\ln 3}=e^{\ln 3^2}=e^{\ln 9}=9$

(c) $\arcsin(-1)=-\frac{\pi}{2}$

(d) $2^{(-1+3\log_2 2)}=2^{-1}\cdot 2^{3\log_2 2}=\frac{1}{2}\times 2^{\log_2 8}=\frac{1}{2}\times 8=4$

2.2 Inverse Functions 反函数

Let $y=f(x)$ be a function with domain A and range B. For each $y\in B$, there is only one $x\in A$ such that $f(x)=y$ holds. If we consider y as the independent variable and x as the dependent variable, we obtain a new function denoted by

$$x=\varphi(y)$$

The function is called the inverse function of the original function $y=f(x)$. Then we replace x by y and replace y by x in the representation $x=\varphi(y)$, and get $y=\varphi(x)$. The other form is

$$y=f^{-1}(x)$$

反函数需要掌握的四个知识点：

1）求反函数步骤：将原函数变形，用 y 表示 x，将 x 与 y 互换，求出定义域；

2）反函数的定义域是原函数的值域，反函数的值域是原函数的定义域；

3）反函数图像与原函数图像关于 $y=x$ 对称；

4）反函数存在的条件：原函数在定义域内某区间单调。

2.3 Composite Functions 复合函数

复合函数是由两个或两个以上的基本初等函数复合而成的。“复合”与求反函数一样都是创造新函数的一种手段。注意：复合并不是简单的加减乘除，而是用一个基本初等函数（Basic Elementary Function）去替换另外一个基本初等函数的变量。例如函数 $f(x)=2^x$，$g(x)=x^2$，函数 $f(x)=2^x$ 的变量为 x，现将 $g(x)=x^2$ 去取代函数 $f(x)=2^x$ 变量 x 的位置，得复合函数 $f[g(x)]=2^{x^2}$。

当我们了解了复合函数的“创造过程”之后，根据数学的解题思想——解决复杂问题的方法是“化繁为简”——通常我们将复合函数拆分为几个基本初等函数去分析，这个过程我们称之为“换元”。“换元”思想是一种重要的数学思想，其实也是教会我们为人处事的一种思维方法，学数学的本质和初衷也是为了培养人的一种思维能力。

$$y=f[g(x)] \text{ or } y=f\circ g(x)$$

Let $u=g(x)$, then

$$y=f(u),u=g(x)$$

（我们把 u 称作 intermediate variable，中间变量）

Example 2 Which basic elementary functions compose the following composite functions?

(a) $y=(-x)^2$　　(b) $y=2^{x^2}$　　(c) $y=\log_2\dfrac{1}{x-1}$　　(d) $y=\sin^2(\sqrt{2x^2-1})$

Solution: Using the definition of composite function, we get:

(*a*) $y=(-x)^2 \Rightarrow$ Let $y=(u)^2$, $u=-x$

(*b*) $y=2^{x^2} \Rightarrow$ Let $y=2^u$, $u=x^2$

(*c*) $y=\log_2 \dfrac{1}{x-1} \Rightarrow$ Let $y=\log_2 u$, $u=\dfrac{1}{x-1}$

(*d*) $y=\sin^2(\sqrt{2x^2-1}) \Rightarrow$ Let $y=u^2$, $u=\sin v$, $v=\sqrt{w}$, $w=2x^2-1$

2.4 Parametric Functions 参变量函数*

If x and y are both given as functions of a third variable, then the variable is called a parameter and the equation is called a parametric equation. The standard expression:

$$\begin{cases} x=f(t) \\ y=g(t) \end{cases}$$

Example 3 What curve is represented by $\begin{cases} x=a\cos t \\ y=b\sin t \end{cases}$ where $0 \leq t \leq 2\pi (a \neq 0, b \neq 0)$?

Solution: First, simplify the expression like this:

$$\begin{cases} \dfrac{x}{a}=\cos t \\ \dfrac{y}{b}=\sin t \end{cases}$$

Next, using Trigonometric Identify $\sin^2 t+\cos^2 t=1$,

$$\frac{x^2}{a^2}+\frac{y^2}{b^2}=1$$

If $a^2=b^2$, it represents a circle;

If $a^2 \neq b^2$, it represents an ellipse.

2.5 Polar Functions 极坐标函数*

一个极坐标系统通常由一定点(称为极点(pole))及由此极点射出的一条射线(称为极轴(polar axis))组成。为了方便与直角坐标系统作比较，通常把直角坐标系统的原点作为极点，把右半条横轴作为极轴。

在二维平面中，通常一个函数 $y=f(x)$ 需要两个参数来表征。在直角坐标系中，我们用

横坐标 x 和纵坐标 y 来定位一个点 $P(x,y)$ 或一个函数 $y=f(x)$；在极坐标系中我们用极角 θ（极点与 P 点连成的射线和极轴形成的角。角的规定与三角函数中角的规定一致）和点到极点的距离 r 来确定一个点 $P(r,\theta)$ 或一个函数 $r=f(\theta)$。根据 r 的意义，有 $r\geq 0$。为了拓展极坐标的应用，规定 r 也可以为负。点 $P'(-r,\theta)$ 为 $P(r,\theta)$ 绕极点逆时针旋转 180°，即 $P'(-r,\theta)=P(r,\theta+\pi)$。

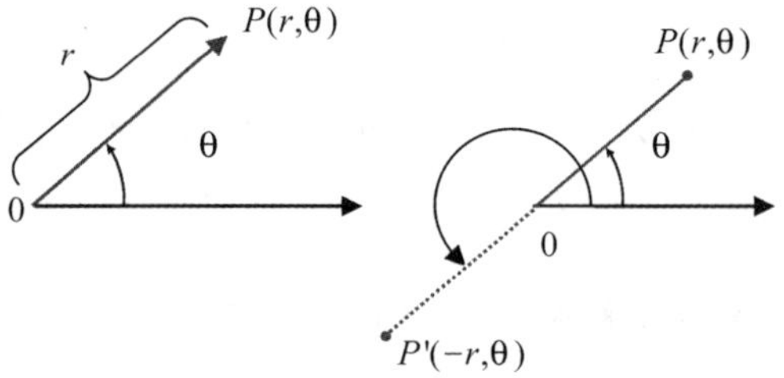

r is the distance from the point O to P;

θ is the angle between the polar axis and the line OP. The angle is positive if measured in the counter-clockwise from the polar axis and negative in the clockwise direction.

<table>
<tr><th>Cartesian coordinate 直角坐标系</th><th>Polar coordinate 极坐标系</th></tr>
<tr><td>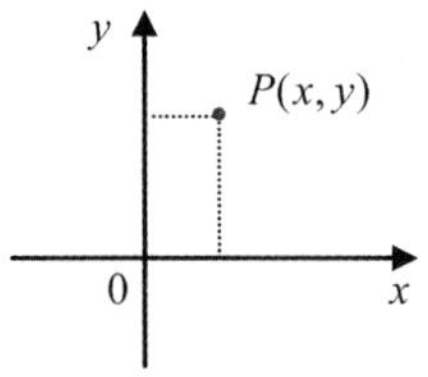</td><td>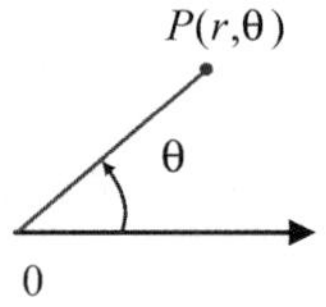</td></tr>
<tr><td>$y=f(x)$</td><td>$r=f(\theta)$</td></tr>
<tr><td>$P(x,y)$</td><td>$P(r,\theta)$</td></tr>
<tr><td colspan="2">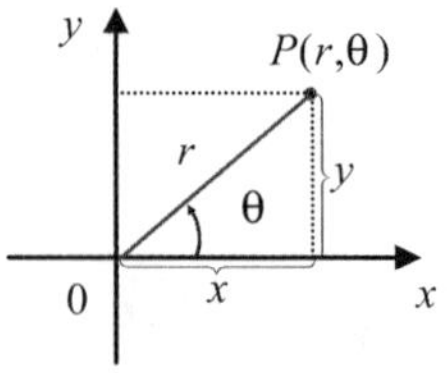
Cartesian coordinate $\begin{cases} r^2=x^2+y^2 \\ \tan\theta=\dfrac{y}{x} \end{cases}$ Polar coordinate
$y=f(x)$ $\longleftrightarrow$ $\begin{cases} x=r\cos\theta=f(\theta)\cos\theta \\ y=r\sin\theta=f(\theta)\sin\theta \end{cases}$ $r=f(\theta)$</td></tr>
</table>

Example 4 Plot the points in the polar coordinate.

(*a*) $A=(3,\frac{\pi}{2})$ (*b*) $B=(2,-\frac{3\pi}{4})$ (*c*) $C=(-2,\frac{\pi}{2})$

Solution:

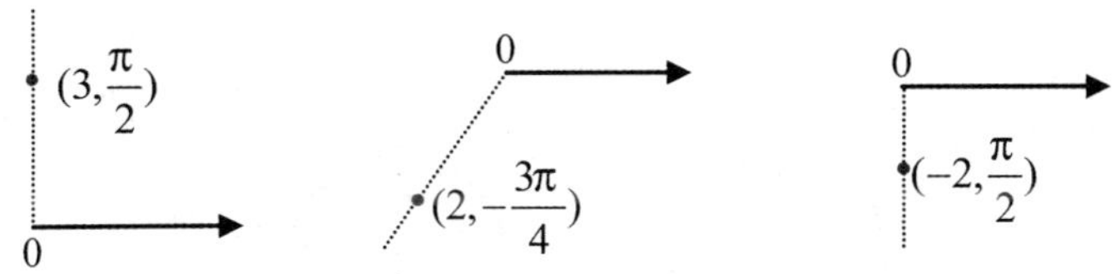

(*a*) (*b*) (*c*)

Example 5 What curves are represented by the following equations?

(*a*) $r=1$ (*b*) $r=\sin\theta$ (*c*) $r=1+\sin\theta$

Solution:

(*a*) $r=1\Rightarrow r^2=1\Rightarrow x^2+y^2=1$

It represents a circle with center (0, 0) and radius 1.

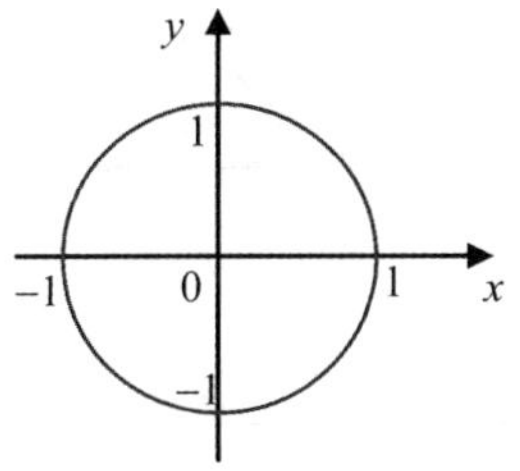

(*b*) $r=\sin\theta\Rightarrow r^2=r\sin\theta\Rightarrow x^2+y^2=y\Rightarrow x^2+(y-\frac{1}{2})^2=\frac{1}{4}$

It represents a circle with center $(0,\frac{1}{2})$ and radius $\frac{1}{2}$.

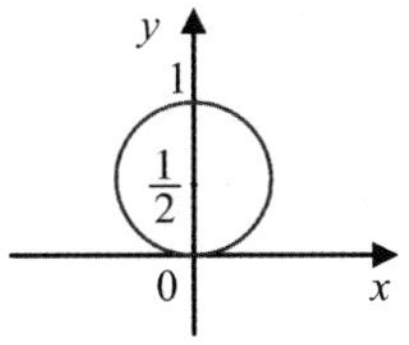

(*c*) We get a table by the given θ and the calculation of r.

θ	0	$\frac{\pi}{4}$	$\frac{\pi}{2}$	$\frac{3\pi}{4}$	π	$\frac{5\pi}{4}$	$\frac{3\pi}{2}$	$\frac{7\pi}{4}$	2π
r	1	$1+\frac{\sqrt{2}}{2}$	2	$1+\frac{\sqrt{2}}{2}$	1	$1-\frac{\sqrt{2}}{2}$	0	$1-\frac{\sqrt{2}}{2}$	1

Sketch the graph:

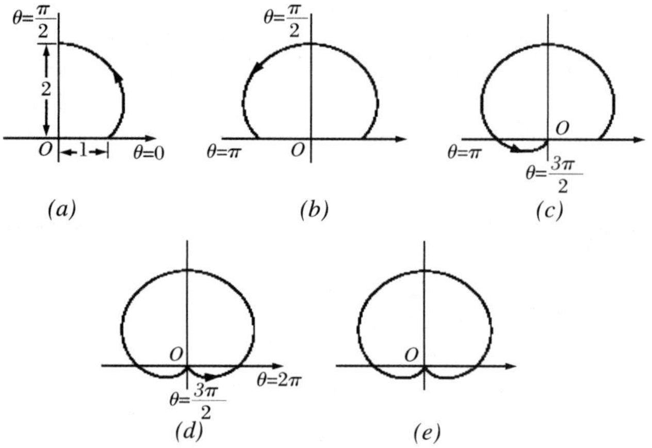

2.6 Vector Functions 向量函数*

A vector is a quantity that has both magnitude and direction.

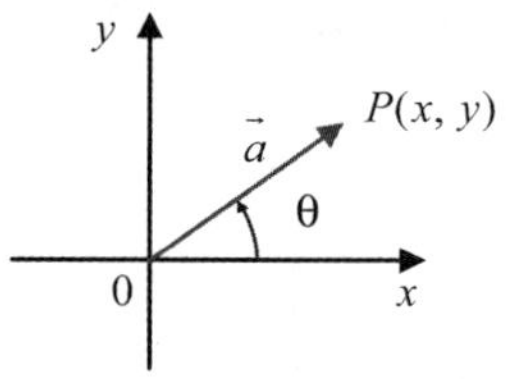

1. Denote a vector by printing a letter in boldface or by putting an arrow above the letter:(国内的教材向量用圆括号表示，国外用尖括号，细微的区别，请读者注意)

$$\vec{a} = \overrightarrow{OP} = < x,\ y > = x \cdot \vec{i} + y \cdot \vec{j} \text{ (standard basis vectors } \vec{i}, \vec{j}\text{)}$$

2. $\vec{a} = < x,\ y >$

(1) The magnitude (or length) of the vector $\vec{a} = < x,\ y >$ is

$$|\vec{a}| = \sqrt{x^2 + y^2}$$

(2) The direction of the vector $\vec{a} = < x,\ y >$ is

$$\tan\theta = \frac{y}{x}$$

物理中，我们常常把力、速度和加速度沿着 x 与 y 轴方向进行分解。例如

$$\vec{v} = < v_x,\ v_y >,\ \vec{a} = < a_x,\ a_y >$$

2.7 Transformation of Functions 函数变换

Vertical shifts: $f(x) \pm c$

Horizontal shifts: $f(x \pm c)$

Vertical stretching $(k>1)$ and compressing $(k<1)$: $\pm kf(x)$

Horizontal stretching $(k<1)$ and compressing $(k>1)$: $f(\pm kx)$

Vertical reflecting about x-axis: $|f(x)|$

Horizontal reflecting about y-axis: $f(|x|)$

Example 6 Graph the indicated translations $f(x)=\dfrac{2x-1}{x+1}$.

Solution: Separate variable

$$f(x)=\frac{2x-1}{x+1}=\frac{2(x+1)-3}{x+1}=2-\frac{3}{x+1}$$

Shift the graph $f(x)=-\dfrac{3}{x}$ a distance 1 units to the left, then a distance 2 units upward.

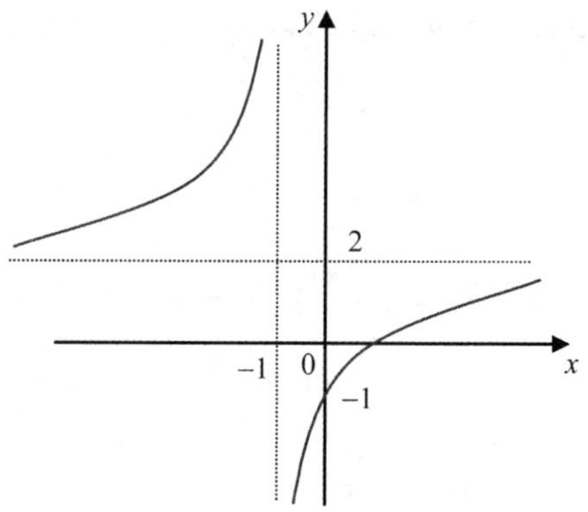

【Practice Problems · 课后练习】

For problems 1 through 4, use the following graphs of f and g.

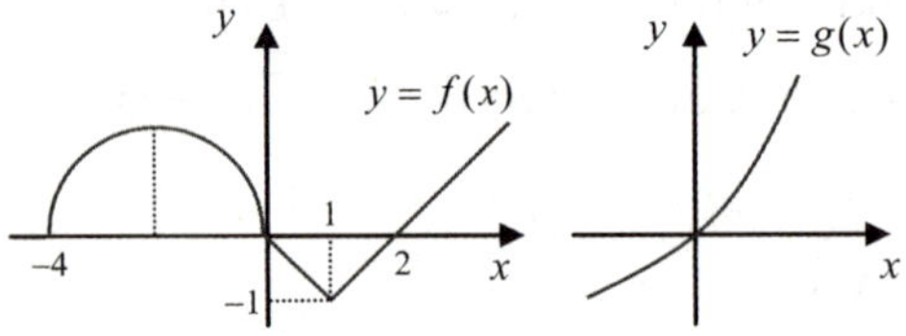

1. Determine which of the two functions has an inverse and sketch it.

2. Graph $|f(x)|$ and $g(|x|)$.

3. If $f(x)$ is created with a semicircle and an absolute value graph, write the equation that represents $f(x)$.

4. Draw a function $h(x)$ such that $h(x) = g^{-1}(x)$ when $x \le 0$ and $h(x)$ is odd.

5. Graph the indicated translations $\begin{cases} f(x) - 1 \\ f(x+1) \\ -f(x) \\ f(-x) \\ |f(x)| \\ f(|x|) \\ f^{-1}(x) \end{cases}$ if $f(x) = 2^x$.

6. Solve the equation $\cos 2x - \cos^2 x = 2\sin x$ and give solutions on the interval $[0, 2\pi)$.

7. If $m(x)=2x^3+5x-2$, find $m^{-1}(6)$. (需要用图形计算器算)

8. Use transformations to sketch the graph of the function.

(a) $y=-\sin 2x$

(b) $y=3\ln(x-2)$

(c) $y=(1+e^x)/2$

(d) $y=2-\sqrt{x}$

(e) $f(x)=\dfrac{1}{x+2}$

(f) $f(x)=\begin{cases} -x & (\text{if } x<0) \\ e^x-1 & (\text{if } x\geq 0) \end{cases}$

9. If $f(x)=\ln x$ and $g(x)=x^2-9$, find the function $f\circ g$, $g\circ f$, $f\circ f$, $g\circ g$.

10. Find the exact value of each expression.

(a) $e^{2\ln 3}$

(b) $\log 25+\log 4$①

(c) $\tan(\arcsin \frac{1}{2})$

(d) $\sin(\cos^{-1}(\frac{4}{5}))$②

① 西方国家用 log25 表示 $\log_{10}25$，而中国用 lg25 表示 $\log_{10}25$，请读者注意。

② 反三角正弦函数既可表达为 $\arcsin x$，也可写作 $\sin^{-1}x$。

【Story · 数学讲堂】

函数概念的发展历史

1. 早期函数概念——几何观念下的函数

十七世纪伽俐略(G. Galileo, 意, 1564－1642)在《两门新科学》一书中，几乎全部包含函数或称为变量关系的这一概念，用文字和比例的语言表达函数的关系。1673 年前后笛卡尔(Descartes, 法, 1596－1650)在他的解析几何中，已注意到一个变量对另一个变量的依赖关系，但因当时尚未意识到要提炼函数概念，因此直到 17 世纪后期牛顿、莱布尼兹建立微积分时还没有人明确函数的一般意义，大部分函数是被当作曲线来研究的。

1673 年，莱布尼兹首次使用“function”(函数)表示“幂”，后来他用该词表示曲线上点的横坐标、纵坐标、切线长等曲线上点的有关几何量。与此同时，牛顿在微积分的讨论中，使用“流量”来表示变量间的关系。

2. 十八世纪函数概念——代数观念下的函数

1718 年，约翰 · 贝努利(Bernoulli Johann, 瑞, 1667－1748)在莱布尼兹函数概念的基础上对函数概念进行了定义：“由任一变量和常数的任一形式所构成的量。”他的意思是凡变量 x 和常量构成的式子都叫做 x 的函数，并强调函数要用公式来表示。

1755 年，欧拉(L. Euler, 瑞士, 1707－1783) 把函数定义为“如果某些变量，以某一种方式依赖于另一些变量，即当后面这些变量变化时，前面这些变量也随着变化，我们把前面的变量称为后面变量的函数。”

18 世纪中叶欧拉又给出了定义：“一个变量的函数是由这个变量和一些数即常数以任何方式组成的解析表达式。”他把约翰 · 贝努利给出的函数定义称为解析函数，并进一步把它区分为代数函数和超越函数，还考虑了“随意函数”。不难看出，欧拉给出的函数定义比约翰 · 贝努利的定义更普遍、更具有广泛意义。

3. 十九世纪函数概念——对应关系下的函数

1821 年，柯西(Cauchy, 法, 1789－1857) 从定义变量起给出了定义：“在某些变数间存在着一定的关系，当一经给定其中某一变数的值，其他变数的值可随着而确定时，则将最初的变数叫自变量，其他各变数叫做函数。”同时指出对函数来说不一定要有解析表达式。不过他仍然认为函数关系可以用多个解析式来表示，这是一个很大的局限。

1837 年狄利克雷(Dirichlet, 德, 1805－1859) 突破了这一局限，认为怎样去建立 x 与 y 之间的关系无关紧要，他拓广了函数概念，指出：“对于在某区间上的每一个确定的值，都有一个或多个确定的值，那么 y 叫做 x 的函数。”这个定义避免了函数定义中对依赖关系的描述，以清晰的方式被所有数学家接受。这就是人们常说的经典函数定义。等到康托

(Cantor，德，1845－1918)创立的集合论在数学中占有重要地位之后，维布伦(Veblen，美，1880－1960)用“集合”和“对应”的概念给出了近代函数定义，通过集合概念把函数的对应关系、定义域及值域进一步具体化了，且打破了“变量是数”的极限，变量可以是数，也可以是其它对象。

4. 现代函数概念——集合论下的函数

1914 年豪斯道夫(F. Hausdorff)在《集合论纲要》中用不明确的概念“序偶”来定义函数，其避开了意义不明确的“变量”、“对应”概念。库拉托夫斯基(Kuratowski)于 1921 年用集合概念来定义“序偶”使豪斯道夫的定义很严谨了。

1930 年新的现代函数定义为“若对集合 M 的任意元素，总有集合 N 确定的元素与之对应，则称在集合 M 上定义一个函数，记为 $y=f(x)$。元素 x 称为自变元，元素 y 称为因变元。”

中国清代数学家李善兰(1811－1882)翻译的《代数学》一书中首次用中文把“function”翻译为“函数”，此译名沿用至今。对为什么这样翻译这个概念，书中解释说“凡此变数中函彼变数者，则此为彼之函数”；这里的“函”是包含的意思。

(资料来源[①]：http://zhidao.baidu.com/question/36275876.html？fr=ala0)

① 本书“数学讲堂”部分为数学常识、数学历史故事等介绍，全部资源来源于网络，因网络资源部分未找到署名作者，在此统一申明，版权归资源的原作者所有。

Chapter 3 Limit and Continuity 极限与连续

【Vocabulary · 词汇梳理】

Limit n. 极限

[引] left-hand limit 左极限

right-hand limit 右极限

approach 接近，靠近

Infinity n. 无穷

[引] positive infinity 正无穷

negative infinity 负无穷

Mathematical terminology 数学术语

[引] algebraical adj. 代数(学)的

coefficient n. 系数

the highest power of x x 的最高指数项

numerator n. 分子

denominator n. 分母

radians and degrees 弧度和角度

multiply the top and the bottom of the expression by 表达式上下都乘以

expand and simplify 展开化简

factor...out of 约去

sketch the function 画函数图像

【Topics · 知识精讲】

3.1 Definition of a Limit 极限的定义

If $f(x)$ is a function and L is a constant. Suppose the values of $f(x)$ can get arbitrarily close to the number L as x gets close to c (or approaches infinity). Then we say that the limit of $f(x)$ is

L as x approaches c (or approaches infinity). We write

$$\lim_{x \to c} f(x) = L \left(\text{or } \lim_{x \to \infty} f(x) = L\right)$$

3.2 Limit Laws 极限（存在）定理

Consider three situations: $x \to x_0$, $x \to -\infty$, and $x \to +\infty$（注意：美国教材在表示 $+\infty$ 时，一般都省略“+”，直接记为 ∞。）

1. $x \to x_0$

Consider the function as $x \to 2$: $f(x) = \dfrac{x^2 + x - 6}{x - 2} = x + 3 (x \neq 2)$

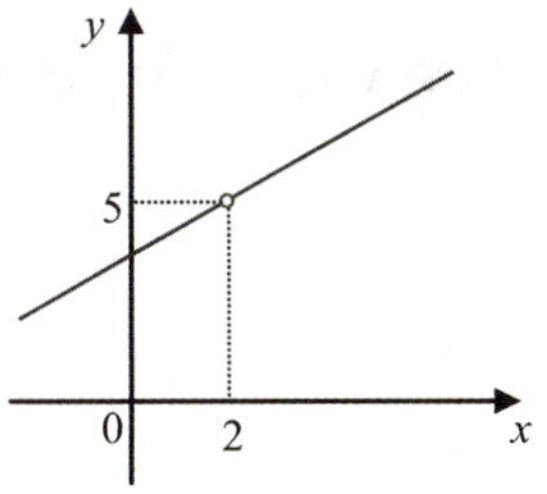

x	$f(x)$	x	$f(x)$
1.9	4.9	2.1	5.1
1.99	4.99	2.01	5.01
1.999	4.999	2.001	5.001
1.9999	4.9999	2.0001	5.0001
……	……	……	……
$x \to 2$ (*from left*)	$f(x) \to 5$	$x \to 2$ (*from right*)	$f(x) \to 5$
This is called the ***left-hand limit*** and is written: $\lim_{x \to 2^-} f(x) = 5$		This is called the ***right-hand limit*** and is written: $\lim_{x \to 2^+} f(x) = 5$	
If the left-hand limit equals the right-hand limit, we can write: $\lim_{x \to 2} f(x) = 5$			

If

$$\lim_{x \to x_0^-} f(x) = \lim_{x \to x_0^+} f(x) = A,$$

then

$$\lim_{x \to x_0} f(x) = A.$$

2. $x \to -\infty$

Consider the function as $x \to -\infty$: $f(x)=\dfrac{1}{x}$

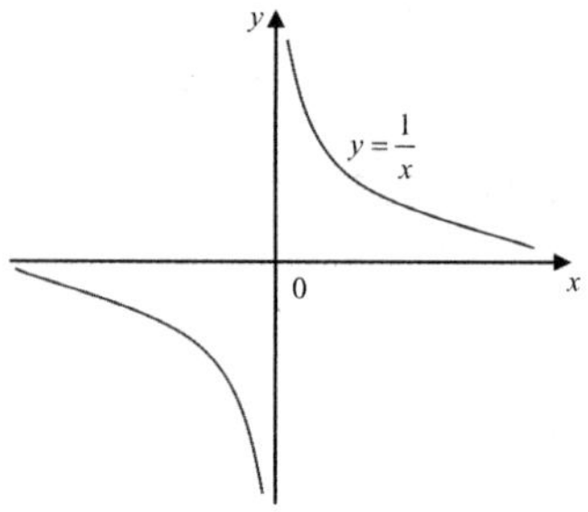

x	-1	-10	-100	-1000	-10000	…	$\lim\limits_{x\to-\infty}\dfrac{1}{x}=0$
$f(x)$	-1	-0.1	-0.01	-0.001	-0.0001	…	

从上表可以看出，当 $x\to-\infty$ 时，函数值 y 趋近于 0，记为：$\lim\limits_{x\to-\infty}\dfrac{1}{x}=0$。

3. $x\to\infty$

Consider the function as $x\to\infty$: $f(x)=\dfrac{1}{x}$

x	1	10	100	1000	10000	…	$\lim\limits_{x\to\infty}\dfrac{1}{x}=0$
$f(x)$	1	0.1	0.01	0.001	0.0001	…	

从上表可以看出，当 $x\to\infty$ 时，函数值 y 趋近于 0，记为：$\lim\limits_{x\to\infty}\dfrac{1}{x}=0$。

极限，即自变量的值无限趋近但不等于某规定数值（或无穷大）时，函数值趋近于某个定值。极限的出现，将我们带入了一个无穷的世界。在大学之前，即初高中数学研究的都是定量的、有穷的领域，例如求函数的值，求数列前 n 项和 $\dfrac{1}{2}+\dfrac{1}{4}+\dfrac{1}{8}+\dots+\dfrac{1}{2^n}$ 等等。进入大学之后，高等数学研究的更多的是无穷的、不定量的问题，如数列的无穷多项和 $\dfrac{1}{2}+\dfrac{1}{4}+\dfrac{1}{8}+\dots+\dfrac{1}{2^n}+\dots$。这体现了高中数学到大学数学的联系与区别。

当我们描述自变量无限趋近某个定值时，实际上我们无法知道自变量与定值靠的到底有多近，或者说他们之间的差有多小，极限的引入即是用来描述这个趋近程度的，即表征当自变量趋近某个定值（或无穷），因变量 $f(x)$ 趋近某个定值的程度。需要理解和注意的两个问题：

（1）极限并不是研究自变量 x 等于某个定值时函数 $f(x)$ 的值，而是研究当自变量 x 趋近定值（或无穷）时函数值 $f(x)$ 的情况。所以，研究函数趋近某点的极限时，与该点是否有定义、与该点的函数值没有关系；

（2）在高等数学中，我们主要研究数列和函数的极限。在 AP 微积分中，主要研究函数的极限，研究 $x \to x_0$，$x \to -\infty$ 和 $x \to \infty$ 的情况。

Example 1 Find $\lim\limits_{x \to 0} \dfrac{1}{x}$.

Solution: Sketch the graph of the function, then we get the left-hand limit:

$$\lim_{x \to 0^-} \frac{1}{x} = -\infty$$

And the right-hand limit:

$$\lim_{x \to 0^+} \frac{1}{x} = \infty$$

So

$$\lim_{x \to 0} \frac{1}{x} \text{ does not exist.}$$

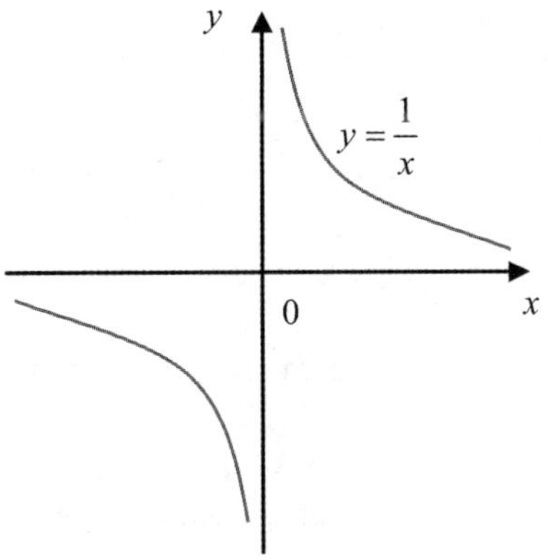

Example 2 (1) Find $\lim\limits_{x \to -\infty} \dfrac{1}{x^2}$; (2) $\lim\limits_{x \to \infty} \dfrac{x^2+1}{x^2-1}$.

Solution: (1) From the graph of the function $y = \dfrac{1}{x^2}$, we get:

$$\lim_{x \to -\infty} \frac{1}{x^2} = 0$$

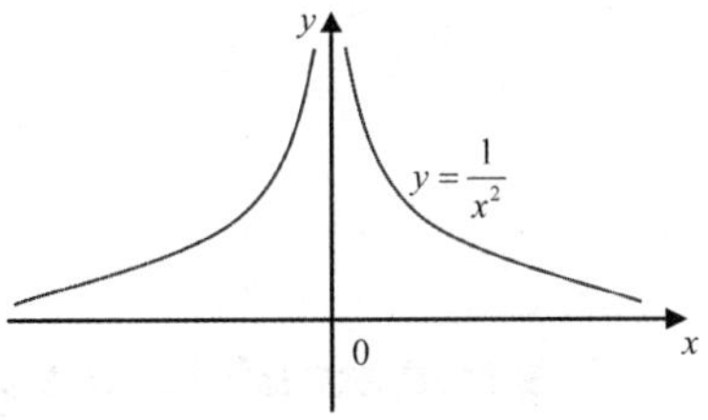

(2) From the graph of the function $y = \dfrac{x^2+1}{x^2-1}$, we get:

$$\lim_{x \to \infty} \frac{x^2+1}{x^2-1} = 1$$

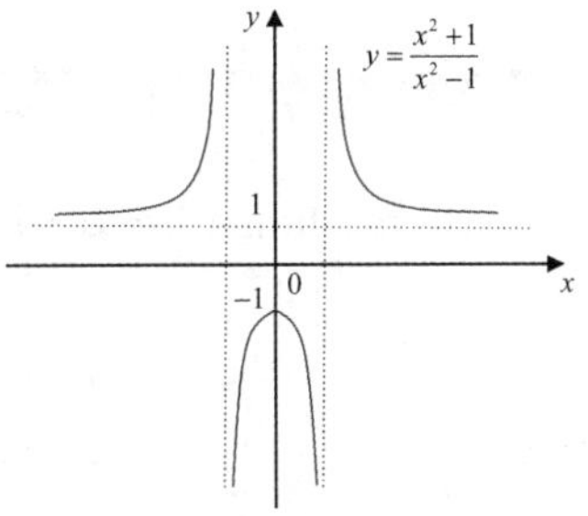

Example 3 Find $\lim\limits_{x \to 0} \dfrac{2|x|}{x}$.

Solution: When $x < 0$, simplify

$$\lim_{x \to 0^-} \frac{2|x|}{x} = \lim_{x \to 0^-} (-2) = -2$$

When $x > 0$, simplify

$$\lim_{x \to 0^+} \frac{2|x|}{x} = \lim_{x \to 0^+} 2 = 2$$

$\lim\limits_{x \to 0} \dfrac{2|x|}{x}$ does not exist since $\lim\limits_{x \to 0^-} \dfrac{2|x|}{x} \neq \lim\limits_{x \to 0^+} \dfrac{2|x|}{x}$.

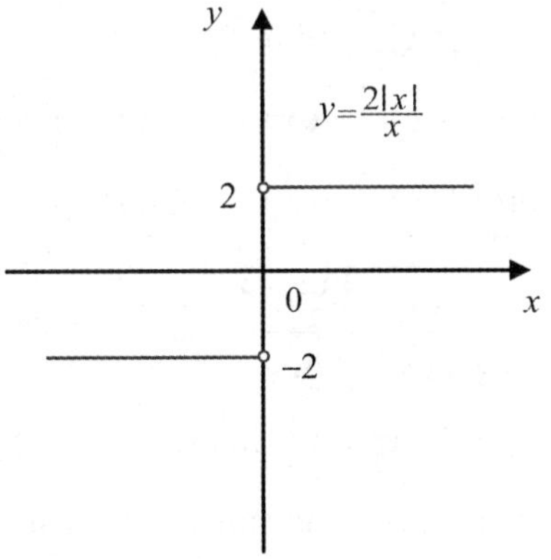

Example 4 Let $f(x)=\begin{cases}\dfrac{2x^2-2}{x-1}, & (x\neq 1)\\ 5, & (x=1)\end{cases}$, find $\lim\limits_{x\to 1} f(x)$.

Solution:

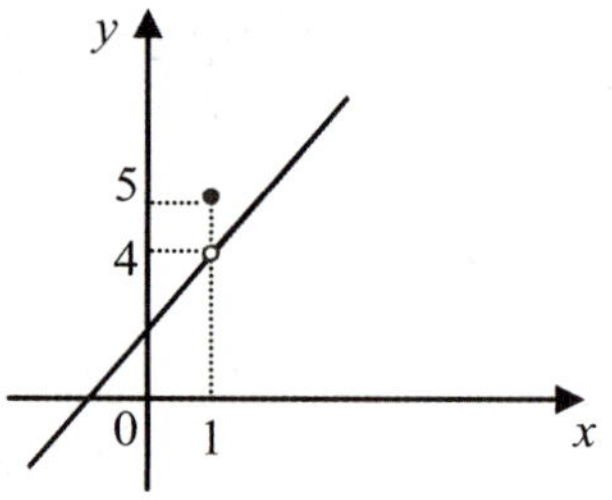

From the graph of the function, we get the left-hand limit:

$$\lim_{x\to 1^-} f(x)=4$$

And the right-hand limit is

$$\lim_{x\to 1^+} f(x)=4$$

So,

$$\lim_{x\to 1} f(x)=\lim_{x\to 1^-} f(x)=\lim_{x\to 1^+} f(x)=4$$

3.3 Rules of Limits 极限的运算法则

1. Operation Rules 运算法则

Suppose the limits $\lim\limits_{x\to x_0} f(x)$ and $\lim\limits_{x\to x_0} g(x)$ exist and

$$\lim_{x\to x_0} f(x)=A,\lim_{x\to x_0} g(x)=B$$

Then

$\lim\limits_{x\to x_0} C=C$ (C is a constant)

$\lim\limits_{x\to x_0} kf(x)=k\lim\limits_{x\to x_0} f(x)=kA$

$\lim\limits_{x\to x_0}[f(x)\pm g(x)]=\lim\limits_{x\to x_0} f(x)\pm\lim\limits_{x\to x_0} g(x)=A\pm B$

$\lim\limits_{x\to x_0}[f(x)\cdot g(x)]=\lim\limits_{x\to x_0} f(x)\cdot\lim\limits_{x\to x_0} g(x)=A\cdot B$

$\lim\limits_{x\to x_0}\dfrac{f(x)}{g(x)}=\dfrac{\lim\limits_{x\to x_0} f(x)}{\lim\limits_{x\to x_0} g(x)}=\dfrac{A}{B}(B\neq 0)$

$\lim\limits_{x\to x_0} f[g(x)]=f[\lim\limits_{x\to x_0} g(x)]$

If $\lim\limits_{x\to\infty} f(x)$ and $\lim\limits_{x\to\infty} g(x)$ exist, it has the same conclusion.

(**Tips**：运用极限运算法则时，一定要注意其前提条件，即拆开之后的极限都要存在。)

Example 5 Evaluate the following limits.

(a) $\lim\limits_{x\to 5} e^2$ (b) $\lim\limits_{x\to -1}(x^2-x)$

(c) $\lim\limits_{x\to 5}((x^2+1)\sqrt{x-1})$ (d) $\lim\limits_{x\to 1}(\frac{2x-1}{x+2})$

Solution: (a) $\lim\limits_{x\to 5} e^2 = e^2$

(b) $\lim\limits_{x\to -1}(x^2-x) = \lim\limits_{x\to -1}((-1)^2-(-1)) = 2$

(c) $\lim\limits_{x\to 5}((x^2+1)\cdot\sqrt{x-1}) = \lim\limits_{x\to 5}((5^2+1)\sqrt{5-1}) = 52$

(d) $\lim\limits_{x\to 1}(\frac{2x-1}{x+2}) = \lim\limits_{x\to 1}(\frac{2\times 1-1}{1+2}) = \frac{1}{3}$

2. Limits of Basic Elementary Functions 基本初等函数的极限

For all the basic elementary functions

$$\lim_{x\to x_0} f(x) = f(x_0)$$

Generally, suppose a polynomial function

$$P_n(x) = a_0x^n + a_1x^{n-1} + \cdots + a_{n-1}x + a_n$$

then

$$\lim_{x\to x_0} P_n(x) = P_n(x_0)$$

(**Tips**:对一切基本初等函数，当 x_0 在该函数定义域内，求 $x\to x_0$ 的极限值时，只需把 $x=x_0$ 代入 $f(x)$。)

3. Consider the Limit of the Function $y=\frac{1}{x^n}$ (n is a natural number) 函数 $y=\frac{1}{x^n}$的极限

(1) $x\to 0$:

When n is an odd integer,

$\lim\limits_{x\to 0}\frac{1}{x^n}$ does not exist, since $\lim\limits_{x\to 0^+}\frac{1}{x^n}=\infty$ and $\lim\limits_{x\to 0^-}\frac{1}{x^n}=-\infty$;

When n is an even integer,

$\lim\limits_{x\to 0}\frac{1}{x^n}=\infty$ since $\lim\limits_{x\to 0^+}\frac{1}{x^n}=\infty$ and $\lim\limits_{x\to 0^-}\frac{1}{x^n}=\infty$.

(2) $x\to\infty$:

$\lim\limits_{x\to\infty}\frac{1}{x^n}=0$ since $\lim\limits_{x\to -\infty}\frac{1}{x^n}=0$ and $\lim\limits_{x\to +\infty}\frac{1}{x^n}=0$;

4. Limits of Rational Functions 有理函数的极限

Generally, suppose a rational function

$$f(x)=\frac{P_n(x)}{Q_m(x)}(Q_m(x)\neq 0)$$

then

$$\lim_{x\to x_0}\frac{P_n(x)}{Q_m(x)}=\frac{P_n(x_0)}{Q_m(x_0)}(Q_m(x_0)\neq 0)$$

$$\lim_{x\to\infty}\frac{P_n(x)}{Q_m(x)}=\lim_{x\to\infty}\frac{a_0x^n+a_1x^{n-1}+\cdots+a_{n-1}x+a_n}{b_0x^m+b_1x^{m-1}+\cdots+b_{m-1}x+b_m}(a_0\neq 0,b_0\neq 0)=\begin{cases}\frac{a_0}{b_0}(n=m)\\ \pm\infty\ (n>m)\\ 0\ (n<m)\end{cases}$$

(**Tips**：当 x 趋近无穷求 rational function 的极限时，先把分子分母同时除以 x 的最高次数项，然后再化简。上式当 $x\to-\infty$ 时,求解方法一致。)

Example 6 Evaluate the following limits.

(a) $\lim\limits_{x\to\infty}\dfrac{2-4x+5x^2}{3x^2-3x+1}$ (b) $\lim\limits_{x\to\infty}\dfrac{5x^4-4x^3+2}{3x^7-3x^5+x^2}$

(c) $\lim\limits_{x\to\infty}\dfrac{5x^9-4x^5+60x}{70x^8-3x^6+9}$ (d) $\lim\limits_{x\to 0}\dfrac{5x^9-4x^5+60}{70x^8-3x^6+6}$

Solution：(a) Divided each term by x^2, we get

$$\lim_{x\to\infty}\frac{2-4x+5x^2}{3x^2-3x+1}=\lim_{x\to\infty}\frac{\frac{2-4x+5x^2}{x^2}}{\frac{3x^2-3x+1}{x^2}}=\lim_{x\to\infty}\frac{\frac{2}{x^2}-\frac{4}{x}+5}{3-\frac{3}{x}+\frac{1}{x^2}}=\frac{\lim\limits_{x\to\infty}(\frac{2}{x^2}-\frac{4}{x}+5)}{\lim\limits_{x\to\infty}(3-\frac{3}{x}+\frac{1}{x^2})}$$

$$=\frac{\lim\limits_{x\to\infty}\frac{2}{x^2}-\lim\limits_{x\to\infty}\frac{4}{x}+\lim\limits_{x\to\infty}5}{\lim\limits_{x\to\infty}3-\lim\limits_{x\to\infty}\frac{3}{x}+\lim\limits_{x\to\infty}\frac{1}{x^2}}=\frac{0-0+5}{3-0+0}=\frac{5}{3}$$

(b) Divided each term by x^7, we get

$$\lim_{x\to\infty}\frac{5x^4-4x^3+2}{3x^7-3x^5+x^2}=\lim_{x\to\infty}\frac{\frac{5}{x^3}-\frac{4}{x^4}+\frac{2}{x^7}}{3-\frac{3}{x^2}+\frac{1}{x^5}}=\frac{0-0+0}{3-0+0}=0$$

(c) Divided each term by x^9, we get

$$\lim_{x\to\infty}\frac{5x^9-4x^5+60x}{70x^8-3x^6+9}=\lim_{x\to\infty}\frac{5-\frac{4}{x^4}+\frac{60}{x^8}}{\frac{70}{x}-\frac{3}{x^3}+\frac{9}{x^9}}=\infty$$

(*d*) Plug $x=0$ into the function, we get

$$\lim_{x\to 0}\frac{5x^9-4x^5+60}{70x^8-3x^6+6}=\frac{0-0+60}{0-0+6}=10$$

3.4 Two Important Limits 两个重要极限

1. The First Important Limit 第一重要极限

$$\lim_{x\to 0}\frac{\sin x}{x}=1$$

Corollary: ① $\lim\limits_{x\to 0}\frac{\cos x-1}{x}=0$; ② $\lim\limits_{x\to 0}\frac{\sin ax}{x}=a$; ③ $\lim\limits_{x\to 0}\frac{\sin ax}{\sin bx}=\frac{a}{b}$.

Prove: ① $\lim\limits_{x\to 0}\frac{\cos x-1}{x}=\lim\limits_{x\to 0}\frac{-2\sin^2\frac{x}{2}}{x}=\lim\limits_{\frac{x}{2}\to 0}\left(-\frac{\sin\frac{x}{2}}{\frac{x}{2}}\sin\frac{x}{2}\right)$

$$=-\lim_{\frac{x}{2}\to 0}\frac{\sin\frac{x}{2}}{\frac{x}{2}}\times\lim_{\frac{x}{2}\to 0}\sin\frac{x}{2}=-1\times 0=0;\left(\cos x=1-2\sin^2\frac{x}{2}\right)$$

② $\lim\limits_{x\to 0}\frac{\sin ax}{x}=\lim\limits_{ax\to 0}\left[a\cdot\frac{\sin ax}{ax}\right]=a$;

③ $\lim\limits_{x\to 0}\frac{\sin ax}{\sin bx}=\lim\limits_{x\to 0}\left[\frac{a}{b}\cdot\frac{\frac{\sin ax}{ax}}{\frac{\sin bx}{bx}}\right]=\frac{a}{b}$.

Example 7 Evaluate the following limits.

(*a*) $\lim\limits_{x\to 0}\frac{\tan x}{x}$ (*b*) $\lim\limits_{x\to 0}\frac{1-\cos x}{x^2}$

(*c*) $\lim\limits_{x\to 0}\frac{\sin x}{5x}$ (*d*) $\lim\limits_{x\to\infty}\left(x\cdot\sin\frac{1}{x}\right)$

Solution: (*a*) $\lim\limits_{x\to 0}\frac{\tan x}{x}=\lim\limits_{x\to 0}\left(\frac{\sin x}{x}\cdot\frac{1}{\cos x}\right)=\lim\limits_{x\to 0}\left(\frac{\sin x}{x}\right)\cdot\lim\limits_{x\to 0}\left(\frac{1}{\cos x}\right)=1\times\frac{1}{1}=1$

(*b*) $\lim\limits_{x\to 0}\frac{1-\cos x}{x^2}=\lim\limits_{x\to 0}\left(\frac{1-\cos x}{x^2}\cdot\frac{1+\cos x}{1+\cos x}\right)=\lim\limits_{x\to 0}\frac{1-\cos^2 x}{x^2(1+\cos x)}$

$$=\lim_{x\to 0}\frac{\sin^2 x}{x^2(1+\cos x)}=\lim_{x\to 0}\left(\frac{\sin^2 x}{x^2}\cdot\frac{1}{(1+\cos x)}\right)$$

$$=\lim_{x\to0}\left(\frac{\sin x}{x}\right)^2\cdot\lim_{x\to0}\frac{1}{1+\cos x}=\left(\lim_{x\to0}\frac{\sin x}{x}\right)^2\cdot\lim_{x\to0}\frac{1}{1+\cos x}$$

$$=1^2\times\frac{1}{1+1}=\frac{1}{2}$$

(c) $\lim\limits_{x\to0}\frac{\sin x}{5x}=\frac{1}{5}$

(d) Let $t=\frac{1}{x}$, $t\to0$ as $x\to\infty$

$$\lim_{x\to\infty}(x\cdot\sin\frac{1}{x})=\lim_{x\to\infty}\left(\frac{\sin\frac{1}{x}}{\frac{1}{x}}\right)=\lim_{\frac{1}{x}\to0}\left(\frac{\sin\frac{1}{x}}{\frac{1}{x}}\right)=\lim_{t\to0}\left(\frac{\sin t}{t}\right)=1$$

2. The Second Important Limit 第二重要极限

$$\lim_{x\to\infty}(1+\frac{1}{x})^x=e\Rightarrow\lim_{x\to0}(1+x)^{\frac{1}{x}}=e$$

Example 8 Find $\lim\limits_{x\to0}(1+2x)^{\frac{1}{x}}$.

Solution: Let $t=2x$, $t\to0$ as $x\to0$

$$\lim_{x\to0}(1+2x)^{\frac{1}{x}}=\lim_{2x\to0}(1+2x)^{\frac{1}{2x}\times2}=\lim_{t\to0}(1+t)^{\frac{1}{t}\times2}=(\lim_{t\to0}(1+t)^{\frac{1}{t}})^2=e^2$$

3.5 Application of Limits: Finding Asymptotes 极限的应用: 找渐近线

A line $y=c$ is a horizontal asymptote of the graph of $y=f(x)$, if:

$$\lim_{x\to-\infty}f(x)=c \text{ or } \lim_{x\to\infty}f(x)=c\ ;$$

A line $x=k$ is a vertical asymptote of the graph of $y=f(x)$, if:

$$\lim_{x\to k^-}f(x)=\pm\infty \text{ or } \lim_{x\to k^+}f(x)=\pm\infty.$$

Example 9 Finding all asymptotes of the function $f(x)=\frac{1-2x}{x+1}$.

Solution: Using the definition, we obtain

$$\lim_{x\to-\infty}f(x)=\lim_{x\to-\infty}\frac{1-2x}{x+1}=-2$$

$$\lim_{x\to\infty}f(x)=\lim_{x\to\infty}\frac{1-2x}{x+1}=-2$$

So, the line $y = -2$ is a horizontal asymptote. Then we know that the function has no definition at $x = -1$.

1+2

$$\lim_{x \to -1^-} f(x) = \lim_{x \to -1^-} \frac{1-2x}{x+1} = -\infty$$

1+2

$$\lim_{x \to -1^+} f(x) = \lim_{x \to -1^+} \frac{1-2x}{x+1} = \infty$$

Also the line $x = -1$ is a vertical asymptote.

3.6 Continuity 连续

1. Definition of Continuity 连续的定义

If the graph of the function does not have any breaks or holes in it with a certain interval, the function is continuous over that interval. (如果函数图像连续，则这个函数的图像必定是一笔画。)

(1) Continuous at a Point 函数在某点连续

If a function $f(x)$ is continuous at the point $x = x_0$, it must satisfy the following condition:

$$\lim_{x \to x_0^-} f(x) = \lim_{x \to x_0^+} f(x) = f(x_0)$$

Example 10 If the function

$$f(x) = \begin{cases} x^2, & \text{if } x < 1 \\ 1, & \text{if } x = 1 \\ 2 - x, & \text{if } x > 1 \end{cases}$$

is continuous at $x = 1$?

Solution: Using the definition, we get

$$\left.\begin{aligned} &\lim_{x \to 1^-} f(x) = \lim_{x \to 1^-} x^2 = 1 \\ &\lim_{x \to 1^+} f(x) = \lim_{x \to 1^+} (2 - x) = 1 \\ &f(1) = 1 \end{aligned}\right\} \Rightarrow \lim_{x \to 1^-} f(x) = \lim_{x \to 1^+} f(x) = f(1)$$

So, the function is continuous at $x = 1$.

Example 11 For what value of the constant a is the function

$$g(x)=\begin{cases}ax-1\,(x\le 4)\\ ax^2+1\,(x>4)\end{cases}$$

is continuous on$(-\infty,+\infty)$?

Solution: The function is continuous on$(-\infty,+\infty)$if it is continuous at $x=4$. Then

$$\lim_{x\to 4^-} g(x)=\lim_{x\to 4^-}(ax-1)=4a-1$$

$$\lim_{x\to 4^+} g(x)=\lim_{x\to 4^+}(ax^2+1)=16a+1$$

We write

$$\lim_{x\to 4^-} g(x)=\lim_{x\to 4^+} g(x)\Rightarrow 4a-1=16a+1$$

$$a=-\frac{1}{6}$$

(2) Continuous Over the Domain 函数在定义域上连续

If the function is continuous at all the points on the domain, it means that the function is to be continuity.

基本初等函数在其定义域内都是连续函数，即幂函数、指数函数、对数函数、三角函数、反三角函数、多项式函数、有理函数在定义域上都是连续函数。有理函数 $f(x)=\dfrac{P(x)}{Q(x)}(Q(x)\neq 0)$ 在 $Q(x)=0$ 处不连续。

2. Discontinuity Points of a Function 函数的不连续点

If some point $x=x_0$ at least one of the conditions of continuity is not fulfilled for the function $y=f(x)$, that is:

(a) If $y=f(x)$ is not defined at $x=x_0$;

(b) Or $\lim\limits_{x\to x_0} f(x)$ does not exist;

(c) Or $\lim\limits_{x\to x_0} f(x)\neq f(x_0)$ even though $\lim\limits_{x\to x_0} f(x)$ exists;

Then we say $(x_0, f(x_0))$ is a discontinuity point of the function $y=f(x)$. Let us see some examples:

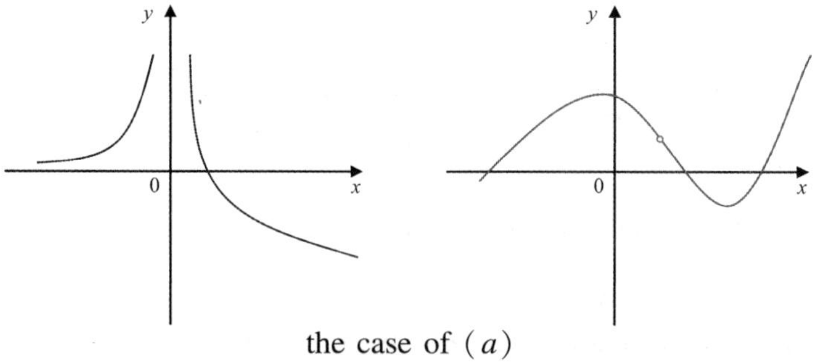

the case of (a)

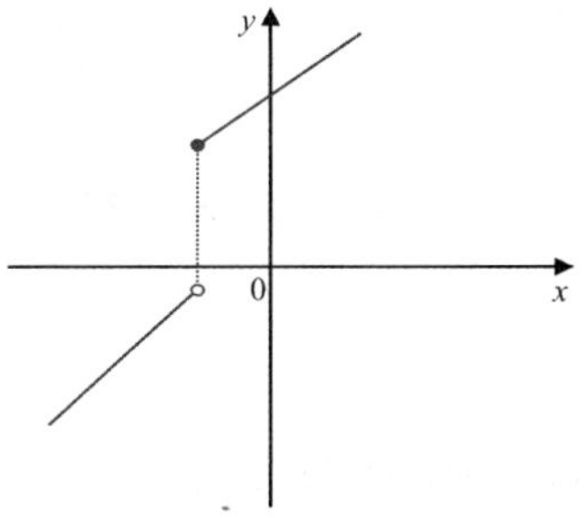

the case of (b)

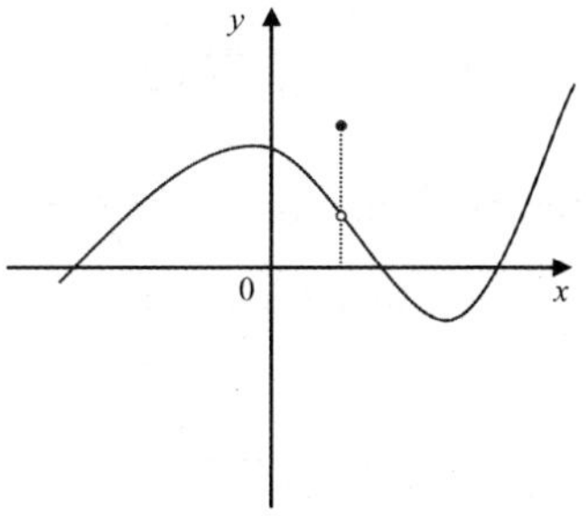

the case of (c)

Example 12

Identify the points of discontinuity of each of the following:

(a) $f(x)=\dfrac{x-2}{x^2-4}$　　(b) $f(x)=\begin{cases}x^2 & (x<1)\\ x+1 & (x\geq 1)\end{cases}$

(c) $f(x)=\begin{cases}\dfrac{x^4}{x^3} & (x\neq 0)\\ 2 & (x=0)\end{cases}$　　(d) $f(x)=\dfrac{x^2-2x-15}{x^2-x-20}$

Solution: (a) $x=\pm 2$

(b) $x=1$

(c) $x=0$

(d) $x=-4$ or $x=5$

3. Theorems of Continuous Functions 连续函数定理

(1) Extreme Value Theorem 最值定理

Suppose that $f(x)$ is continuous on the closed interval $[a,b]$, then $f(x)$ has an absolute maximum and an absolute minimum on the interval. In particular, $f(x)$ must be bounded on the interval.

(2) Intermediate Value Theorem 介值定理

Suppose that $f(x)$ is continuous on the closed interval $[a,b]$ and let N be any number between $f(a)$ and $f(b)$, where $f(a)\neq f(b)$. Then there at least exists a number c in (a,b) such that $f(c)=N$.

(3) Zero Point Theorem 零点定理

Let $f(x)$ be a continuous function on the interval $[a,b]$ and $f(a) \cdot f(b) < 0$, then there is a number $c \in (a, b)$, such that $f(c) = 0$.

以上三个定理在微积分中主要用于一些结论和定理的证明。AP Calculus 考试的特点是着重介绍和掌握知识，弱化证明和推理，所以 AP Calculus 考试的要求相对来说还是比较低的。

【Practice Problems · 课后练习】

1. $\lim\limits_{x \to \infty}(4x^2 - x + 18)$

2. $\lim\limits_{x \to \infty}\dfrac{1 - 4x^3 + 6x^4}{2x^5 - 3x^3 + 12}$

3. $\lim\limits_{x \to 0}\dfrac{\tan 2x}{\sin 5x}$

4. $\lim\limits_{x \to 0}\dfrac{1 - \cos x}{x \sin x}$

5. $\lim\limits_{x \to 0}|x|$

6. $\lim\limits_{x \to 0}\dfrac{\sin x}{x^3 + 3x}$

7. $\lim\limits_{x \to 1}\dfrac{1}{x - 1}$

8. $\lim\limits_{x \to 0}\dfrac{1 - 2x^2 + 2x}{x^2 - 3x + 2}$ is

(A) $\dfrac{1}{2}$　　(B) $\dfrac{2}{3}$　　(C) -2　　(D) ∞　　(E) not exist

9. $\lim_{x\to\infty}(1+\frac{1}{x})(2-\frac{1}{x^2})$ is

(A) 2 (B) 1 (C) -1 (D) ∞ (E) not exist

10. $\lim_{x\to 9}\frac{\sqrt{x}-3}{9-x}$ is

(A) -3 (B) 3 (C) -1 (D) 0 (E) $-\frac{1}{6}$

11. What is $\lim_{h\to 0}\frac{\sin h \cdot \tan h}{2h}$?

(A) 1 (B) $\frac{1}{2}$ (C) 0 (D) -1 (E) not exist

12. How many asymptotes of the function $f(x)=\frac{3-2e^x}{e^x+5}$ in the xy-plane?

(A) 0 (B) 1 (C) 2 (D) 3 (E) 4

13. Find $\lim_{n\to\infty}(\frac{1}{2}+\frac{1}{2^2}+\frac{1}{2^3}+\cdots+\frac{1}{2^n})$.

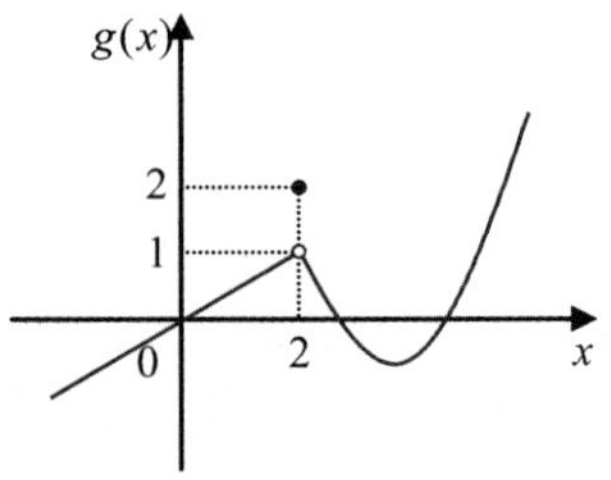

14. The graph of the function $g(x)$ is shown in the figure above. Find $\lim_{x\to 2}\log_2[g(x)]$.

15. Identify the points of discontinuity of the function $f(x)=\frac{-x^2-x+2}{x^2+4x-5}$.

16. Let

$$f(x)=\begin{cases}\dfrac{1}{x}\sin x\,(x>0)\\ a+x^3\,(x\leq 0)\end{cases}$$

Determine the value of a such that the function is continuous on $(-\infty,\infty)$?

【Story·数学讲堂】

第二次数学危机

十七、十八世纪关于微积分发生的激烈争论，被称为“第二次数学危机”。经过许多人多年的努力，终于在17世纪晚期，形成了无穷小演算——微积分这门学科。牛顿和莱布尼兹被公认为微积分的奠基者，他们的功绩主要在于：把各种有关问题的解法统一成微分法和积分法；有明确的计算步骤；微分法和积分法互为逆运算。由于运算的完整性和应用的广泛性，微积分成为当时解决问题的重要工具。同时，关于微积分基础的问题也越来越严重。关键问题就是无穷小量究竟是不是零？无穷小及其分析是否合理？由此引发了数学界甚至哲学界长达一个半世纪的争论，造成了第二次数学危机。

无穷小量究竟是不是零？两种答案都会导致矛盾。牛顿对此曾作过三种不同解释：1669年说它是一种常量；1671年又说它是一个趋于零的变量；1676年它被“两个正在消逝的量的最终比”所代替。但是，他始终无法解决上述矛盾。莱布尼兹曾试图用和无穷小量成比例的有限量的差分来代替无穷小量，但是他也没有找到从有限量过渡到无穷小量的桥梁。

英国大主教贝克莱于1734年写文章，攻击“流数(导数)是消失了的量的鬼魂，能消化得了二阶、三阶流数的人，是不会因吞食了神学论点就呕吐的。”他说，用忽略高阶无穷小而消除了原有的错误，“是依靠双重的错误得到了虽然不科学却是正确的结果”。贝克莱虽然也抓住了当时微积分、无穷小方法中一些不清楚、不合逻辑的问题，不过他是出自对科学的厌恶和对宗教的维护，而不是出自对科学的追求和探索。

当时一些数学家和其他学者也批判过微积分的一些问题，指出其缺乏必要的逻辑基础。例如，罗尔曾说：“微积分是巧妙的谬论的汇集。”在那个勇于创造时代的初期，科学中逻辑上存在这样那样的问题，并不是个别现象。

18世纪的数学思想的确是不严密、不直观的，强调形式的计算而不管基础是否可靠。特别是：没有清楚的无穷小概念，从而导数、微分、积分等概念不清楚；无穷大概念不清楚；发散级数求和的任意性等；符号的不严格使用；不考虑连续性就进行微分，不考虑导数及积分的存在性以及函数可否展成幂级数等。

直到19世纪20年代，一些数学家才比较关注微积分的严格基础。从波尔查诺、阿贝尔、柯西、狄里赫利等人的工作开始，到威尔斯特拉斯、狄德金和康托的工作结束，中间经历了半个多世纪，基本上解决了矛盾，为数学分析奠定了一个严格的基础。

波尔查诺给出了连续性的正确定义；阿贝尔指出要严格限制滥用级数展开及求和；柯西在1821年的《代数分析教程》中从定义变量出发，认识到函数不一定要有解析表达式；他抓住极限的概念，指出无穷小量和无穷大量都不是固定的量而是变量，无穷小量是以零为极限的变量；并且定义了导数和积分；狄里赫利给出了函数的现代定义。在这些工作的基础上，威尔斯特拉斯消除了其中不确切的地方，给出现在通用的极限的定义，连续的定义，并把导数、积分严格地建立在极限的基础上。

19 世纪 70 年代初，威尔斯特拉斯、狄德金、康托等人独立地建立了实数理论，而且在实数理论的基础上，建立起极限论的基本定理，从而使数学分析建立在实数理论的严格基础之上。

（资料来源：http://baike.baidu.com/view/927269.htm）

Chapter 4

Definition of Derivative 导数定义

【Vocabulary · 词汇梳理】

Derivative 导数

[引] differential adj. &n. 微分的，微分

find/take derivative 求导

differentiability n. 可微性

differentiable adj. 可微的

difference quotient 差商

plug...into... 把…代入…

divide A by B 把 A 除以 B

Tangent line 切线

[引] slope 斜率

steepness 倾斜度

secant line 割线

normal line 法线

infinitesimally small amount 极小的数，无穷小

conjugate 共轭式

【Topics · 知识精讲】

4.1 Definition of Derivative 导数的定义

当读者看到本章的时候，实际上我们已经全面完成了微积分基础知识的学习。在本章我们将真正地进入微积分的世界。微积分究竟研究什么？它在现实生活中有什么作用呢？

在现代社会，汽车已经普及，细心的读者可能会发现汽车的表盘上有个时速表，上面瞬时地显示汽车的速度（速率）。那这个速度如何计算呢？到目前为止在物理中我们只学习了匀速直线运动、均变速直线运动、圆周运动等，但实际生活当中的汽车运动肯定是个变速曲线运

动，那这种运动我们如何研究其速度(速率)呢？又如何求其路程呢？这些虽然都是物理中要研究的内容，但其理论却是我们微积分研究的内容。微积分理论正是由于牛顿在研究运动学的过程中诞生的！大学之前我们研究的都是规则的形状或运动，进入大学以后我们将研究更复杂的变速曲线运动等。微积分将为我们解决这些问题提供宝贵的思想和方法！

1. Slope of a Line 直线的斜率

Slope of a Line：determined by two points

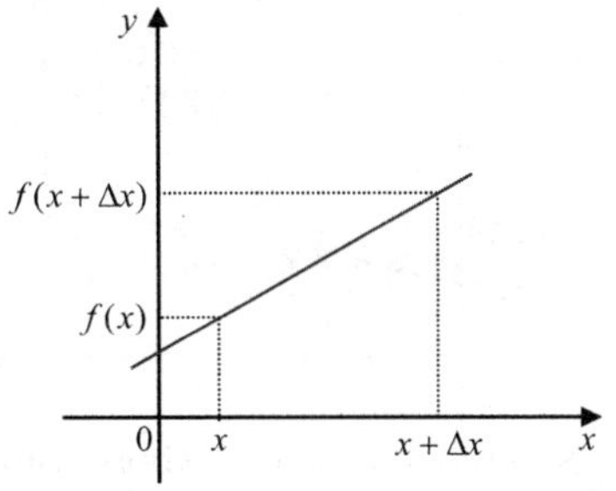

slope $= \frac{\triangle y}{\triangle x} = \frac{f(x+\triangle x)-f(x)}{\triangle x}$(该式又称为“差商”，Difference Quotient)

Slope of the secant line and the tangent line of a curve：

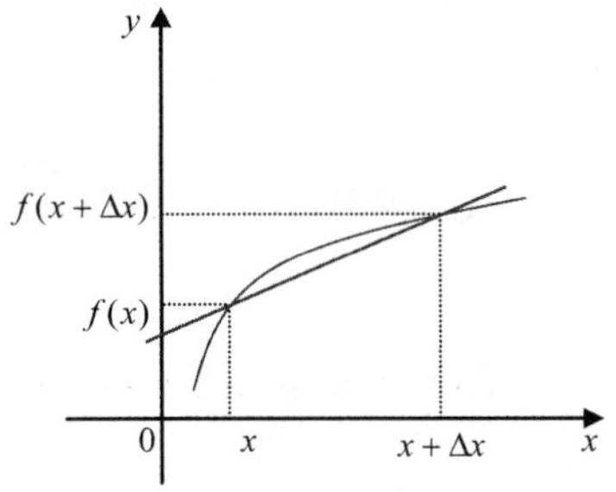

Slope of secant line：$\frac{\triangle y}{\triangle x} = \frac{f(x+\triangle x)-f(x)}{\triangle x}$

对于上图的曲线，如需求某点的切线，只需将割线绕该点进行旋转，使$(x, f(x))$与$(x+\triangle x, f(x+\triangle x))$两点重合为一点。即需让$\triangle x \to 0$

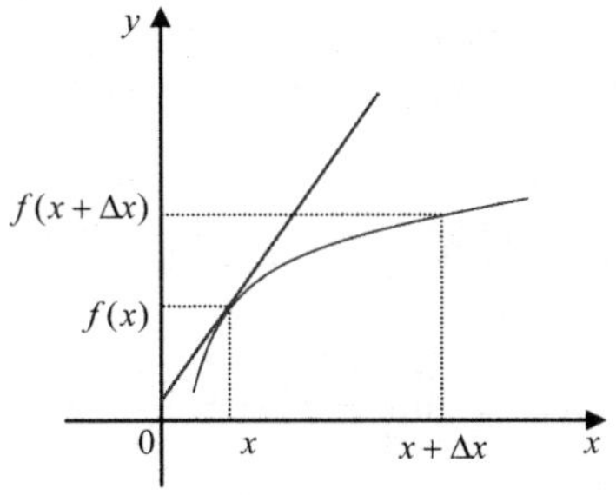

Slope of tangent line：$\triangle x \to 0$

于是得出：

$$k_{secant\ line}=\frac{\triangle y}{\triangle x}=\frac{f(x+\triangle x)-f(x)}{\triangle x}$$

$$k_{tangent\ line}=\lim_{\triangle x\to 0}\frac{\triangle y}{\triangle x}=\lim_{\triangle x\to 0}\frac{f(x+\triangle x)-f(x)}{\triangle x}$$

2. Definition of Derivative 导数的定义

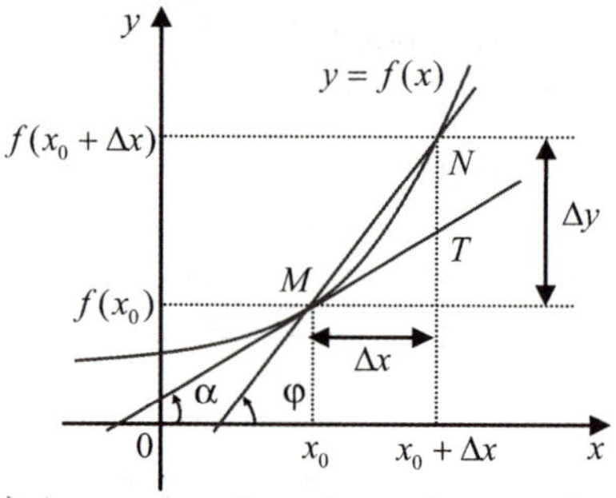

The derivative of a function $f(x)$ is another function whose value at any number x_0 is

$$f'(x_0)=\lim_{\triangle x\to 0}\frac{\triangle y}{\triangle x}=\lim_{\triangle x\to 0}\frac{f(x_0+\triangle x)-f(x_0)}{\triangle x}$$

provided that this limit exists and is not ∞.

If this limit does exist, we say that $f(x)$ is differentiable(可导) at x_0. Finding a derivative is called differentiation.

Denoted by：$y'|_{x=x_0}=f'(x_0)=\left.\frac{dy}{dx}\right|_{x=x_0}=\left.\frac{df}{dx}\right|_{x=x_0}$（导函数 $y=f'(x)$ 在 $x=x_0$ 处的值，即函数 $y=f(x)$ 在 x_0 处切线的斜率）

$\frac{\triangle y}{\triangle x}$ expresses **the average rate of change of a function**;

$\lim_{\triangle x\to 0}\frac{\triangle y}{\triangle x}$ expresses **the instantaneous rate of change of a function.**

Notations of derivative 导数的表示符号

Function	First derivative	Second derivative	*n-th* derivative
y	y' or $\frac{dy}{dx}$	y'' or $\frac{d^2y}{dx^2}$	$\frac{d^ny}{dx^n}$
$f(x)$	$f'(x)$ or $\frac{df(x)}{dx}$	$f''(x)$ or $\frac{d^2f(x)}{dx^2}$	$f^{(n)}(x)$

(1) Derivative at a Point 某点的导数

$$f'(x_0)=\lim_{\triangle x\to 0}\frac{f(x_0+\triangle x)-f(x_0)}{\triangle x}$$

Let $x=x_0+\triangle x$, then $f'(x_0)=\lim_{x\to x_0}\frac{f(x)-f(x_0)}{x-x_0}$;

Let $\triangle x = h$, then $f'(x_0) = \lim\limits_{h \to 0} \dfrac{f(x_0 + h) - f(x_0)}{h}$.

Example 1 Using the definition, find the derivative of $f(x) = x^n$ at $x = x_0$.

Solution: Use the definition of the derivative

$$f'(x_0) = \lim_{x \to x_0} \frac{f(x) - f(x_0)}{x - x_0} = \lim_{x \to x_0} \frac{x^n - x_0^n}{x - x_0}$$

Notice the following expression

$$a^n - b^n = (a - b)(a^{n-1} + a^{n-2}b + \ldots\ldots + ab^{n-2} + b^{n-1})$$

And simplify:

$$f'(x_0) = \lim_{x \to x_0} \frac{x^n - x_0^n}{x - x_0} = \lim_{x \to x_0} (x^{n-1} + x^{n-2}x_0 + \ldots\ldots + xx_0^{n-2} + x_0^{n-1}) = nx_0^{n-1}$$

(2) Derivative as a Function 导函数

If the function is derivable at every point of the interval, then the function is called derivable on the interval.

$$f'(x) = \lim_{\triangle x \to 0} \frac{f(x + \triangle x) - f(x)}{\triangle x}$$

Example 2 Find the derivative of the function $f(x) = \dfrac{1}{x}$.

Solution: Use the definition of the derivative, we get

$$f'(x) = \lim_{\triangle x \to 0} \frac{f(x + \triangle x) - f(x)}{\triangle x} = \lim_{\triangle x \to 0} \frac{\dfrac{1}{x + \triangle x} - \dfrac{1}{x}}{\triangle x} = \lim_{\triangle x \to 0} \frac{\dfrac{x - (x + \triangle x)}{x(x + \triangle x)}}{\triangle x}$$

$$= \lim_{\triangle x \to 0} \frac{\dfrac{-\triangle x}{x(x + \triangle x)}}{\triangle x} = \lim_{\triangle x \to 0} \frac{-1}{x(x + \triangle x)} = -\frac{1}{x^2}$$

Example 3 Find the derivative of the function $f(x) = a^x$.

Solution: Use the definition of the derivative, we get

$$f'(x) = \lim_{\triangle x \to 0} \frac{f(x + \triangle x) - f(x)}{\triangle x} = \lim_{\triangle x \to 0} \frac{a^{x + \triangle x} - a^x}{\triangle x} = \lim_{\triangle x \to 0} \frac{a^x(a^{\triangle x} - 1)}{\triangle x}$$

Let $t = a^{\triangle x} - 1$, $\triangle x = \log_a(t + 1)$, then $t \to 0$ as $\triangle x \to 0$

$$f'(x) = \lim_{\triangle x \to 0} \frac{a^x(a^{\triangle x} - 1)}{\triangle x} = \lim_{t \to 0} \frac{a^x t}{\log_a(t+1)} = a^x \lim_{t \to 0} \frac{t}{\log_a(t+1)}$$

$$= a^x \lim_{t \to 0} \frac{1}{\frac{1}{t}\log_a(t+1)} = a^x \lim_{t \to 0} \frac{1}{\log_a(t+1)^{\frac{1}{t}}}$$

$$= a^x \frac{1}{\log_a[\lim_{t \to 0}(t+1)^{\frac{1}{t}}]} = a^x \frac{1}{\log_a e} = a^x \ln a$$

Example 4 Find the derivative of the function $f(x) = \log_a x$.

Solution: Use the definition of the derivative, we get

$$f'(x) = \lim_{\triangle x \to 0} \frac{f(x + \triangle x) - f(x)}{\triangle x} = \lim_{\triangle x \to 0} \frac{\log_a(x + \triangle x) - \log_a x}{\triangle x}$$

$$= \lim_{\triangle x \to 0} \frac{\log_a(\frac{x + \triangle x}{x})}{\triangle x} = \lim_{\triangle x \to 0} \frac{1}{\triangle x}\log_a(\frac{x + \triangle x}{x}) = \lim_{\triangle x \to 0} \log_a(1 + \frac{\triangle x}{x})^{\frac{1}{\triangle x}}$$

$$= \lim_{\triangle x \to 0} \log_a(1 + \frac{\triangle x}{x})^{\frac{x}{\triangle x} \cdot \frac{1}{x}} = \frac{1}{x} \lim_{\triangle x \to 0} \log_a(1 + \frac{\triangle x}{x})^{\frac{x}{\triangle x}} = \frac{1}{x} \lim_{\frac{\triangle x}{x} \to 0} \log_a(1 + \frac{\triangle x}{x})^{\frac{x}{\triangle x}}$$

$$= \frac{1}{x}\log_a e = \frac{1}{x} \frac{1}{\ln a}$$

Example 5 Find the derivative of the function $f(x) = \sin x$.

Solution: Use the definition of the derivative, we get

$$f'(x) = \lim_{\triangle x \to 0} \frac{f(x + \triangle x) - f(x)}{\triangle x} = \lim_{\triangle x \to 0} \frac{\sin(x + \triangle x) - \sin x}{\triangle x}$$

$$= \lim_{\triangle x \to 0} \frac{\sin x \cos \triangle x + \cos x \sin \triangle x - \sin x}{\triangle x}$$

$$= \lim_{\triangle x \to 0} \frac{\sin x(\cos \triangle x - 1) + \cos x \sin \triangle x}{\triangle x}$$

$$= \lim_{\triangle x \to 0} \frac{\sin x(\cos \triangle x - 1)}{\triangle x} + \lim_{\triangle x \to 0} \frac{\cos x \sin \triangle x}{\triangle x}$$

$$= \sin x \lim_{\triangle x \to 0} \frac{(\cos \triangle x - 1)}{\triangle x} + \cos x \lim_{\triangle x \to 0} \frac{\sin \triangle x}{\triangle x}$$

$$= 0 + \cos x = \cos x$$

Example 6 Find the average rate of change of the function $f(x) = x \cdot \sin x$ on the closed inteval $[0, \pi]$.

Solution: The average rate of change is

$$\frac{f(\pi) - f(0)}{\pi - 0} = \frac{\pi \sin \pi - 0}{\pi - 0} = 0$$

4.2 One-Sided Derivatives 单侧导数

1. Left-hand Derivative 左导数

$$f'_-(x_0) = \lim_{x \to x_0^-} \frac{f(x) - f(x_0)}{x - x_0} = \lim_{\Delta x \to 0^-} \frac{f(x_0 + \Delta x) - f(x_0)}{\Delta x}$$

2. Right-hand Derivative 右导数

$$f'_+(x_0) = \lim_{x \to x_0^+} \frac{f(x) - f(x_0)}{x - x_0} = \lim_{\Delta x \to 0^+} \frac{f(x_0 + \Delta x) - f(x_0)}{\Delta x}$$

$f(x)$ is differentiable at x_0 if and only if $f'_-(x_0) = f'_+(x_0)$.

Example 7 Determine whether $f(x) = |x|$ is differentiable at $x = 0$.

Solution: Simplify the function

$$f(x) = |x| = \begin{cases} x & (x > 0) \\ 0 & (x = 0) \\ -x & (x < 0) \end{cases}$$

Use the definition of the one-sided derivative

$$f'_-(0) = \lim_{h \to 0^-} \frac{f(0+h) - f(0)}{h} = \lim_{h \to 0^-} \frac{-h}{h} = -1$$

$$f'_+(0) = \lim_{h \to 0^+} \frac{f(0+h) - f(0)}{h} = \lim_{h \to 0^+} \frac{h}{h} = 1$$

The function $f(x) = |x|$ is not differentiable at $x = 0$ since $f'_-(x_0) \neq f'_+(x_0)$.

4.3 The Geometric Interpretation of Derivative 导数的几何意义

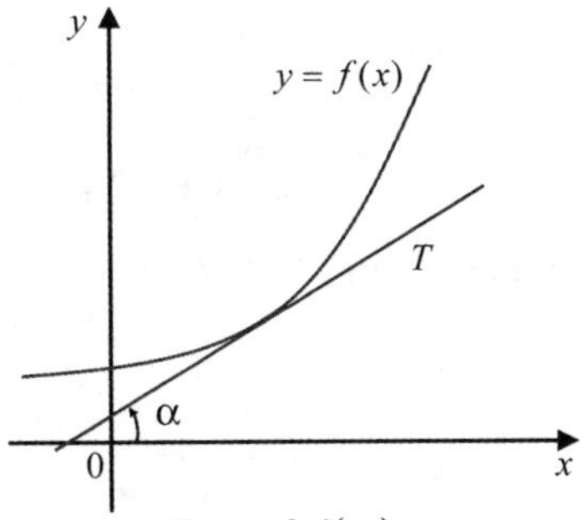

$f'(x_0)$ expresses the slope of the tangent line of $f(x)$ at $x = x_0$, that is

$$f'(x_0) = \tan \alpha$$

$f'(x_0)$ does not exist if $\alpha = \frac{\pi}{2}$.

4.4 The Relation between Differentiability and Continuity 可导与连续的关系

One of the most important requirements for the differentiability of a function is that the function is continuous.

Differentiability implies continuity. The converse of this theorem is false. (可导一定连续，连续不一定可导。)

例如下图所示函数在指定的点都连续，但是不可导。

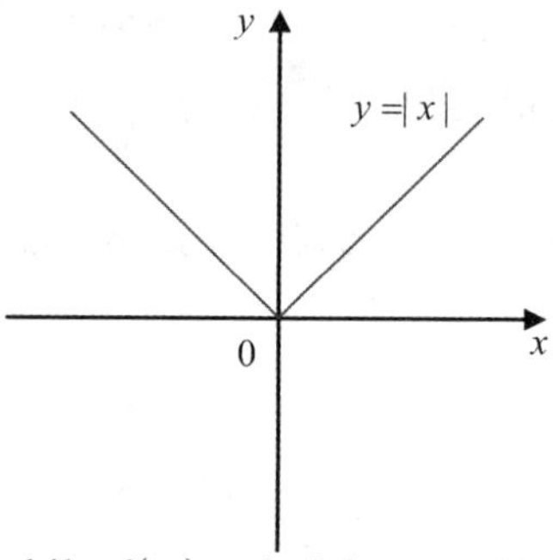

$f(x)=|x|$ is continuous at $x=0$ while $f(x)=|x|$ is not differentiable at $x=0$.

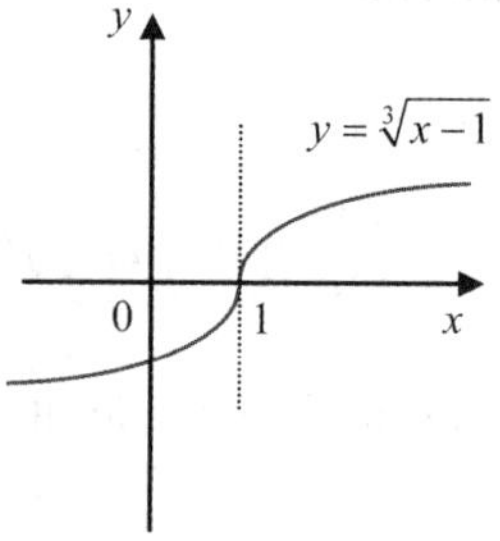

$f(x)=\sqrt[3]{x-1}$ is not differentiable at $x=1$ since there is a vertical tangent line at $x=1$.

Example 8

$$f(x)=\begin{cases}\dfrac{x^2-4}{x-2} & (x\neq 2)\\ 1 & (x=2)\end{cases}$$

Let $f(x)$ be the function above. Which of the following statements about $f(x)$ are true?

Ⅰ $f(x)$ has a limit at $x=2$;

Ⅱ $f(x)$ is continuous at $x=2$;

Ⅲ $f(x)$ is differentiable at $x=2$.

(A) Ⅰ onlly; (B) Ⅱ only; (C) Ⅲ only;

(D) Ⅰ and Ⅱ only; (E) Ⅰ, Ⅱ and Ⅲ

Solution:

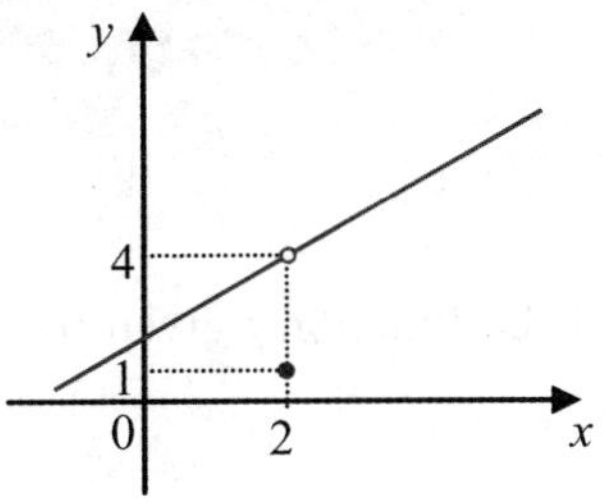

From the graph, we get

$$\lim_{x \to 2^-} f(x) = \lim_{x \to 2^+} f(x) \neq f(2)$$

$f(x)$ has a limit at $x = 2$ and it is not continuous at $x = 2$. Then it must be not differentiable at $x = 2$. The correct answer is A.

【Practice Problems · 课后练习】

1. What is average rate of change of the function f given by $f(x) = x^4 - 5x$ on the closed interval $[0,3]$?

2. Find the derivative of $f(x) = x^2$ at $x_0 = 1$, $x_1 = 2$.

3. Use the definition to find $(\cos x)'$.

4. Find the derivative of $f(x) = \dfrac{2x-3}{3x+4}$.

5.

$$f(x) = \begin{cases} -x & (x<0) \\ x^2 & (x \geqslant 0) \end{cases}$$

Is $f(x)$ differentiable at $x = 0$? Use the definition of the derivative with one-sided limits to justify your answer.

6. Find $\lim\limits_{a \to 0} \dfrac{\sin(\frac{\pi}{2} + a) - \sin \frac{\pi}{2}}{a}$.

Question 7 – 10.

The function is defined as:

$$f(x) = \begin{cases} 1 & (\text{if } x \leq 0) \\ 5 - x & (\text{if } 0 < x < 4) \\ \dfrac{1}{5-x} & (\text{if } x \geq 4) \end{cases}$$

7. Sketch the graph of f.

8. Where is f discontinuous?

9. Find $f'_{-}(4)$ and $f'_{+}(4)$.

10. Where is f not differentiable?

11. Which of the following expressions gives the derivative of $f(x)=\cos(2x)$?

(A) $f'(x)=\lim\limits_{x\to 0}\dfrac{\cos(2x)}{2x}$

(B) $f'(x)=\lim\limits_{x\to 0}\dfrac{\cos[2(x+h)]-\cos(2x)}{2x}$

(C) $f'(x)=\lim\limits_{h\to 0}\dfrac{\cos[2(x+h)]-\cos(2x)}{h}$

(D) $f'(x)=\lim\limits_{h\to 0}\dfrac{\cos(2x+h)-\cos(2x-h)}{h}$

(E) $f'(x)=\lim\limits_{h\to 0}\dfrac{\cos(2x)-\cos h}{h}$

12. Find $\lim\limits_{x\to 0}\dfrac{\sin^2(4x)}{x^2}$.

13. Suppose $f(x)$ is continuous, but not differentiable at the point $x=2$ and $f(2)=3$. Which of the following statements must be true about f?

Ⅰ. $\lim\limits_{x\to 2^+}f(x)=3$　　Ⅱ. $\lim\limits_{x\to 2^+}f(x)=\lim\limits_{x\to 2^-}f(x)$　　Ⅲ. $\lim\limits_{x\to 2}\dfrac{f(x)-3}{x-2}$ does not exist

(A) Ⅰ only　　(B) Ⅰ and Ⅱ only　　(C) Ⅲ only

(D) Ⅱ and Ⅲ only　　(E) Ⅰ, Ⅱ and Ⅲ

【Story · 数学讲堂】

导数的起源

微积分成为一门学科来说，是在十七世纪，但是，微分和积分的思想在古代就已经产生了。

公元前三世纪，古希腊的阿基米德在研究解决抛物弓形的面积、球和球冠面积、螺线下面积和旋转双曲体体积的问题中，就隐含着近代积分学的思想。作为微分学基础的极限理论，早在古代已有比较清楚的论述。比如我国的庄周所著《庄子》一书的"天下篇"中，记有"一尺之棰，日取其半，万世不竭"。三国时期的刘徽在他的割圆术中提到"割之弥细，所失弥小，割之又割，以至于不可割，则与圆周和体而无所失矣。"这些都是朴素的、也是很典型的极限概念。

到了十七世纪，有许多科学问题需要解决，这些问题也就成了促使微积分产生的因素。归结起来，大约有四种主要类型的问题：

第一类是研究运动的时候直接出现的，也就是求瞬时速度的问题；

第二类问题是求曲线切线的问题；

第三类问题是求函数最大值和最小值问题；

第四类问题是求曲线长、曲线围成的面积、曲面围成的体积、物体的重心、一个体积相当大的物体作用于另一物体上的引力。

十七世纪的许多著名的数学家、天文学家、物理学家都为解决上述几类问题作了大量的研究工作，如法国的费尔玛、笛卡尔、罗伯瓦、笛沙格、英国的巴罗、瓦里士；德国的开普勒、意大利的卡瓦列利等人都提出许多很有建树的理论，为微积分的创立做出了贡献。

十七世纪下半叶，在前人工作的基础上，英国科学家牛顿和德国数学家莱布尼茨分别研究和完成了微积分的创立工作，虽然这只是十分初步的工作。他们的最大功绩是把两个貌似毫不相关的问题联系在一起，一个是切线问题（微分学的中心问题），一个是求积问题（积分学的中心问题）。

牛顿和莱布尼茨建立微积分的出发点是直观的无穷小量，因此这门学科在早期也被称为无穷小分析，这正是现在数学中分析学这一大分支名称的来源。牛顿研究微积分着重于从运动学来考虑，莱布尼茨却是侧重于几何学。

牛顿在 1671 年写了《流数法和无穷级数》，这本书直到 1736 年才出版，他在这本书里指出，变量是由点、线、面的连续运动产生的，否定了以前自己认为的变量是无穷小元素的静止集合。他把连续变量叫做流动量，把这些流动量的导数叫做流数。牛顿在流数术中所提出的中心问题是：已知连续运动的路径，求给定时刻的速度（微分法）；已知运动的速度，求给定时间内经过的路程（积分法）。

德国的莱布尼茨是一个博才多学的学者，1684 年，他发表了现在世界上认为是最早的微积分文献，这篇文章有一个很长而且很古怪的名字《一种求极大极小和切线的新方法，它也适用于分式和无理量，以及这种新方法的奇妙类型的计算》。就是这样一片说理也颇含糊的文章，却有划时代的意义。1686 年，莱布尼茨发表了第一篇积分学的文献。他是历史上最伟大的符号学者之一，他所创设的微积分符号，远远优于牛顿的符号，这对微积分的发展有极大的影响。现在我们使用的微积分通用符号就是当时莱布尼茨精心选用的。

微积分学的创立，极大地推动了数学的发展，过去很多初等数学束手无策的问题，运用微积分，往往迎刃而解，显示出微积分学的非凡威力。

（资料来源：http://wenda. tianya. cn/wenda/thread？ tid = 35bfa2f18aeb1b36）

Chapter 5

Rules for Finding Derivatives 求导法则

【Vocabulary·词汇梳理】

Take derivative 求导数

[引] differentiate v. 求…的导数

first / second /..n-th derivative 一阶/二阶/…n 阶导数

higher order derivative 高阶导数

the power rule 幂法则

the addition rule 加法法则

the product rule 乘法法则

the quotient rule 商法则

chain rule 链式法则

polynomial 多项式

Figure out 计算

[引] radical 根式

take the square root 求平方根

switch back and forth 转换

multiply A by B 用 A 乘以 B

cross-multiply 交叉相乘

reciprocal n. 倒数

y terms of x 用 x 表示 y

with respect to 关于，对…

corollary n. 推论

【Topics · 知识精讲】

5.1 Basic Rules for Finding Derivatives 导数基本运算

1. The Sum, Difference, Product and Quotient Rules 加减乘除法则

If $u = u(x)$, $v = v(x)$,

Constant multiple rule: $(ku)' = ku'$ 【or $\frac{d(ku)}{dx} = k\frac{du}{dx}$】

Sum: $(u+v)' = u' + v'$ 【or $\frac{d(u+v)}{dx} = \frac{du}{dx} + \frac{dv}{dx}$】

Difference: $(u-v)' = u' - v'$ 【or $\frac{d(u-v)}{dx} = \frac{du}{dx} - \frac{dv}{dx}$】

Product: $(uv)' = u'v + uv'$ 【or $\frac{d(uv)}{dx} = \frac{du}{dx}v + u\frac{dv}{dx}$】

Quotient: $\left(\frac{u}{v}\right)' = \frac{u'v - uv'}{v^2}$ 【or $\frac{d\left(\frac{u}{v}\right)}{dx} = \frac{\frac{du}{dx}v - u\frac{dv}{dx}}{v^2}$】

Example 1 If $y = -x$, then $\frac{dy}{dx} = ?$

Solution:

$$\frac{dy}{dx} = (-x)' = (-1)(x)' = -1$$

Example 2 If $y = -\frac{2}{x} + \sqrt{x}$, then $\frac{dy}{dx} = ?$

Solution:

$$\frac{dy}{dx} = (-2x^{-1} + x^{\frac{1}{2}})' = (-2)\times(-1)\times(x^{-2}) + \frac{1}{2}x^{-\frac{1}{2}} = \frac{2}{x^2} + \frac{1}{2\sqrt{x}}$$

Example 3 If $y = (3x^{-2} - 2x^2)(x+1)$, then $\frac{dy}{dx} = ?$

Solution:

$$\frac{dy}{dx} = (3x^{-2} - 2x^2)'(x+1) + (3x^{-2} - 2x^2)(x+1)'$$
$$= (-6x^{-3} - 4x)(x+1) + (3x^{-2} - 2x^2) = -6x^{-3} - 3x^{-2} - 4x - 6x^2$$

Example 4 Find $\frac{dy}{dx}$ if $y=\frac{e^x-1}{x+1}$.

Solution:

$$y'=\left(\frac{e^x-1}{x+1}\right)'=\frac{(e^x-1)'(x+1)-(e^x-1)(x+1)'}{(x+1)^2}$$

$$=\frac{(e^x)(x+1)-(e^x-1)}{(x+1)^2}=\frac{xe^x+1}{(x+1)^2}$$

Example 5 Find the derivative of the function $f(x)=\tan x$.

Solution:

$$f'(x)=(\tan x)'=\left(\frac{\sin x}{\cos x}\right)'=\frac{(\sin x)'\cos x-\sin x(\cos x)'}{\cos^2 x}$$

$$=\frac{\cos^2 x+\sin^2 x}{\cos^2 x}=\frac{1}{\cos^2 x}=\sec^2 x$$

Example 6 Find the derivative of the function $f(x)=\sec x$.

Solution:

$$\frac{df(x)}{dx}=\frac{d}{dx}(\sec x)=\frac{d}{dx}\left(\frac{1}{\cos x}\right)=\frac{\frac{d}{dx}(1)\times\cos x-1\times\frac{d}{dx}(\cos x)}{\cos^2 x}$$

$$=\frac{0+\sin x}{\cos^2 x}=\tan x\sec x$$

2. Basic Differentiation Formulas 基本求导公式(五种函数求导公式)

1. $(x^\mu)'=\mu x^{\mu-1}$

   $\left(\frac{1}{x}\right)'=-\frac{1}{x^2}$, $(\sqrt{x})'=\frac{1}{2\sqrt{x}}$, $(C)'=0$ (C is a constant)

2. $(a^x)'=a^x(\ln a)$, $(e^x)'=e^x$

3. $(\log_a x)'=\frac{1}{x\ln a}$, $(\ln x)'=\frac{1}{x}$

4. $(\sin x)'=\cos x$, $(\cos x)'=-\sin x$

   $(\tan x)'=\sec^2 x$, $(\cot x)'=-\csc^2 x$

   $(\sec x)'=\sec x\tan x$, $(\csc x)'=-\csc x\cot x$

5. $(\arcsin x)'=\frac{1}{\sqrt{1-x^2}}$ $(\arccos x)'=-\frac{1}{\sqrt{1-x^2}}$

   $(\arctan x)'=\frac{1}{1+x^2}$ $(\text{arccot}\, x)'=-\frac{1}{1+x^2}$

$$(\text{arcsec } x)' = \frac{1}{|x|\sqrt{x^2-1}} \qquad (\text{arccsc } x)' = -\frac{1}{|x|\sqrt{x^2-1}}$$

Example 7 If $y = 3x^3 - x \cdot \sin x$, then $\frac{dy}{dx} = ?$

Solution:

$$\frac{dy}{dx} = (3x^3 - x\sin x)' = (3x^3)' - (x\sin x)' = 9x^2 - (x'\sin x + x(\sin x)')$$

$$= 9x^2 - (\sin x + x\cos x) = 9x^2 - \sin x - x\cos x$$

Example 8 If $y = x^2 \cdot 2^x$, then $\frac{dy}{dx} = ?$

Solution:

$$\frac{dy}{dx} = (x^2 \cdot 2^x)' = (x^2)'2^x + x^2(2^x)' = 2x \cdot 2^x + x^2 \cdot 2^x \cdot \ln 2 = x \cdot 2^x(2 + x \cdot \ln 2)$$

Example 9 Find $\frac{dy}{dx}$ if $y = \frac{\arcsin x}{1-x^2}$.

Solution:

$$\frac{dy}{dx} = \left(\frac{\arcsin x}{1-x^2}\right)' = \frac{(\arcsin x)'(1-x^2) - (\arcsin x)(1-x^2)'}{(1-x^2)^2}$$

$$= \frac{\frac{1}{\sqrt{1-x^2}}(1-x^2) - (\arcsin x) \cdot (-2x)}{(1-x^2)^2} = \frac{\sqrt{1-x^2} + 2x(\arcsin x)}{(1-x^2)^2}$$

Example 10 Find $\frac{dy}{dx}$ if $y = (1+x^2)\arctan x$.

Solution:

$$\frac{dy}{dx} = ((1+x^2)\arctan x)' = (1+x^2)'\arctan x + (1+x^2)(\arctan x)'$$

$$= 2x\arctan x + (1+x^2)\left(\frac{1}{1+x^2}\right) = 2x\arctan x + 1$$

3. The Chain Rule 复合函数求导

If f and g both differentiable and $y = f[g(x)]$ is the composite function. It turns out that the derivative of the composite function is the product of the derivatives of f and g.

Let $u = g(x)$, then $y = f(u)$

$$\frac{dy}{dx}=\frac{dy}{du}\cdot\frac{du}{dx} \text{ or } y'=f'(g(x))\cdot g'(x)$$

复合函数是由二个或二个以上的基本初等函数复合而成的，求复合函数的导数时，先把复合函数进行换元，拆分为多个简单函数之后再进行求导。这符合数学“化繁为简”的解题思想。

Example 11 Find $\frac{dy}{dx}$ if $y=u^2$ and $u=\frac{1}{x+2}$.

Solution:

$$\frac{dy}{dx}=\frac{dy}{du}\cdot\frac{du}{dx}=2u\cdot\frac{-1}{(x+2)^2}=\frac{-2}{(x+2)^3}$$

Example 12 Find $\frac{du}{dv}$ at $v=1$ if $u=x^2+1$ and $x=\frac{1}{v}$.

Solution:

$$\frac{du}{dv}=\frac{du}{dx}\cdot\frac{dx}{dv}=2x\cdot\frac{-1}{v^2}=\frac{-2}{v^3}$$

$$\left.\frac{du}{dv}\right|_{v=1}=\left.\frac{-2}{v^3}\right|_{v=1}=-2$$

Example 13 Find $\frac{dy}{dx}$ if $y=\sqrt{1+x^2}$.

Solution: Let $y=\sqrt{u}$, $u=1+x^2$

$$\frac{dy}{dx}=\frac{dy}{du}\cdot\frac{du}{dx}=\frac{1}{2\sqrt{u}}\cdot(2x)=\frac{x}{\sqrt{1+x^2}}$$

Example 14 If $y=(3x^3-2x^2)^4$, then $\frac{dy}{dx}=?$

Solution: Let $y=(u)^4$, $u=3x^3-2x^2$

$$\frac{dy}{dx}=\frac{dy}{du}\cdot\frac{du}{dx}=4u^3(9x^2-4x)=4(3x^3-2x^2)^3(9x^2-4x)$$

Example 15 Find the derivative of $f(x)=\sin(x^2)$.

Solution: Let $f(x)=\sin u$, $u=x^2$

$$\frac{dy}{dx}=\frac{dy}{du}\cdot\frac{du}{dx}=(\cos u)\cdot(2x)=2x\cos(x^2)$$

Example 16 Find $f'(x)$, if $f(x)=\tan(\frac{x}{x+1})$.

Solution: Let $f(x)=\tan u$, $u=\frac{x}{x+1}$

$$\frac{dy}{dx}=\frac{dy}{du}\cdot\frac{du}{dx}=(\sec^2 u)\cdot\frac{x'(x+1)-x(x+1)'}{(x+1)^2}$$

$$=(\sec^2 u)\cdot\frac{(x+1)-x}{(x+1)^2}=(\sec^2\frac{x}{x+1})\cdot\frac{1}{(x+1)^2}$$

Example 17 Find $f'(x)$, if $f(x)=\arctan\frac{x}{2}$.

Solution: Let $f(x)=\arctan u$, $u=\frac{x}{2}$

$$\frac{dy}{dx}=\frac{dy}{du}\cdot\frac{du}{dx}=\frac{1}{1+u^2}\cdot\frac{1}{2}=\frac{1}{2}\cdot\frac{1}{1+(\frac{x}{2})^2}=\frac{2}{4+x^2}$$

Example 18 Find the derivative of the function $f(x)=\ln(x^2)$.

Solution: Let $f(x)=\ln u, u=x^2$

$$\frac{d}{dx}f(x)=\frac{df(x)}{du}\cdot\frac{du}{dx}=\frac{1}{x^2}(x^2)'=\frac{2}{x}$$

Example 19 Find the derivative of the function $f(x)=e^{-x}$.

Solution: Let $f(x)=e^u$, $u=-x$

$$\frac{d}{dx}f(x)=\frac{df(x)}{du}\cdot\frac{du}{dx}=e^{-x}(-x)'=-e^{-x}$$

Example 20 Find the derivative of the function $f(x)=\log_2(2x)$.

Solution: Let $f(x)=\log_2 u$, $u=2x$

$$\frac{d}{dx}f(x)=\frac{df(x)}{du}\cdot\frac{du}{dx}=\frac{1}{2x}\cdot\frac{1}{\ln 2}(2x)'=\frac{1}{(\ln 2)x}$$

The reason for the name chain rule becomes clear when we make a longer chain. Suppose that $y=f(u)$, $u=g(v)$, $v=h(x)$ then

$$\frac{dy}{dx}=\frac{dy}{du}\cdot\frac{du}{dv}\cdot\frac{dv}{dx}$$

Example 21 Find the derivative of $y=2\sin^2(1-x)$.

Solution: Let $y=2u^2$, $u=\sin v$, $v=1-x$

$$\frac{dy}{dx}=\frac{dy}{du}\cdot\frac{du}{dv}\cdot\frac{dv}{dx}=4u\cdot\cos v\cdot(-1)=-4\sin(1-x)\cos(1-x)=-2\sin(2-2x)$$

4. Logarithmic Differentiation 对数求导法

Example 22 Find the derivative of $y=\ln\frac{x^2}{(x+1)^2}$.

Solution: Use the formula

$$\log_a\left(\frac{M}{N}\right)=\log_a M-\log_a N$$

We get

$$y=\ln\frac{x^2}{(x+1)^2}=\ln x^2-\ln(x+1)^2=2\ln x-2\ln(x+1)$$

Then

$$y'=(2\ln x-2\ln(x+1))'=\frac{2}{x}-\frac{2}{x+1}=\frac{2}{x(x+1)}$$

Example 23 Find the derivative of $y=x^x$.

Solution: Use the formula

$$a^{\log_a b}=b$$

We get

$$y=x^x=e^{\ln(x^x)}=e^{x\ln(x)}$$

Then

$$y'=(e^{x\ln x})'=e^{x\ln x}(x\ln x)'=e^{x\ln x}(x'\ln x+x(\ln x)')=x^x(\ln x+1)$$

（**Tips**：在利用对数进行化简求导时，函数的定义域可能会发生变化，但这并不影响求导结果。）

5.2 High Order Derivatives 高阶导数

高阶导数即求二阶或二阶以上的导数。求二阶导数，即在一阶导数的基础上求一阶导数，三阶导数即在二阶导数的基础上求一阶导，依次类推。例如：

If $y=x^n$,

$$\frac{dy}{dx}=nx^{n-1}$$

$$\frac{d^2y}{dx^2}=n(n-1)x^{n-2}$$

$$\frac{d^3y}{dx^3}=n(n-1)(n-2)x^{n-3}$$

…

$$\frac{d^my}{dx^m}=n(n-1)(n-2)\dots(n-m+1)x^{n-m}(m<n)$$

Example 24 Find $\frac{d^2(3x^2+4\sqrt{x})}{dx^2}$.

Solution:

$$\frac{d(3x^2+4\sqrt{x})}{dx}=(3x^2)'+(4\sqrt{x})'=6x+\frac{2}{\sqrt{x}}$$

$$\frac{d^2(3x^2+4\sqrt{x})}{dx^2}=\left(6x+\frac{2}{\sqrt{x}}\right)'=6+2(-\frac{1}{2}x^{-\frac{3}{2}})=6-x^{-\frac{3}{2}}$$

Example 25 Find $f^{(3)}(x)$, if $f(x)=\sin(-2x)$.

Solution:

$$f'(x)=\cos(-2x)(-2x)'=-2\cos(2x)$$

$$f''(x)=-2(-\sin(2x))(2x)'=4\sin(2x)$$

$$f'''(x)=8\cos(2x)$$

5.3 Implicit Differentiation 隐"函数"求导

1. Techniques for Implicit Differentiation 隐"函数"求导

A new problem:

$$e^y+xy-e=0$$

You cannot isolate y in terms of x! How to do it? How to find $\frac{dy}{dx}$?

When you cannot isolate y in terms of x, it is time to take the derivative implicitly. It calls implicit differentiation!

复合函数 $y=f[g(x)]$ 是对自变量 x 的复合，即把简单函数 $y=f[x]$ 的自变量 x 用一个简单函数 $g(x)$ 来代替，针对复合函数求导的方法为链式法则(Chain rule)：

$$y'=\{f[g(x)]\}'=f'[g(x)]g'(x)$$

隐函数实际上可以看做是针对因变量 y 的复合，在函数解析式中，因变量 y 不再是一个简单的 y，而是对 y 进行复合。例如 $-y$，y^2，a^y，$\log_a y$，$\sin y$，$\arcsin y$ 等复合形式出现在函数方程中时，我们把这种方程称之为隐"函数"方程，即方程中蕴含着隐性函数。隐函数的求

导方法本质上也是一种换元法。例如，求如下隐函数的导数，

$$e^y + xy = 1$$

两边都对 x 求导数，得

$$\frac{d(e^y + xy)}{dx} = 0$$

整理，

$$\frac{de^y}{dx} + \frac{d(xy)}{dx} = 0$$

由于上式中，我们默认 $y = f(x)$，即 y 本身是 x 的函数，所以，$e^y = e^{f(x)}$ 即为一个复合函数，从而得 $(e^y)' = [e^{f(x)}]' = e^{f(x)}f'(x) = e^y\frac{dy}{dx}$，则

$$e^y\frac{dy}{dx} + (x\frac{dy}{dx} + y) = 0$$

移项整理，

$$\frac{dy}{dx} = -\frac{y}{e^y + x}$$

对隐函数求导另外一种理解思路：

既然隐函数也是复合函数，那也可以用链式法则来处理，即

$$\frac{de^y}{dx} = \frac{de^y}{dy} \cdot \frac{dy}{dx} = e^y\frac{dy}{dx}$$

跟上述求得结果一致。

Example 26 Find an equation of the tangent line to the circle $x^2 + y^2 = R^2$ at the point (x_0, y_0).

Solution: Take the derivative with respect to x

$$\frac{d}{dx}(x^2 + y^2) = \frac{d}{dx}(R^2)$$

Then simplify

$$2x + 2y\frac{dy}{dx} = 0$$

$$\frac{dy}{dx} = -\frac{x}{y}$$

$$\left.\frac{dy}{dx}\right|_{(x_0, y_0)} = -\frac{x_0}{y_0}$$

The equation of the tangent line is

$$y - y_0 = -\frac{x_0}{y_0}(x - x_0)$$

Example 27 Find $\frac{dy}{dx}$ if $y^2 + y = x^2 + 2x$.

Solution: Use implicit differentiation

$$\frac{d}{dx}(y^2 + y) = \frac{d}{dx}(x^2 + 2x)$$

$$2y\frac{dy}{dx} + \frac{dy}{dx} = 2x + 2$$

Next, factor out $\frac{dy}{dx}$

$$(2y + 1)\frac{dy}{dx} = 2x + 2$$

Then, isolate $\frac{dy}{dx}$

$$\frac{dy}{dx} = \frac{2x + 2}{2y + 1}$$

Example 28 Find $\left.\frac{dy}{dx}\right|_{(2,\,1)}$, if $x^2 + xy + y^2 = 7$.

Solution: Use implicit differentiation

$$\frac{d}{dx}(x^2 + xy + y^2) = \frac{d}{dx}(7)$$

$$2x + \frac{d}{dx}(xy) + \frac{d}{dx}(y^2) = 0$$

$$2x + \left(x\frac{dy}{dx} + y\right) + 2y\frac{dy}{dx} = 0$$

Then, isolate $\frac{dy}{dx}$

$$\frac{dy}{dx} = -\frac{2x + y}{x + 2y}$$

Plug (2, 1) into the above equation

$$\left.\frac{dy}{dx}\right|_{(2,\,1)} = -\frac{2 \times 2 + 1}{2 + 2 \times 1} = -\frac{5}{4}$$

Example 29 Find $\frac{dy}{dx}$.

(*a*) $2^y = xy$

(*b*) $\ln y = \sqrt{5x - 1} + 2x$

(*c*) $x + \sin y - 1 = xy^2$

(*d*) $\arcsin y = 2x^2 - x$

Solution:

$$(a)\frac{d(2^{y})}{dx}=\frac{d(xy)}{dx}\Rightarrow(\ln 2)2^{y}\frac{dy}{dx}=x\frac{dy}{dx}+y\Rightarrow\frac{dy}{dx}=\frac{y}{(\ln 2)2^{y}-x}$$

$$(b)\ln y=\sqrt{5x-1}+2x\Rightarrow\frac{d(\ln y)}{dx}=\frac{d(\sqrt{5x-1}+2x)}{dx}$$

$$\Rightarrow\frac{1}{y}\frac{dy}{dx}=\frac{5}{2\sqrt{5x-1}}+2\Rightarrow\frac{dy}{dx}=y(\frac{5}{2\sqrt{5x-1}}+2)$$

$$(c)x+\sin y-1=xy^{2}\Rightarrow\frac{d}{dx}(x+\sin y-1)=\frac{d}{dx}(xy^{2})$$

$$\Rightarrow 1+\cos y\cdot\frac{dy}{dx}=y^{2}+x\cdot 2y\cdot\frac{dy}{dx}\Rightarrow\frac{dy}{dx}=\frac{y^{2}-1}{\cos y-2xy}$$

$$(d)\arcsin y=2x^{2}-x\Rightarrow\frac{d}{dx}\arcsin y=\frac{d}{dx}(2x^{2}-x)$$

$$\Rightarrow\frac{1}{\sqrt{1-y^{2}}}\frac{dy}{dx}=4x-1\Rightarrow\frac{dy}{dx}=(4x-1)\sqrt{1-y^{2}}$$

Example 30 Find the derivative of $y=\sqrt{\frac{x+1}{1-x}}$.

Solution: Take log both sides

$$\ln y=\ln\sqrt{\frac{x+1}{1-x}}=\frac{1}{2}\ln(x+1)-\frac{1}{2}\ln(1-x)$$

Take the derivative of both sides respect to x

$$\frac{1}{y}\frac{dy}{dx}=\frac{1}{2}\frac{1}{x+1}-\frac{1}{2}\frac{-1}{1-x}=\frac{1}{2}\left(\frac{1}{x+1}+\frac{1}{1-x}\right)$$

$$\frac{dy}{dx}=\frac{1}{2}\sqrt{\frac{x+1}{1-x}}\left(\frac{1}{x+1}+\frac{1}{1-x}\right)$$

2. High Order of Implicit Differentiation 隐"函数"求高阶导数

Example 31 Find $\frac{d^{2}y}{dx^{2}}$ *if* $x^{2}+3y^{3}=1$.

Solution: Take the first derivative of both sides respect to x

$$2x+9y^{2}\frac{dy}{dx}=0$$

$$\frac{dy}{dx}=-\frac{2x}{9y^{2}}$$

Take the second derivative of both sides respect to x

$$\frac{d^2y}{dx^2}=\frac{-2\times 9y^2-(-2x)\cdot 18y\cdot y'}{(9y^2)^2}=\frac{-2\times 9y^2-(-2x)\cdot 18y\cdot(\frac{-2x}{9y^2})}{(9y^2)^2}$$

$$=-\frac{18y^3+8x^2}{81y^5}$$

5.4 The Derivative of an Inverse Function 反函数求导

1. The Relation Between $\frac{dy}{dx}$ and $\frac{dx}{dy}$ $\frac{dy}{dx}$ 与 $\frac{dx}{dy}$的关系

Let us find the derivative of the function $y=x^2(x>0)$.

It is so easy to get

$$\frac{dy}{dx}=2x$$

But, how about $\frac{dx}{dy}=?$

First, find the inverse function

$$y=x^2\Rightarrow x=\sqrt{y}(x>0)$$

Take derivative

$$\frac{dx}{dy}=\frac{1}{2\sqrt{y}}=\frac{1}{2x}$$

We are surprised to find out

$$\frac{dy}{dx}=2x \text{ and } \frac{dx}{dy}=\frac{1}{2x}$$

So, we get

$$\frac{dy}{dx}=\frac{1}{\frac{dx}{dy}}$$

This is a very interesting conclusion.

Example 32 Find $\frac{dx}{dy}$ if $y=3x^5-7x$.

Solution: First, we find $\frac{dy}{dx}$

$$\frac{dy}{dx}=15x^4-7$$

Then

$$\frac{dx}{dy}=\frac{1}{\frac{dy}{dx}}=\frac{1}{15x^4-7}$$

2. The Derivative of an Inverse Function 反函数求导

Consider the function

$$y=f(x)$$

If the inverse function exists, we get

$$x=\varphi(y)\,(\text{or } x=f^{-1}(y))$$

(Suppose f and φ are inverse functions).

Let us differentiate the two mutually inverse functions.

$$\frac{dy}{dx}=\frac{df(x)}{dx} \text{ and } \frac{dx}{dy}=\frac{d\varphi(y)}{dy}$$

So

$$\frac{d(\varphi(y))}{dy}=\frac{1}{\frac{df(x)}{dx}}\left(\text{or } \frac{df^{-1}(y)}{dy}=\frac{1}{\frac{df(x)}{dx}}\right)$$

（用原函数的导数的倒数来表示反函数的导数，省去了求反函数这个步骤。）

Example 33 Find the derivative of the function $f(x)=\arcsin x$.

Solution: According to the rule for the derivative of inverse functions, we know

$y=\arcsin x$ and $x=\sin y$

$$\frac{dy}{dx}=\frac{1}{\frac{dx}{dy}}=\frac{1}{\cos y}$$

Since $\sin^2 x+\cos^2 x=1$

$$\frac{dy}{dx}=\frac{1}{\cos y}=\frac{1}{\sqrt{1-\sin^2 y}}=\frac{1}{\sqrt{1-x^2}}$$

We can write the derivative in the form

$$(\arcsin x)'=\frac{1}{\sqrt{1-x^2}}$$

Similarly

$$(\arccos x)'=-\frac{1}{\sqrt{1-x^2}}$$

Example 34 If $f(x)=2x^2+x-1\,(x>0)$, find $\frac{d}{dx}f^{-1}(2)$.

Solution: The point$(2, a)$ is on the curve of $f^{-1}(x)$. Then, the point$(a, 2)$ is on the curve of

$f(x)$.

$$f(a)=2a^2+a-1=2$$

$$a=1 \text{ or } a=-\frac{3}{2}(\text{off})$$

$$f'(x)=4x+1$$

According to the rule for the derivative of inverse functions, we obtain

$$\frac{d}{dx}f^{-1}(2)=\frac{1}{f'(a)}=\frac{1}{f'(1)}=\frac{1}{5}$$

($\frac{d}{dx}f^{-1}(2)$的含义为：$f(x)=2x^2+x-1$ 的反函数在其自变量 $x=2$（对应为原函数 $f(x)=2x^2+x-1$ 在 $x=a$）处的切线的斜率为$\frac{1}{5}$。)

Example 35

x	$f(x)$	$f'(x)$
1	2	$\frac{1}{3}$
2	5	$\frac{1}{2}$

The above table gives values of the differentiable function f and its derivative f', at selected values of x. If $g(x)=f^{-1}(x)$, what is the value of $g'(2)$?

Solution: Since $f(1)=2$ and $g(x)=f^{-1}(x)$, the point $(2,1)$ is on the curve of $g(x)$. According to the rule for finding the derivative of an inverse function, we get

$$g'(2)=\frac{1}{f'(1)}=\frac{1}{\frac{1}{3}}=3$$

5.5 Derivatives of Parametric Functions 参数方程求导*

Let a function y of x is represented by the parametric equation

$$\begin{cases} x=x(t) \\ y=y(t) \end{cases}$$

Then the derivative formula is

$$\frac{dy}{dx}=\frac{\frac{dy}{dt}}{\frac{dx}{dt}} \text{ and } \frac{d^2y}{dx^2}=\frac{\frac{d}{dt}\left(\frac{dy}{dx}\right)}{\frac{dx}{dt}}$$

对于一阶导读者可以理解，但是对于二阶导其难理解的地方在于为何还要除以$\frac{dx}{dt}$。一种便于理解的方式可以解释为：

一阶导数求完之后 $\frac{dy}{dx}$ 是关于 t 的函数，求二阶导时可把 $\frac{dy}{dx}$ 看成是原式$\begin{cases} x = x(t) \\ y = y(t) \end{cases}$中的 $y = y(t)$，新的 $y = y(t)$ 再与 $x = x(t)$ 组合为新的参数方程$\begin{cases} x = x(t) \\ y = y(t) \end{cases}$进行下一步求导。

Example 36 Find $\frac{dy}{dx}$ and $\frac{d^2y}{dx^2}$, if $\begin{cases} x = t^3 - 3t \\ y = t^2 \end{cases}$.

Solution:

$$\frac{dy}{dx} = \frac{\frac{dy}{dt}}{\frac{dx}{dt}} = \frac{2t}{3t^2 - 3}$$

$$\frac{d^2y}{dx^2} = \frac{\frac{d}{dt}\left(\frac{dy}{dx}\right)}{\frac{dx}{dt}} = \frac{\frac{d\left(\frac{2t}{3t^2-3}\right)}{dt}}{\frac{dx}{dt}} = \frac{\frac{2(3t^2-3) - 2t \times 6t}{(3t^2-3)^2}}{3t^2 - 3} = \frac{-6(1+t^2)}{(3t^2-3)^3}$$

Example 37 Find the tangent line at $\theta = \frac{\pi}{4}$, if $\begin{cases} x = 1 + 2\sin\theta \\ y = -1 + 3\cos\theta \end{cases}$.

Solution: According to the rule for the derivative of parametric function, we get

$$\frac{dy}{dx} = \frac{\frac{dy}{dt}}{\frac{dx}{dt}} = \frac{-3\sin\theta}{2\cos\theta}$$

$$\left.\frac{dy}{dx}\right|_{\theta=\frac{\pi}{4}} = \frac{-3\sin\frac{\pi}{4}}{2\cos\frac{\pi}{4}} = -\frac{3}{2}$$

Plug $\theta = \frac{\pi}{4}$ into the parametric equation

$$\begin{cases} x = 1 + 2\sin\theta = 2.414 \\ y = -1 + 3\cos\theta = 1.121 \end{cases}$$

The equation of the tangent line is:

$$y - 1.121 = -1.5(x - 2.414)$$

$$y = -1.5x + 4.742$$

在 AP 微积分考试中，如果没有特别要求，在 multiple-choice 和 free-response 可以用计算器的题中，最后结果一般要**保留小数点之后三位**。在做 multiple-choice 题时，一般先看选项化简的程度，然后再决定是否要化到最简。

5.6 Derivatives of Polar Functions 极坐标函数求导*

Find the slope of a polar curve $r=f(\theta)$

Cartesian coordinate		Polar coordinate
$\begin{cases} x=r\cos\theta=f(\theta)\cos\theta \\ y=r\sin\theta=f(\theta)\sin\theta \end{cases}$	⟷	$r=f(\theta)$

$$\frac{dy}{dx}=\frac{\frac{dy}{d\theta}}{\frac{dx}{d\theta}}=\frac{\frac{d[f(\theta)\sin\theta]}{d\theta}}{\frac{d[f(\theta)\cos\theta]}{d\theta}}=\frac{\frac{df(\theta)}{d\theta}\sin\theta+f(\theta)\cos\theta}{\frac{df(\theta)}{d\theta}\cos\theta-f(\theta)\sin\theta}$$

（极坐标求导本质上可以理解为参数方程求导。）

Example 38 Find the slope of the tangent line to the curve $r=2+4\sin\theta$.

Solution: Convert the equation from polar to parametric equation:

$$r=2+4\sin\theta\Rightarrow\begin{cases} x=r\cos\theta=(2+4\sin\theta)\cos\theta \\ y=r\sin\theta=(2+4\sin\theta)\sin\theta \end{cases}$$

Then

$$\frac{dy}{dx}=\frac{\frac{dy}{d\theta}}{\frac{dx}{d\theta}}=\frac{\frac{d[(2+4\sin\theta)\sin\theta]}{d\theta}}{\frac{d[(2+4\sin\theta)\cos\theta]}{d\theta}}$$

$$=\frac{4\cos\theta\sin\theta+(2+4\sin\theta)\cos\theta}{4\cos\theta\cos\theta-(2+4\sin\theta)\sin\theta}=\frac{2\cos\theta+4\sin2\theta}{4\cos2\theta-2\sin\theta}$$

Example 39 Find the tangent line to the curve $r=e^{\theta}$ at $\theta=\frac{\pi}{3}$.

Solution: Convert the equation from polar to parametric equation:

$$r=e^{\theta}\Rightarrow\begin{cases} x=r\cos\theta=e^{\theta}\cos\theta \\ y=r\sin\theta=e^{\theta}\sin\theta \end{cases}$$

Then

$$\left.\frac{dy}{dx}\right|_{\theta=\frac{\pi}{3}}=\left.\frac{\frac{dy}{d\theta}}{\frac{dx}{d\theta}}\right|_{\theta=\frac{\pi}{3}}=\left.\frac{e^{\theta}\sin\theta+e^{\theta}\cos\theta}{e^{\theta}\cos\theta-e^{\theta}\sin\theta}\right|_{\theta=\frac{\pi}{3}}$$

$$=\left.\frac{\sin\theta+\cos\theta}{\cos\theta-\sin\theta}\right|_{\theta=\frac{\pi}{3}}=\frac{\frac{\sqrt{3}}{2}+\frac{1}{2}}{\frac{1}{2}-\frac{\sqrt{3}}{2}}=-2-\sqrt{3}$$

Plug $\theta=\frac{\pi}{3}$ into the parametric equation

$$\begin{cases} x=r\cos\theta=\frac{1}{2}e^{\frac{\pi}{3}} \\ y=r\sin\theta=\frac{\sqrt{3}}{2}e^{\frac{\pi}{3}} \end{cases}$$

The equation of the tangent line is:

$$y-\frac{\sqrt{3}}{2}e^{\frac{\pi}{3}}=-(2+\sqrt{3})(x-\frac{1}{2}e^{\frac{\pi}{3}})$$

$$y=-(2+\sqrt{3})x+(1+\sqrt{3})e^{\frac{\pi}{3}}$$

5.7 Derivatives of Vector Functions 向量函数求导*

If $\overrightarrow{r(t)}=<f(t),g(t)>=f(t)\cdot\vec{i}+g(t)\cdot\vec{j}$, then

$$\frac{d\left(\overrightarrow{r(t)}\right)}{dt}=<f'(t),g'(t)>=f'(t)\vec{i}+g'(t)\vec{j}$$

(向量函数求导本质上也是参数方程求导。)

Example 40 Find the derivative of the vector function.

(a) $\overrightarrow{r(t)}=<1+t,t^2>$ (b) $\overrightarrow{r(t)}=<e^{-t},\sin(2t)>$

Solution:

(a) $\frac{d}{dt}\overrightarrow{r(t)}=<1,2t>$

(b) $\frac{d}{dt}\overrightarrow{r(t)}=<-e^{-t},2\cos(2t)>$

Example 41 At time $t \geq 0$, an object moving along a curve in the *xy*-plane has velocity vector given by $\overrightarrow{v(t)} = < t^2, 5t >$. What is the acceleration vector of the particle at time $t = 1$?

Solution:

$$\overrightarrow{a(t)} = \frac{d}{dt}\overrightarrow{v(t)} = < 2t, 5 >$$

$$\overrightarrow{a(1)} = < 2, 5 >$$

【Practice Problems · 课后练习】

PART 1

1. Find the derivative of the following functions.

(1) $f(x)=\dfrac{x}{2x+1}$

(2) $f(x)=2x^2+5x+4$

(3) $f(x)=\sin x+\pi^3$

(4) $f(x)=2^x+\log_2 x$

2. Find the derivative of the following functions.

(1) $y=\sin 2x$

(2) $y=\cos^2(3x^2-2x)$

(3) $y=x^3-2x^2+\sin x$

3. Let $f(x)=x^5+2x+1$, find $f'(4)$.

4. Calculate $g'(\dfrac{1}{2})$, if $g(x)=\cos\pi x\ \sin^2\pi x$.

5. Calculate y'', if $y=\dfrac{x}{x+2}$.

6. If $f(x)=\sin^2(3-x)$, then $f'(0)=?$

7. Find the derivative of the following functions.

(1) $f(x)=\ln(x^2-x)$

(2) $f(x)=\ln(\dfrac{x}{\sqrt{x+1}})$

(3) $f(x) = \ln(3x\sqrt{3+x})$

(4) $f(x) = 2^{x^2}$

(5) $f(x) = \pi^{8x^2}$

(6) $f(x) = e^{\pi x}$

(7) $f(x) = e^{x \sin x}$

(8) $f(x) = x^e$

(9) $f(x) = \log_2(x^2+1)$

(10) $f(x) = \log(x \csc x)$

8. Find the derivative of the following functions.

(1) $y = \ln x \cdot \log_2 x$

(2) $y = x^3 \cdot 5^x$

(3) $y = e^{3x} - 3^{ex}$

PART 2

9. If $y^4 - 4y^2 = 2x^3 + 12x^2$, find y'.

10. Find $\left.\dfrac{dy}{dx}\right|_{x=1,\ y=1}$, if $2x^2y + 3y^2 - 4x^3 = 1$.

11. If $x - y + \dfrac{1}{2}\sin y = 0$, find $\dfrac{dy}{dx}$.

12. In the xy-plane, what is the slope of the line tangent to the graph of $x^2 + 3xy + y^2 = 5$ at the point(1, 1)?

13. Find $\dfrac{d^2y}{dx^2}$ if $x^2y^2 = 25$ at (1, −5).

14. Find $\frac{dy}{dx}$ if $x\sin y + y\sin x = -\frac{\pi}{2\sqrt{2}}$ at $(-\frac{\pi}{4}, \frac{\pi}{4})$.

15. If $3x^2 + 2xy + y^2 = 1$, then $\frac{dy}{dx} = ?$

(A) $-\frac{3x+y}{y^2}$ (B) $-\frac{3x+y}{x+y}$ (C) $-\frac{1-3x-y}{x+y}$ (D) $-\frac{3x}{1+y}$ (E) $-\frac{3x}{x+y}$

16. The slope of the tangent to the curveat $y^3x + y^2x^2 = 6$ at $(2, 1)$ is

(A) $-\frac{3}{2}$ (B) -1 (C) $-\frac{5}{14}$ (D) $-\frac{3}{14}$ (E) 0

17. If $h(x) = e^{x^2}$, then $\frac{d}{dx}[f(h(x))] =$

(A) $2xe^{x^2}$

(B) $f'(e^{x^2})$

(C) $xe^{x^2}f'(e^{x^2})$

(D) $2xe^{x^2}f'(e^{x^2})$

(E) $e^{x^2}f'(e^{x^2})$

PART 3

18. Find a derivative of the inverse of the function $y = 2x - x^3$ at $y = 1$ $(x > 0.8)$.

19. (*a*) Find the tangent line to the curve $\begin{cases} x = 10 - t^2 \\ y = t^3 - 12t \end{cases}$ at the point $t = 1$.

(*b*) At what points is the tangent horizontal? When it is vertical?

20. Find the slope of the tangent line to the given polar curve $r = 1 + \cos\theta$ at the point $\theta = \frac{\pi}{6}$.

【Story·数学讲堂】

向量的来源

向量又称为矢量，最初被应用于物理学。很多物理量如力、速度、位移以及电场强度、磁感应强度等都是向量。大约公元前350年前，古希腊著名学者亚里士多德就知道了力可以表示成向量，两个力的组合作用可用著名的平行四边形法则来得到。“向量”一词来自力学、解析几何中的有向线段。最先使用有向线段表示向量的是英国科学家牛顿。

课本上讨论的向量是一种带几何性质的量，除零向量外，总可以画出箭头表示方向。但是在高等数学中还有更广泛的向量。例如，把所有实系数多项式的全体看成一个多项式空间，这里的多项式都可看成一个向量。在这种情况下，要找出起点和终点甚至画出箭头表示方向是办不到的。这种空间中的向量比几何中的向量要广泛得多，可以是任意数学对象或物理对象。这样，就可以指导线性代数方法应用到广阔的自然科学领域中去。因此，向量空间的概念，已成了数学中最基本的概念和线性代数的中心内容，它的理论和方法在自然科学的各领域中得到了广泛的应用。而向量及其线性运算也为“向量空间”这一抽象的概念提供了一个具体的模型。

从数学发展史来看，在历史上很长一段时间内，空间的向量结构并未被数学家们所认识，直到19世纪末20世纪初，人们才把空间的性质与向量运算联系起来，使向量成为具有一套优良运算通性的数学体系。向量能够进入数学并得到发展，首先应从复数的几何表示谈起。18世纪末期，挪威测量学家威塞尔首次利用坐标平面上的点来表示复数 $a+bi$，并利用具有几何意义的复数运算来定义向量的运算。把坐标平面上的点用向量表示出来，并把向量的几何表示用于研究几何问题与三角问题。人们逐步接受了复数，也学会了利用复数来表示和研究平面中的向量，向量就这样平静地进入了数学。但复数的利用是受限制的，因为它仅能用于表示平面，若有不在同一平面上的力作用于同一物体，则需要寻找所谓三维“复数”以及相应的运算体系。19世纪中期，英国数学家汉密尔顿发明了四元数(包括数量部分和向量部分)以代表空间的向量。他的工作为向量代数和向量分析的建立奠定了基础。随后，电磁理论的发现者，英国的数学物理学家麦克思韦把四元数的数量部分和向量部分分开处理，从而创造了大量的向量分析。

三维向量分析的开创，以及同四元数的正式分裂，是英国的居伯斯和海维塞德于19世纪80年代各自独立完成的。他们提出，一个向量不过是四元数的向量部分，但不独立于任何四元数。他们引进了两种类型的乘法，即数量积和向量积，并把向量代数推广到变向量的向量微积分。从此，向量的方法被引进到分析和解析几何中来，并逐步完善，成为了一套优良的数学工具。

（资料来源：http://hi.baidu.com/stoda/blog/item/952e881693e6145bf3de3238.html）

Chapter 6 Applications of Derivatives 导数应用

【Vocabulary·词汇梳理】

Equation of tangent line and normal line 切线和法线方程

[引] perpendicular 垂直的,直立的

horizontal 水平的

parallel to 平行于

negative reciprocal 负倒数

original equation 原方程

x-intercept (root) x 的截距(根)

Absolute (global/extreme) maximum 绝对最大/最大值

[引] relative (local) maximum 相对最大/局部最大(极大值)

extreme value 极值

optimal value 最优值

critical value 临界值

critical point 临界点

point of inflection 拐点

rough 粗糙的,粗略的,大致的

Analytic geometry 解析几何

[引] dimension 尺度,维数

vertex 顶点

inscribed 内接

semicircle 半圆

ellipse 椭圆

diameter 直径

length / width 长/宽

perimeter / circumference 周长

surface area / area 表面积/面积

right triangle 直角三角形

equilateral triangle 等边三角形

isosceles triangle 等腰三角形

parabola 抛物线

volume 体积

cubic 立方体的

cylindrical 圆柱的

rectangular prism 四棱柱，长方体

sphere / spherical balloon 球体/气球

cone / conical tank 锥/圆锥

right circular cone / oblique circular cone 直圆锥/斜圆锥

concavity 凹度，凹形

concave up 凹

concave down 凸

monotonicity 单调性

Particle 粒子，质点

[引] velocity 速度(矢量)

speed 速率(标量)

acceleration 加速度

position 位置

distance 距离(标量)

displacement 位移(矢量)

slow down 减速

speed up 加速

odometer 里程表

Related rate 相关变化率

[引] slid toward 朝…滑行

elevation angle 仰角

altitude 高度,海拔

voltage / current / resistance / circuit 电压/电流/电阻/电路

cartesian 笛卡尔的，直角坐标系的

substitute back 回代

【Topics · 知识精讲】

6.1 Equations of Tangent Lines and Normal Lines 切线和法线方程

The point-slope form of a line containing the poin $P(x_0, y_0)$ with a solpe of k is:

$$y - y_0 = k(x - x_0).$$

Since k is equal to $f'(x_0)$ at $x = x_0$ of the function graph, the equation of the tangent line is:

$$y - y_0 = f'(x_0)(x - x_0);$$

the equation of the normal line is:

$$y - y_0 = -\frac{1}{f'(x_0)}(x - x_0).$$

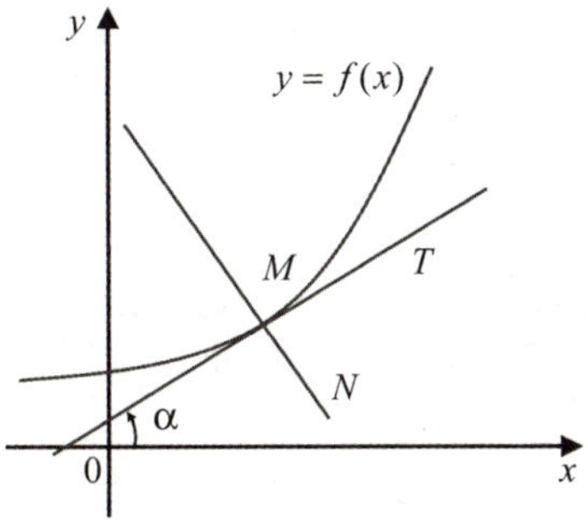

Example 1 Find the tangent line and the normal line of hyperbola $y = \frac{1}{x}$ at point $(\frac{1}{2}, 2)$.

Solution: Find the derivative of the function

$$y' = -\frac{1}{x^2}$$

$$k = y'(\frac{1}{2}) = \left[-\frac{1}{x^2}\right]_{x=\frac{1}{2}} = -4$$

the equation of the tangent line is:

$$y - 2 = -4(x - \frac{1}{2})$$

$$y = -4x + 4$$

the equation of the normal line is:

$$y - 2 = \frac{1}{4}(x - \frac{1}{2})$$

$$y = \frac{1}{4}x + \frac{15}{8}$$

Example 2 Find the equation of the tangent line to the graph of $y = e^{f(x)}$ and $f(1) = f'(1) = 1$ at $x = 1$.

Solution: Find the derivative of the function

$$y' = e^{f(x)} f'(x)$$

At $x = 1$

$$y'(1) = e^{f(1)} f'(1) = e \text{ and } y(1) = e^{f(1)} = e$$

The equation of the tangent line is

$$y - e = e(x - 1)$$

$$y = ex$$

6.2 The Mean Value Theorem for Derivatives 微分中值定理

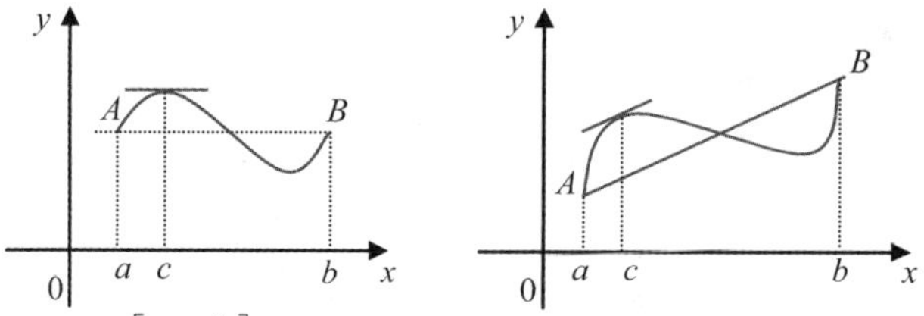

If $f(x)$ is 1) continuous on $[a, b]$;

2) differentiable on (a, b).

Then, at least exists one numbe $c \in (a, b)$ satisfy the following equation:

$$f'(c) = \frac{f(b) - f(a)}{b - a}$$

It is called the Mean Value Theorem for derivatives (MVT).

Example 3 Find the values of c that satisfy the MVT for $f(x) = -x^3 + 8x$ on the interval $[-2, 2]$.

Solution: The funciton $f(x)$ is continuous on $[-2, 2]$ and is differentiable on $(-2, 2)$. Then, we get

$$\frac{f(2) - f(-2)}{2 - (-2)} = \frac{8 - (-8)}{2 - (-2)} = 4$$

$$f'(x) = -3x^2 + 8 \text{ and } f'(c) = -3c^2 + 8$$

According to the MVT, we obtain

$$-3c^2 + 8 = 4$$

$$c = \pm \frac{2\sqrt{3}}{3}$$

微分中值定理的推论：Rolle's Theorem 罗尔定理

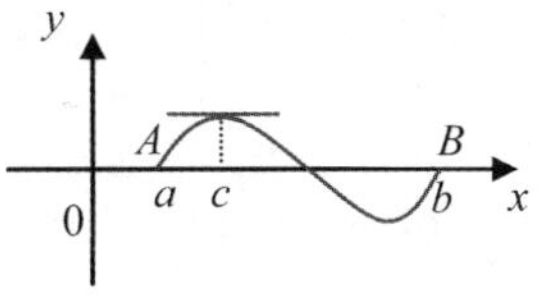

If $f(x)$ is 1) continuous on $[a, b]$;

2) differentiable on (a, b);

3) $f(a)=f(b)$ or $(f(a)=f(b)=0)$.

Then, at least exists one numbe $c \in (a, b)$ satisfy the following equation:

$$f'(c)=0$$

Example 4 Find the values of c that satisfy the Rolle's theorem for $f(x)=\sin x$ on the interval $[0, \pi]$.

Solution: The funciton $f(x)$ is continuous on $[0, \pi]$ and is differentiable on $(0, \pi)$. Then, we get

$$\frac{f(\pi)-f(0)}{\pi-0}=\frac{0-0}{\pi}=0$$

$$f'(x)=\cos x \text{ and } f'(c)=\cos c$$

According to the Rolle's Theorem, we obtain

$$\cos c=0 \left(c \in [0, \pi]\right)$$

$$c=\frac{\pi}{2}$$

6.3 Related Rates 相关变化率

If y is a function of x, the rate of change to x is given by $\frac{dy}{dx}$. Similarly, if y is a function of time t, the rate of change to time is given by $\frac{dy}{dt}$. Then if x is also a function of time t, the rate of change to time t is also given by $\frac{dx}{dt}$. If x and y are related by an equation $y=f(x)$, the relation of their rates of change to time t are the related rates.

$\frac{dy}{dt}$ is interpreted as the rate of change of y with respect to time t;

$\frac{dx}{dt}$ is interpreted as the rate of change of x with respect to time t.

Steps for sloving related rate problems:

Step 1：Find the equation that relates to all the variables；

Step 2：Find the derivatives of the equation with respect to t using implitly differentiation techniques；

Step 3：Plug what you know and solve for the required rate.

变化率是导数在实际生活中的应用，不管是物理中的速度和加速度问题，

$$v(t)=\frac{dx(t)}{dt} \text{ and } a(t)=\frac{dv(t)}{dt}$$

还是化学中的化学反应速率问题，

$$\textit{the rate}=\frac{dc(t)}{dt}\ (c(t)\text{为某时刻的浓度})$$

还是生物中菌种或者人口增长的速率问题，

$$\textit{the rate}=\frac{dP(t)}{dt}\ (P(t)\text{为某时刻菌种或者人口的数量})$$

……

研究时都将用变量对时间求导来表示微观的变化率，通常称为瞬时变化率。多个变量组成的方程有一定的相关性，方程两边同时对时间求导之后，即多个变量的变化率也相关，即为相关变化率。

Example 5 A circle is increasing in area at the rate of 10π in^2/sec. At what rate is the radius expanding when the radius is 2 inches?

Solution：We need to find the rate of change of the radius and we have given the increasing rate of area.

First, set up the equation with area and radius：

$$A=\pi r^2$$

Then, take the derivative both sides with respect to t using implitly differentiation techniques：

$$\frac{dA}{dt}=\pi\cdot 2r\cdot\frac{dr}{dt}$$

At last, plug the values of $\frac{dA}{dt}$ and r into the above equation：

$$10\pi=\pi\times 2\times 2\times\frac{dr}{dt}$$

$$\frac{dr}{dt}=\frac{5}{2}\text{ in/sec}$$

（Tips：在 free-response 题中，如果题中的量带了单位，最后给出的结果也要带单位。不写单位将被扣分。）

Example 6 A water tank is in the shape of an inverted cone. Water is pumped into the tank at the rate of π m^3/h. The height of the tank is 5 meters and the diameter of the base is $\frac{5}{2}$ meters. How fast is the water level rising when the water is 2 meters deep?

Solution:

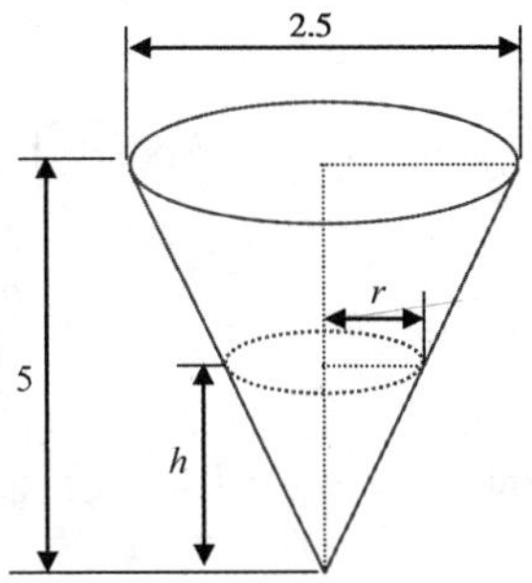

We need to find the rate of change of the water level: $\frac{dh}{dt}$.

Set up the equation with area and radius:

$$V = \frac{1}{3}\pi r^2 h$$

$$\frac{r}{h} = \frac{2.5/2}{5} \Rightarrow r = \frac{h}{4}$$

$$V = \frac{1}{3}\pi\left(\frac{h}{4}\right)^2 h = \frac{1}{48}\pi h^3$$

Then, take the derivative both sides with respect to t using implitly differentiation techniques:

$$\frac{dV}{dt} = \frac{1}{48}\pi \cdot 3h^2 \cdot \frac{dh}{dt} = \frac{1}{16}\pi h^2 \frac{dh}{dt}$$

At last, plug the value of $\frac{dV}{dt}$ and h into the above equation:

$$\pi = \frac{1}{16}\pi \times 2^2 \times \frac{dh}{dt}$$

$$\frac{dh}{dt} = 4 \text{ m/h}$$

6.4 Motion 运动学

1. Moving Along a Line 直线运动(一维运动)

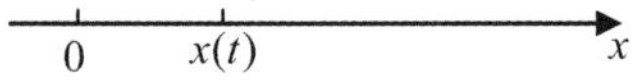

Displacement: $x(t)$

Velocity: $v(t)=x'(t)=\dfrac{dx}{dt}$ Speed: $|v(t)|$

Acceleration: $a(t)=v'(t)=\dfrac{dv}{dt}$ Or $a(t)=x''(t)=\dfrac{d^2x}{dt^2}$

Displacement = $\int_{t_1}^{t_2} v\,dt$ Distance = $\int_{t_1}^{t_2} |v|\,dt$ (后面将学到)

The sign of the velocity is important. It indicates the direction of the particle.

(1) $v(t)>0$ The particle is moving to the right;

$v(t)<0$ The particle is moving to the left.

(2) $v(t)$ and $a(t)$ have the same signs, the particle's speed is increasing;

$v(t)$ and $a(t)$ have the opposite signs, the particle's speed is decreasing.

(3) The velocity is decreasing to zero step by step, but the acceleration is not zero. The particle is momentarily stopped and changed direction.

Example 7 The position of a particle moving along a line is $x(t)=t^3-2t^2+5$. Find the position, velocity and acceleration of the particle at the time $t=1$.

Solution:

Displacement: $x(t)=t^3-2t^2+5$ $x(1)=1^3-2\times1^2+5=4$

Velocity: $v(t)=x'(t)=\dfrac{dx}{dt}=3t^2-4t$ $v(1)=3\times1^2-4\times1=-1$

Acceleration: $a(t)=v'(t)=\dfrac{dv}{dt}=6t-4$ $a(1)=6\times1-4=2$

Example 8 If the position of a particle at a time is given by the equation $x(t)=t^3-12t^2+36t+18$.

(a) Find the point at which the particle changes direction.

(b) Find the interval of time during which the particle is slowing down.

(c) Find the distance that the particle from $t=0$ to $t=4$.

Solution:

Displacement: $x(t)=t^3-12t^2+36t+18$ $t^2-8t+12=0$

Velocity: $v(t) = \dfrac{dx}{dt} = 3t^2 - 24t + 36$ $\qquad v(t) = 0 \Rightarrow t_1 = 2$ or $t_3 = 6$

Acceleration: $a(t) = \dfrac{dv}{dt} = 6t - 24$ $\qquad a(t) = 0 \Rightarrow t_2 = 4$

Calculate $x(t)$, $v(t)$ and $a(t)$ at $t = 0, 2, 4, 6$.

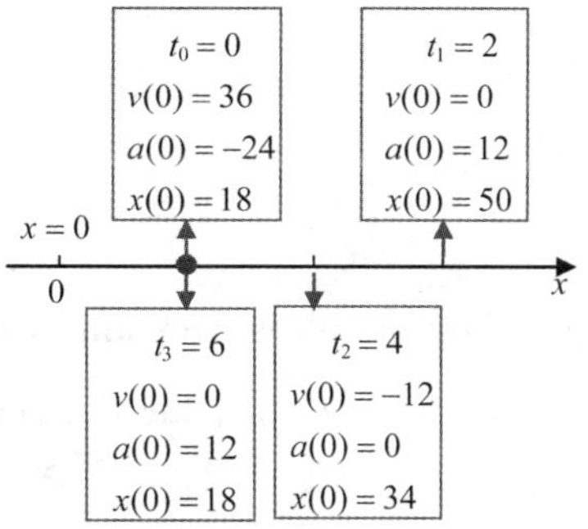

Draw the motion of the particle.

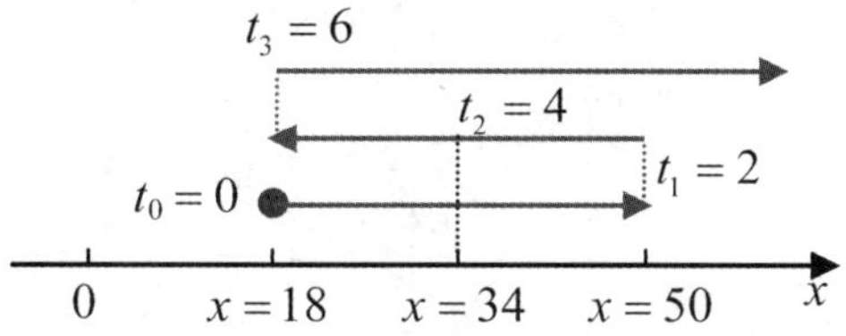

The particle's speed is decreasing from $t_0 = 0$ to $t_1 = 2$ as $v(t)$ and $a(t)$ have the opposite signs. Then it changes direction from right to left at $t_1 = 2$. It speeds up from $t_1 = 2$ to $t_2 = 4$, then slowing down from $t_2 = 4$ to $t_3 = 6$. Finally, it speeds up to right forever.

(*a*) The condition of particle changing direction is $v(t) = 0$ but $a(t) \neq 0$. So, at $t_1 = 2$ or $t_3 = 6$ the particle changes direction.

(*b*) The interval of time that the particle is slowing down:

$$0 < t < 2 \text{ or } 4 < t < 6$$

(*c*) The distance that the particle from $t = 0$ to $t = 4$

$$D = 50 - 18 + (50 - 34) = 48$$

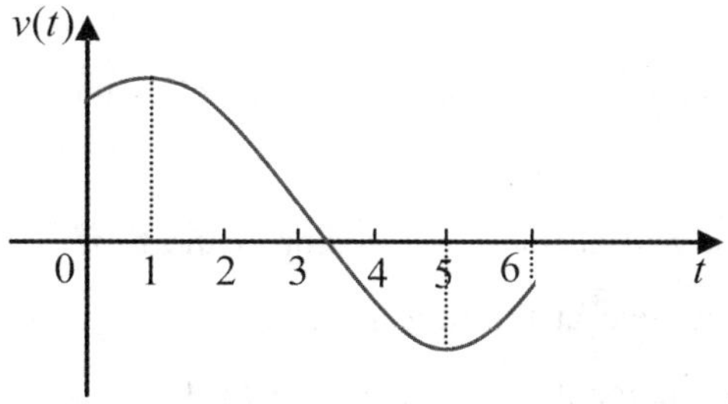

Example 9 A particle moves along a straight line. The graph of the particle's position $v(t)$ at time t is shown above for $0 < t < 6$. The graph has horizontal tangents at $t = 1$ and $t = 5$ and a point of inflection at $t = 3$. For what values of t is the acceleration of the particle increasing?

(A) $0 < t < 3$

(B) $1 < t < 5$

(C) $3 < t < 6$

(D) $3 < t < 5$

(E) $1 < t < 3$ and $5 < t < 6$

Solution: $a(t) = v'(t)$. The slope of the graph is decreasing from $t = 0$ to $t = 3$. The slope of the graph is increaing from $t = 3$ to $t = 6$. So, the correct answer is (C).(解此题需用到第6章的知识点)

2. Moving Along a Curve 曲线运动(二维运动)

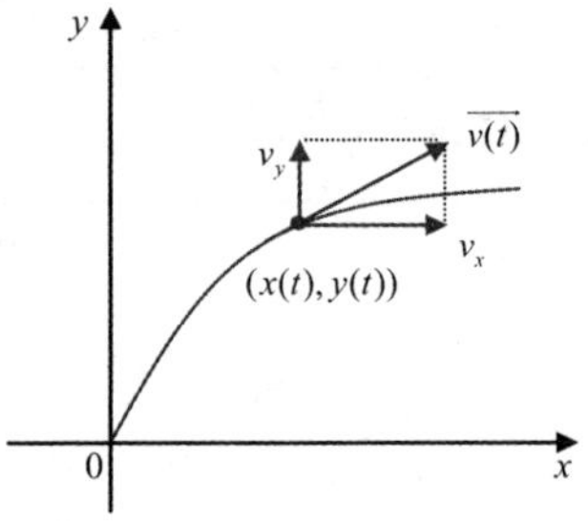

Position vector: $\overrightarrow{r(t)} = < x(t), y(t) >$

Velocity vector: $\overrightarrow{v(t)} = \dfrac{d\vec{r}}{dt} = < \dfrac{dx}{dt}, \dfrac{dy}{dt} >$, $v_x = \dfrac{dx}{dt}$, $v_y = \dfrac{dy}{dt}$;

$$\text{Speed} = |\vec{v}| = \sqrt{\left(\frac{dx}{dt}\right)^2 + \left(\frac{dy}{dt}\right)^2}$$

Acceleration vector: $\overrightarrow{a(t)} = \dfrac{d\vec{v}}{dt} = < \dfrac{dv_x}{dt}, \dfrac{dv_y}{dt} >$ or $\overrightarrow{a(t)} = \dfrac{d^2\vec{r}}{dt^2} = < \dfrac{d^2x}{dt^2}, \dfrac{d^2y}{dt^2} >$,

$a_x = \dfrac{d^2x}{dt^2}$, $a_y = \dfrac{d^2y}{dt^2}$;

Example 10 The position function $\overrightarrow{r(t)} = < t^2, e^t >$ decribes the path of an object moving along a curve in the xy-plane.

(a) Find the velocity vector and acceleration vector at the time $t = 1$.

(b) Find the speed of the particle at the time $t = 1$.

(c) Find the equation of the tangent line at the time $t = 1$.

Solution:

(a) Position vector: $\overrightarrow{r(t)} = <x(t), y(t)> = <t^2, e^t>$ $\quad \overrightarrow{r(1)} = <1, e>$

Velocity vector: $\overrightarrow{v(t)} = \frac{d\vec{r}}{dt} = <\frac{dx}{dt}, \frac{dy}{dt}> = <2t, e^t>$, $\quad \overrightarrow{v(1)} = <2, e>$

Acceleration vector: $\overrightarrow{a(t)} = \frac{d\vec{v}}{dt} = <\frac{d^2x}{dt^2}, \frac{d^2y}{dt^2}> = <2, e^t>$, $\quad \overrightarrow{a(1)} = <2, e>$

(b) Speed $= \sqrt{\left(\frac{dx}{dt}\right)^2 + \left(\frac{dy}{dt}\right)^2} = \sqrt{4+e^2}$

(c) The derivative of the function:

$$\frac{dy}{dx} = \frac{\frac{dy}{dt}}{\frac{dx}{dt}} = \frac{e^t}{2t} \text{ and } \left.\frac{dy}{dx}\right|_{t=1} = \left.\frac{e^t}{2t}\right|_{t=1} = \frac{e}{2}$$

The equation of the tangent line at the time $t=1$ is:

$$y - e = \frac{e}{2}(x-1)$$

$$y = \frac{e}{2}x + \frac{e}{2}$$

6.5 Maxima and Minima 最大值和最小值

1. Maxima and Minima 最值与极值

There are two different kinds of maxima and minima: relative/local(相对) maxima or minima and absolute/extreme(绝对) maxima or minima.

在中文中，为了区分的方便，相对最大值和相对最小值一般称为极大值和极小值，绝对最大值和绝对最小值简称为最大值和最小值。绝对最大值和绝对最小值与相对最大值和相对最小值的区别与联系请见下图。

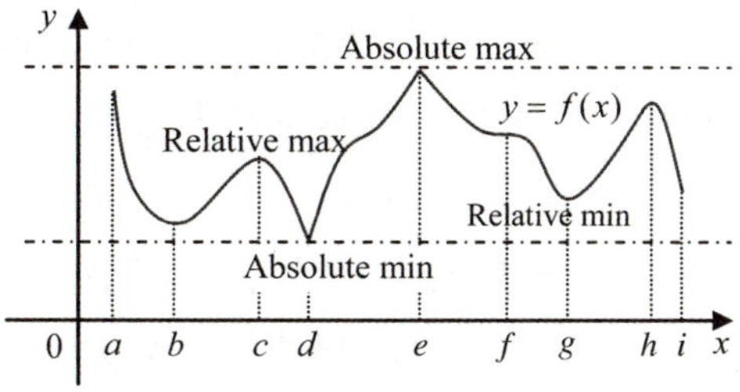

函数在 $x=c$ 和 $x=h$ 取相对最大值；$x=e$ 取绝最大值；$x=b$ 和 $x=g$ 取相对最小值；$x=d$ 取绝对最小值。函数在某区间上的绝对最大值等于所有相对最大值与区间端点函数值

中最大的那个值；绝对最小值等于所有相对最小值与区间端点函数值中最小的那个值！

2．函数图像的单调性

（1）在某个区间，若 $f'(x)>0$，称 $y=f(x)$ 在这个区间单调递增(rising)；
在某个区间，若 $f'(x)<0$，称 $y=f(x)$ 在这个区间单调递减(falling)；
在某个区间，若 $f'(x)=0$，则 $y=f(x)$ 在这个区间既不增也不减，函数值为常数。
（2）Let $f(x)$ be a function defined at a number c. Then $x=c$ is a critical point (critical number) of $f(x)$ if either $f'(c)=0$ or $f'(c)$ does not exist. 如下图 $f(x)$，从图像可以看出，$x=a$ 和 $x=c$ 为 critical point(临界点)。同时，
$x<a$ 和 $x>c$ 时，$f'(x)<0$，函数图像在这个区间单调递减；
$a<x<c$ 时，$f'(x)>0$，函数图像在这个区间单调递增。

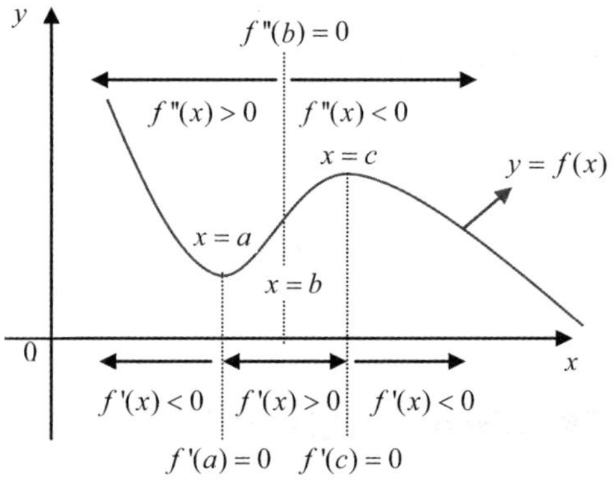

3．函数图像的凹凸性

（1）在某个区间若 $f''(x)>0$，称 $y=f(x)$ 在这个区间 concave up(向下凹)；
在某个区间若 $f''(x)<0$，称 $y=f(x)$ 在这个区间 concave down(向上凸)。
如上图 $y=f(x)$，从图像可以得到：
$x<b$ 时，$f''(x)>0$，所以图像在这个区间向下凹；
$x>b$ 时，$f''(x)<0$，所以图像在这个区间向上凸。
（2）A point of inflection is a point where the curve changes its concavity from upward to downward or from downward to upward. Point of inflection(拐点)本质是函数图像在某个区间内从凹变为凸或者从凸变为凹的突变点。一般来讲，当二阶导数 $f''(x_0)=0$ 时，$(x_0, f(x_0))$ 有可能是拐点，如上图 $(b, f(b))$ 为函数图像的拐点。以下两个情况需要读者注意：
（a）有某些情况下，仅仅有 $f''(a)=0$ 不可以判断 $x=a$ 为 point of inflection。反例：$y=x^4$

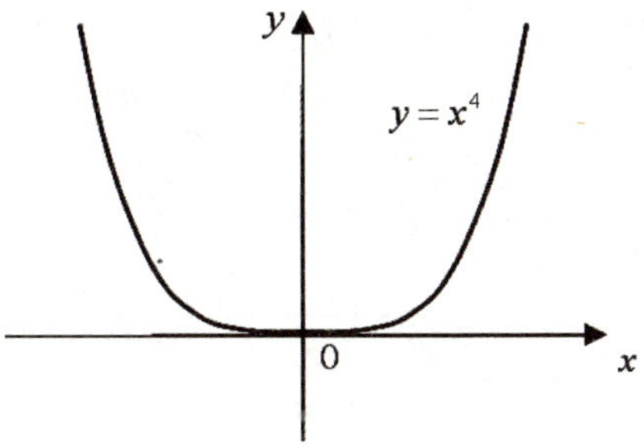

其二阶导数为：　$y'=4x^3$ and $y''=12x^2$

即：　$f''(0)=0$

但从 $y=x^4$ 图像上可以看出，点(0，0)不是 point of inflection。函数 $y=x^4$ 在 $x>0$ 和 $x<0$ 时，$f''(x)>0$，函数图像 concave up(向下凹)。

(**Tips**：拐点的定义与临界点不一样。凡属一阶导数等于零和一阶导数不存在的点都是临界点，但二阶导数为零的点不一定为拐点。)

(b) 有某些情况下，二阶导数不存在的地方有可能是拐点。例如函数 $y=x^{\frac{1}{3}}$

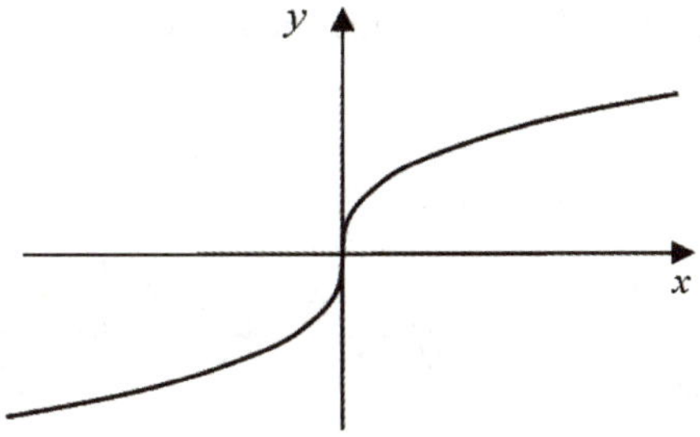

其二阶导数为：　$y'=3x^{-\frac{2}{3}}$ and $y''=-\frac{2}{9}x^{-\frac{5}{3}}$

在 $x=0$ 时，二阶导数不存在，但从图像上可以看出(0，0)为函数图像的唯一拐点。

4. Two Methods for Testing Relative Extrema 判断极值的两个方法

(1) First Derivative Test 利用一阶导数来判断

Let $f(x)$ be a continuous function and $x=x_0$ be a critical point of $f(x)$.

- If $f'(x)$ changes from positive to negative at $x=x_0$, then $f(x)$ has a relative maximum at $x=x_0$.
- If $f'(x)$ changes from negative to positive at $x=x_0$, then $f(x)$ has a relative minimum at $x=x_0$.

如下图，在 $x=b, c, d, e, f, g, h, i$ 处均为 critical point，但仅在 $x=b, c, d, e, g, i$ 处有极值。

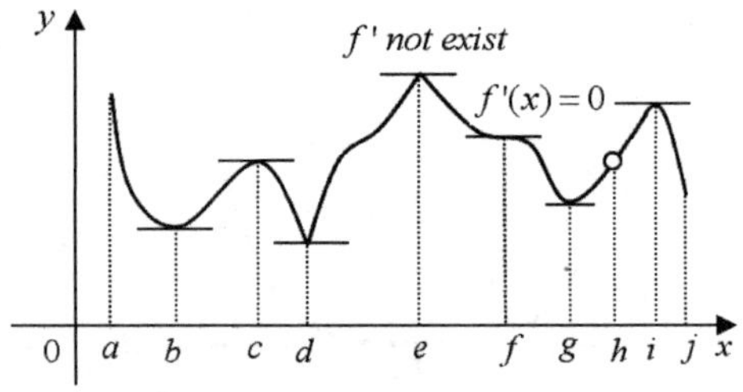

需要注意是：在 $f'(x)=0$ 和 $f'(x)$ 不存在处仅仅是可能会出现极值，不是一定会有极值。如 $x=f$, h 没有极值。因此，在寻找极值的过程中，第一步先找 critical point；第二步判断是否满足导数在此点由正变负或者由负变正，两步缺一不可。

A critical point is a POSSIBLE location for a relative maximum or minimum value of a function.

(2) Second Derivative Test 利用二阶导数来判断

If $f'(x_0)=0$ and $f''(x_0)>0$, then $f(x_0)$ is a relative minimum;

If $f'(x_0)=0$ and $f''(x_0)<0$, then $f(x_0)$ is a relative maximum;

If $f'(x_0)=0$ and $f''(x_0)=0$, then the test is inconclusive.

以上三种情况如下图所示：

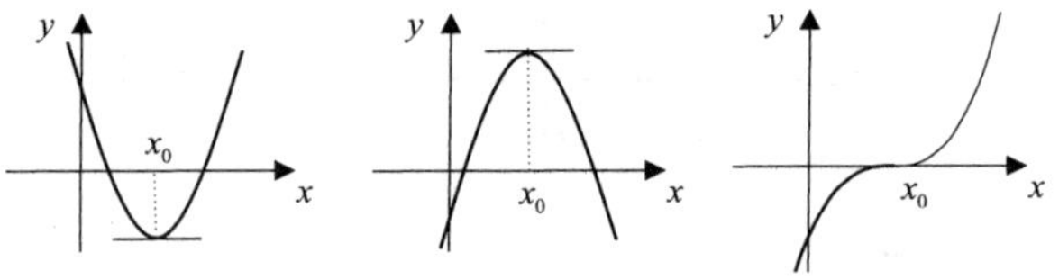

5. Steps for Finding Absolute Maximum and Minimum 求最大值和最小值步骤

Steps for find the max or min:

1. Take the first derivative and set it equal to zero, finding where $f'(x)=0$ or where $f'(x)$ does not exist;
2. Take the second derivative and set it equal to zero or determine the sign of $f'(x)$;
3. Get the critical point and critical value, points of inflection and the value of the endpoint of the domain.

Example 11 Find the relative minimum value on the curve $y=x^3+x^2-x+1$.

Solution:

Step 1:

$$y'=3x^2+2x-1=0$$

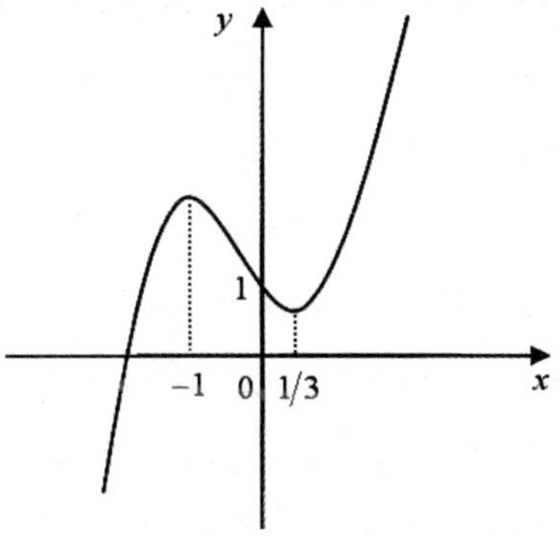

$$x=-1 \text{ or } x=\frac{1}{3}$$

Step 2:

$$y''=6x+2 \Rightarrow \begin{cases} y''(-1)=-4<0 & \text{max} \\ y''(\frac{1}{3})=4>0 & \text{min} \end{cases}$$

Step 3: The relative minimum value is

$$y(\frac{1}{3})=\left(\frac{1}{3}\right)^3+\left(\frac{1}{3}\right)^2-\frac{1}{3}+1=\frac{22}{27}$$

Another Solution:

Step 1:

$$y'=3x^2+2x-1=0$$

$$x=-1 \text{ or } x=\frac{1}{3}$$

Step 2: $f'(x)$ changes from positive to negative at $x=-1$, then $f(x)$ has a relative maximum at $x=-1$; $f'(x)$ changes from positive to negative at $x=\frac{1}{3}$, then $f(x)$ has a relative minimum at $x=\frac{1}{3}$.

Step 3: The relative minimum value is

$$y(\frac{1}{3})=\left(\frac{1}{3}\right)^3+\left(\frac{1}{3}\right)^2-\frac{1}{3}+1=\frac{22}{27}$$

(此题用两种方法都可以得到相同的结果。在实际做题的时候,读者可以根据具体题目选择 First Derivative Test 或 Second Derivative Test 求极值。)

x	0	1	2	3
$f''(x)$	−1	0	1	−4

Example 12 The polynomial function f has selected values of its second derivative f'' given in

the table above. Which of the following statements must be true?

(A) f is decreasing on the interval $(0, 2)$.

(B) f is increasing on the interval $(0, 2)$.

(C) f has a local minimum at $x = 1$.

(D) The graph of f has a point of inflection at $x = 1$.

(E) The graph of f changes concavity in the interval $(0, 2)$.

Solution: There is no information about the $f'(x)$, so A, B and C are incorrect. We only know $f''(1) = 0$, but it cannot justify the sign of $f''(x)$ on the neighborhood of $x = 1$. D is incorrect. So, E is right.

6. Corresponding Characteristic of Graphs of $f(x)$, $f'(x)$ and $f''(x)$ 函数图像与一阶导数、二阶导数图像的关系

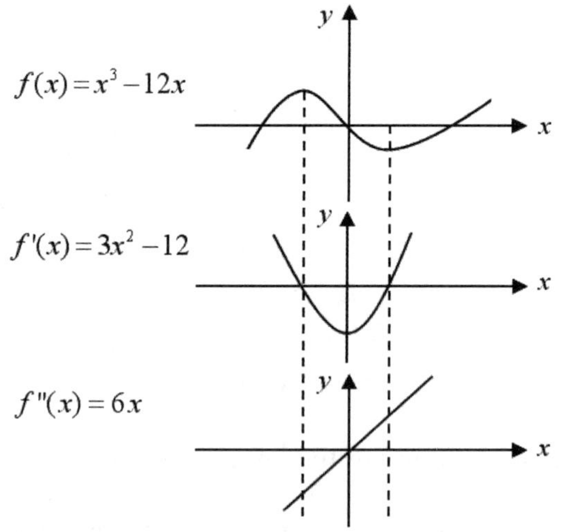

函数 $f(x) = x^3 - 12x$ 的图像如上图所示。AP 微积分考试要求考生能根据 $f(x)$ 画出或者判断出导函数 $f'(x)$ 和 $f''(x)$ 的图像。如上图 $f(x)$ 图像,先可找出 $f(x)$ 的 critical point,即为 $f'(x)$ 的零点;然后根据 $f(x)$ 增减性决定 $f'(x)$ 的值在各个区间上是正还是负,可以大致画出 $f'(x)$ 的图像。按照同样的思路,根据 $f'(x)$ 图像画出 $f''(x)$ 的图像。

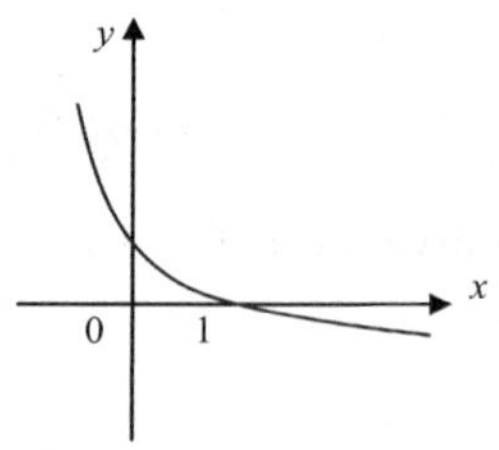

Example 13 The graph of f is shown in the following figure and is twice differentiable. Which of the following statements is true?

(A) $f(1) < f'(1) < f''(1)$

(B) $f''(1) < f'(1) < f(1)$

(C) $f'(1) < f(1) < f''(1)$

(D) $f'(1) < f''(1) < f(1)$

(E) $f''(1) < f(1) < f'(1)$

Solution:

The graph presents that $f(1)=0$, $f'(1)<0$, $f''(1)>0$. So, the correct answer is C.

6.6 L'Hopital's Rule 洛比达法则

Limit types:

$$\frac{0}{c}, \frac{\infty}{c}, \frac{c}{\infty}, \frac{c}{0}, \frac{0}{0}, \frac{\infty}{\infty} \ (c \text{ is constant})$$

It is easy for us to get

$$\frac{0}{c} \to 0, \ \frac{\infty}{c} \to \infty, \ \frac{c}{\infty} \to 0, \ \frac{c}{0} \to \pm\infty$$

It is difficult for us to solve the indeterminate forms:

$$\lim \frac{0}{0} \text{ and } \lim \frac{\infty}{\infty}$$

We have a very nice method for finding these above limits. The method is called L'Hopital's Rule.

1. If $f(c)=g(c)=0$, $f'(x)$ and $g'(x)$ exist, and $g'(c)\neq 0$, then

$$\lim_{x\to c}\frac{f(x)}{g(x)}=\lim_{x\to c}\frac{f'(x)}{g'(x)}$$

If $f^{(n)}(c)=g^{(n)}(c)=0$, $f^{(n+1)}(x)$ and $g^{(n+1)}(x)$ exist, and $g^{(n+1)}(c)\neq 0$, then

$$\lim_{x\to c}\frac{f(x)}{g(x)}=\lim_{x\to c}\frac{f'(x)}{g'(x)}=\lim_{x\to c}\frac{f''(x)}{g''(x)}=\cdots$$

2. If $f(c)=g(c)=\infty$ (or $-\infty$), $f'(x)$ and $g'(x)$ exist, and if $g'(c)\neq 0$, then

$$\lim_{x\to c}\frac{f(x)}{g(x)}=\lim_{x\to c}\frac{f'(x)}{g'(x)}$$

If $f^{(n)}(c)=g^{(n)}(c)=\infty$ (or $-\infty$), $f^{(n+1)}(x)$ and $g^{(n+1)}(x)$ exist, and $g^{(n+1)}(c)\neq 0$, then

$$\lim_{x\to c}\frac{f(x)}{g(x)}=\lim_{x\to c}\frac{f'(x)}{g'(x)}=\lim_{x\to c}\frac{f''(x)}{g''(x)}=\cdots$$

Example 14 Find $\lim\limits_{x\to 0}\dfrac{x-2\sin x}{x}$.

Solution: $(x-2\sin x) \to 0$ and $x \to 0$ as $x \to 0$

$$\lim_{x\to 0}\frac{x-2\sin x}{x}=\lim_{x\to 0}\frac{(x-2\sin x)'}{x'}=\lim_{x\to 0}\frac{1-2\cos x}{1}=-1$$

Example 15 Find $\lim\limits_{x\to 0}\dfrac{\sqrt{4+x}-2}{x}$.

Solution: $(\sqrt{4+x}-2)\to 0$ and $x\to 0$ as $x\to 0$

$$\lim_{x\to 0}\frac{\sqrt{4+x}-2}{x}=\lim_{x\to 0}\frac{(\sqrt{4+x}-2)'}{x'}=\lim_{x\to 0}\frac{\frac{1}{2\sqrt{4+x}}}{1}=\frac{1}{4}$$

Example 16 Find $\lim\limits_{x\to\infty}\dfrac{2x-5}{3x+1}$.

Solution: $(2x-5)\to\infty$ and $(3x+1)\to\infty$ as $x\to\infty$

$$\lim_{x\to\infty}\frac{2x-5}{3x+1}=\lim_{x\to\infty}\frac{(2x-5)'}{(3x+1)'}=\lim_{x\to\infty}\frac{2}{3}=\frac{2}{3}$$

Example 17 Find $\lim\limits_{x\to 0}\dfrac{2x-5}{3x+1}$.

Solution: $(2x-5)\to -5$ and $(3x+1)\to 1$ as $x\to 0$

It does not satisfy the rule.

$$\lim_{x\to 0}\frac{2x-5}{3x+1}=\lim_{x\to 0}\frac{2\times 0-5}{3\times 0+1}=-5$$

(**Tips**: 用 L'Hopital's Rule 求极限时，一定要注意看是否满足用这个方法的条件，如果是 $\lim\frac{0}{0}$ or $\lim\frac{\infty}{\infty}$则可用 L'Hopital's Rule，否则不能用此方法。)

Example 18 Find $\lim\limits_{x\to\infty}x^3e^{-x^2}$.

Solution:

$$\lim_{x\to\infty}x^3e^{-x^2}=\lim_{x\to\infty}\frac{x^3}{e^{x^2}}$$

$(x^3)\to\infty$ and $(e^{x^2})\to\infty$ as $x\to\infty$

$$\lim_{x\to\infty}\frac{x^3}{e^{x^2}}=\lim_{x\to\infty}\frac{3x^2}{2xe^{x^2}}=\frac{3}{2}\lim_{x\to\infty}\frac{x}{e^{x^2}}$$

$(x)\to\infty$ and $(e^{x^2})\to\infty$ as $x\to\infty$

$$\lim_{x\to\infty}\frac{x^3}{e^{x^2}}=\frac{3}{2}\lim_{x\to\infty}\frac{x}{e^{x^2}}=\frac{3}{2}\lim_{x\to\infty}\frac{1}{2xe^{x^2}}=0$$

【Practice Problems · 课后练习】

1. Find the values of c that satisfy the MVT for $f(x) = \frac{6}{x} - 3$ on the interval $[1, 2]$.

2. Let $f(x) = x^3 - x^2 - x + 1$ be defined on $[-1, 2]$. Find all numbers satisfying the conclusion to the MVT.

3. Find the values of c that satisfy Rolle's theorem for $f(x) = 1 - \frac{1}{x^2}$ on the interval $[-1, 1]$.

4. Find the equations of the tangent and the normal lines of $y = \frac{10x}{x^2 + 1}$ at $x = 2$.

5. The sides of an equilateral triangle are increasing at the rate of 27 in/sec. How fast is the triangle's area increasing when the sides of the triangle are each 18 inches long?

6. If the position of a particle at a time is given by the equation $x(t) = 2t^3 - 9t^2 + 12t - 18$.
   (a) Find the point at which the particle changes direction.
   (b) Find the interval of time during which the particle is slowing down.
   (c) Find the distance that the particle from $t = 0$ to $t = 4$.

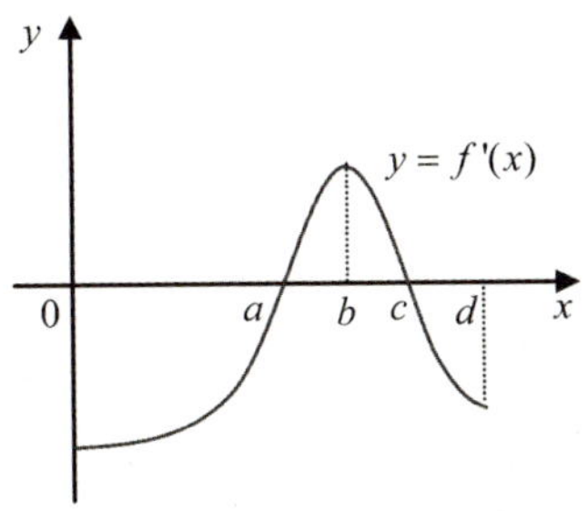

7. The graph of $f'(x)$ is shown above. The domain of f is the open interval $0 < x < d$. Which

of the following statements is true?

(A) f has a local minimum at $x = c$.

(B) f has a local maximum at $x = b$.

(C) The graph of f has a point of inflection at $(a, f(a))$.

(D) The graph of f has a point of inflection at $(b, f(b))$.

(E) The graph of f is concave up on the open interval (c, d).

8. Consider the function $y = \left(\frac{x-4}{x+3}\right)^2$.

(a) Find the minmum values.

(b) Find the points of inflection.

(c) Find all the asymptotes.

9. Find $\lim_{x \to 0^+} (x \cot x)$.

10. Find $\lim_{x \to \frac{\pi}{2}} \frac{x - \frac{\pi}{2}}{\cos x}$.

11. Find $\lim_{x \to 0} \frac{5x^3 - 4x^2 + 1}{7x^3 + 2x - 6}$.

12. Find $\lim_{x \to 0^+} \frac{\ln(\sin x)}{\ln(2x)}$.

【Story·数学讲堂】

洛比达的故事

第一本微积分课本出版于1696年，是洛比达写的。洛比达法则对许多极限问题确实很有效。不过很奇怪的是，历史上其它的数学家——高斯、欧拉、莱布尼兹、黎曼等等在数学的各个领域都留下了他们的名字。唯有这洛比达就只有孤伶伶的这么一个定理。能研究出这么重要的一种算法，怎么能在其它方面没有丝毫建树呢？原来，洛比达并不是什么大数学家。这所谓的洛比达法则也不是他研究出来的，而是他花钱买来的。大多数学生见到极限的题目就头痛。一直到讲洛比达法则，学生们高呼救星到了。微积分学下来，大多数定理概念都已经还给了老师，但洛比达法则是一定记得住的。这是他们最喜欢的公式。而且把它当作仙丹妙药，该用不该用的地方都乱用一气。

洛比达是一个贵族，业余时间喜欢搞一些数学，几乎到了上瘾的程度。甚至不惜花重金请当时的大数学家贝努利兄弟给他长期辅导。可惜他的才气远远不如他的财气。虽然十分用功，但他在数学上仍然没有什么建树。贝努利兄弟当时正与一些大数学家交流合作，又正赶上微积分的初期，所以总有最新成果教给洛比达。这些最新成果严重地打击了他的自信心。一些他自己感到很得意，废寝忘食搞出来的结果，与贝努利兄弟教给他的最新结果比起来只能算是一些简单练习题，没有丝毫创意。另一方面，这些新结果又更激起了他对数学的着迷。他继续请贝努利兄弟辅导，甚至当他们离开巴黎回到瑞士以后，他还继续通过书信方式请他们辅导。如此持续了一段时间，他的“练习题”中仍没有什么可以使自己扬名的东西。他内心深处越来越丧气，却又不甘心。心想，我对数学如此热心，一定要想办法在数学上留下一点东西让人记住我的名字。终于有一天，他给贝努利兄弟之一的约翰写了一封信，信中说：很清楚，我们互相都有对方所需要的东西。我能在财力上帮助你，你能在才智上帮助我。因此我提议我们做如下交易：我今年给你三百个里弗尔（注：一里弗尔相当于一磅银子），并且外加两百个里弗尔作为以前你给我寄的资料的报答。这个数量以后还会增加。作为回报，我要求你从现在起定期抽出时间来研究一些固定问题，并把一切新发现告诉我。并且，这些结果不能告诉任何别的人，更不能发表……

约翰收到这封信时感到很吃惊，但这三百里弗尔确实很吸引人。他当时刚结婚，正是需要用钱的时候，而且帮助洛比达，还可以增加进入上流社会的机会。约翰想，洛比达最多不过就是拿这些结果到他的朋友那里去炫耀一下，没什么大不了的。算盘打下来，这笔交易还是比较划算的。于是，他定期给洛比达寄去一些研究结果，洛比达细心地研究它们，并把它们整理起来。一年后，洛比达出了一本书，题目叫《无穷小量分析》（就是现在的微积分），其中除了他的“练习题”外，大多数重要结果都是从约翰寄来的那些资料中整理出来的。他还用了一些莱布尼兹的结果。他很聪明地在前言中写到：我书中的许多结果都得益于约翰·贝努利和莱布尼兹，如果他们要来认领这本书里的任何一个结果，我都悉听尊便。贝努利拿了人家的钱当然不好意思再来认领这些定理。这书中就包括了现在的学生们最喜爱的定理：洛比达法则。贝努利眼睁睁看着自已的结果被别人用却因与人有约在先而说不出来。洛比达花钱买了个青史留名，这比后来的人花钱到克莱登大学买个学位划算多了。

当然贝努利不愿就此罢了。洛比达死后他就把那封信拿了出来，企图重认那越来越重要的洛比达法则。现在大多数人都承认这个定理是他先证明的，可是人们心中先入为主的定理名字恐怕是再也变不回来了。

（资料来源：http://hi.baidu.com/%CE%D2%D3%C3%D2%BB%D1%DB%BF%B4%CA%C0%BD%E7/blog/item/54f3cab27131a6afd9335aa6.html/cmtid/216672446a2ad22acefca350）

Chapter 7 Differential 微分

【Vocabulary·词汇梳理】

Differential 微分

[引] linearization 线性化

quantity 数量

error 误差

approximation 近似

【Topics·知识精讲】

7.1 Definition of Differential 微分定义

If $y=f(x)$ is a differentiable function, then we get

$$\frac{dy}{dx}=f'(x)$$

We can multiply both sides by dx to obtain

$$dy=f'(x)dx$$

It is the differential of the function $y=f(x)$.

下面我们来看一下微分的几何意义。直角坐标系中，函数 $y=f(x)$ 的图像是如下图的一条曲线。在某点 $M(x_0, f(x_0))$ 处，我们在 x 轴方向上取一个增量 $\triangle x$，得到另外一个点 $N(x_0+\triangle x, f(x_0+\triangle x))$，则有

$$f(x_0+\triangle x)=AN$$

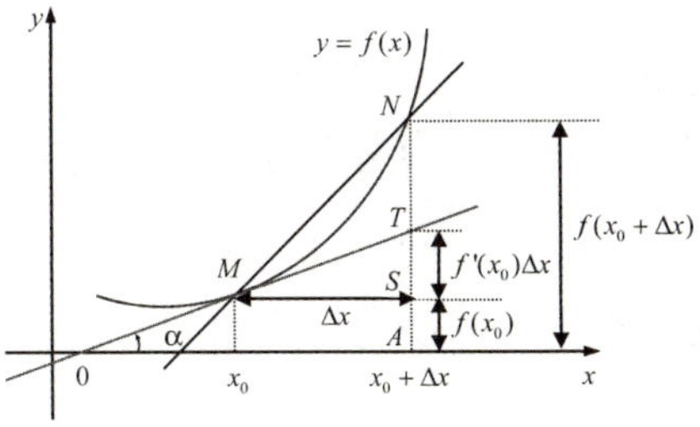

导数$f'(x_0)$的几何意义是在点 $x=x_0$ 处切线的斜率。如图所示，作曲线 $y=f(x)$ 在 $x=x_0$的切线，得

$$f'(x_0)=\tan\alpha=\frac{ST}{SM}=\frac{ST}{\triangle x}$$

变形得：

$$f'(x_0)\triangle x=ST$$

$$f(x_0)+f'(x_0)\triangle x=AT$$

AN 为曲线上一点函数值，而 AT 为切线上一点函数值。从图像上我们可以看到，当 $\triangle x\to 0$ 时，误差 $TN=AN-AT$ 将会变得非常小，于是得：

$$f(x_0+\triangle x)\approx f(x_0)+f'(x_0)\triangle x\ (\triangle x\to 0)$$

注意，上式的左边为曲线属性，而右边为切线属性。从这个式子，我们惊奇的发现曲线上的函数值可以用切线上的函数值来估算，这个式子给我们的启示是：增量$\triangle x$ 无限趋近于零，切线无限趋近于曲线，从而“以直代曲，以线性化的方法解决非线性问题”，这正是微积分理论的精髓所在。这体现了数学用“已知知识去研究未知世界，以简单的理论去研究复杂问题”的数学思想。有了这种思想我们便能研究变速曲线运动了！在现在或将来的继续学习当中，我们将会进一步领会到“化曲为直”的微积分思想。

紧接着我们把上式继续变形

$$\triangle y=f(x_0+\triangle x)-f(x_0)$$

$$f'(x_0)\approx\frac{f(x_0+\triangle x)-f(x_0)}{\triangle x}=\frac{\triangle y}{\triangle x}\ (\triangle x\to 0)$$

以 x 替代 x_0，得

$$f'(x)\approx\frac{f(x+\triangle x)-f(x)}{\triangle x}=\frac{\triangle y}{\triangle x}\ (\triangle x\to 0)$$

即：

$$\frac{dy}{dx}\approx\frac{\triangle y}{\triangle x}(\triangle x\to 0)$$

根据导数的定义式，有

$$\frac{dy}{dx}=\lim_{\triangle x\to 0}\frac{\triangle y}{\triangle x}$$

对比上两式，我们不难看出，dy 和 dx 本质上是 y 和 x 的无穷小增量，那到底这个无穷小是多小呢？下面我们给出一个解释：

众所周知，线是由点组成的，所以一条直线或一条曲线是由无穷多个点组成的，现在假设有一把“理论刀”可以将这条曲线切成无穷多个点，任意取出两点(x_1, y_1)和(x_2, y_2)，则：

$$dy=y_2-y_1,\ dx=x_2-x_1$$

dy 和 dx 即为其中任意两点之间纵坐标和横坐标之间的增量，如下图所示。

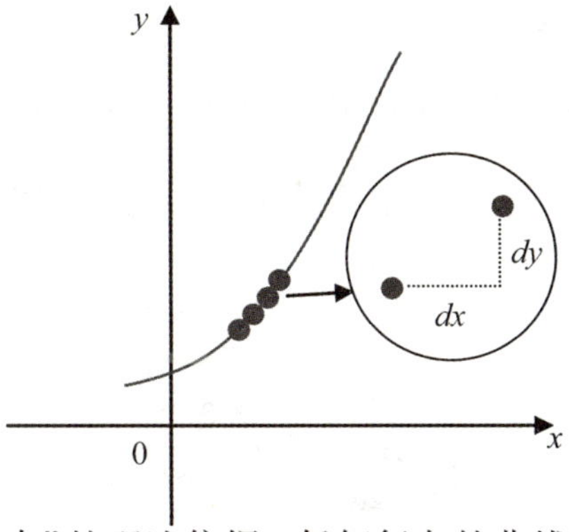

这其实也给出了"化曲为直"的理论依据：任何复杂的曲线，当我们用"理论刀"切开之后，两点之前的连接仍为直线，两点之间有横坐标和纵坐标的增量，即曲线可以看成是由无穷多条无穷短的直线组成的！看到这儿，也许读者能够理解了为什么之前导数的运算中

$$\frac{dy}{dx}=\frac{dy}{du}\cdot\frac{du}{dx},\ \frac{dy}{dx}=\frac{\frac{dy}{dt}}{\frac{dx}{dt}}$$

能够成立，并且可以同时乘以 du 或除以 dt。有了上述理论，dy 和 dx 不管是以前还是以后，我们都将把它们作为 y 和 x 的增量进行四则运算。虽然这个增量无穷小，但是它的确存在，并且具有实际的意义。微积分正是这样一门科学，把我们从宏观世界 x 和 y 带入到微观世界 dx 和 dy，以微观的理论来解释宏观的现象！就例如化学研究中热门的纳米材料一样，把肉眼能看到的颗粒非常大的"宏观"碳酸钙经过特殊工艺制备为纳米级(10^{-9}m)的"微观"的碳酸钙粉末，其物理性质和化学性质都发生了改变。正是有了纳米级的碳酸钙作为添加剂，今天我们才能制造出白色光滑的纸张！数学的魅力在于不仅仅教会我们做题、考试，它更重要的作用是训练我们的思维能力，教会我们怎样去处理生活中或科学上的问题，如何去为人处事和做科学研究，我们解题的过程其实就是一种"解决问题"的思维能力训练！数学的魅力是无穷的！

Example 1 Find the dy of the following functions.

(a) $y=\sqrt{x}$ (b) $y=e^{2x}$

Solution: (a) $y=\sqrt{x}\Rightarrow dy=(\sqrt{x})'dx\Rightarrow dy=\frac{1}{2\sqrt{x}}dx$

(b) $y=e^{2x}\Rightarrow dy=(e^{2x})'dx\Rightarrow dy=2e^{2x}dx$

(**Tips**：求微分的运算本质上还是求导数，所以导数与微分本质是一样的，只不过表现形式和几何意义不一样。很多读者在求微分的时候往往把 dx 丢掉了，从上面的几何意义我们知道求一个函数的微分就是求其 y 的无穷小增量，y 的无穷小增量等于 x 的无穷小增量乘以导数。)

Example 2 Find the dy of the following functions.

(a) $y = x \cdot \sin x$ (b) $y = \cos\sqrt{1-x^2}$

Solution: (a) $y = x\sin x \Rightarrow dy = (x\sin x)'dx = (\sin x + x\cos x)dx$

$$(b)\ y = \cos\sqrt{1-x^2} \Rightarrow dy = (\cos\sqrt{1-x^2})'dx = \frac{x\sin\sqrt{1-x^2}}{\sqrt{1-x^2}}dx$$

Example 3 Fill in the blanks.

(a) $e^{5x}dx = (\quad)d(e^{5x})$ (b) $\dfrac{dx}{1-2x} = (\quad)d(\ln(1-2x))$

Solution: (a) $e^{5x}dx = (\frac{1}{5})d(e^{5x})$ since $d(e^{5x}) = 5e^{5x}dx$.

(b) $\dfrac{dx}{1-2x} = (-\dfrac{1}{2})d(\ln(1-2x))$ since $d(\ln(1-2x)) = -\dfrac{2}{1-2x}dx$.

7.2 Linear Approximation 线性估算

If $\triangle x$ is a very small increment of x

$$f'(x_0) \approx \frac{\triangle y}{\triangle x} = \frac{f(x_0 + \triangle x) - f(x_0)}{\triangle x} \quad (\triangle x \to 0)$$

$$f(x_0 + \triangle x) \approx f(x_0) + f'(x_0)\triangle x \quad (\triangle x \to 0)$$

If $x = x_0 + \triangle x$, then

$$f(x) \approx f(x_0) + f'(x_0)(x - x_0)$$

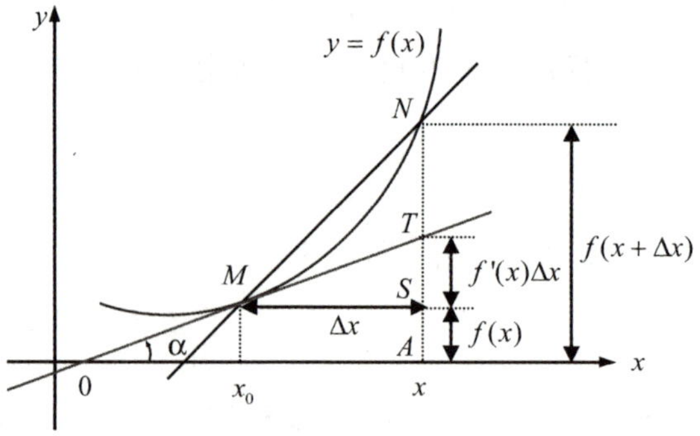

1. An Approximation Formula 估算某点函数值

$$f(x_0 + \triangle x) \approx f(x_0) + f'(x_0)\triangle x \text{ or } f(x) \approx f(x_0) + f'(x_0)(x - x_0)$$

Example 4 Use differentials to approximate $\sqrt{9.01}$.

Solution: Let $x=9$, $\triangle x=0.01$, $f(x)=\sqrt{x}$.

The derivative of the function

$$f'(x)=\frac{1}{2\sqrt{x}}$$

$$f(x+\triangle x)\approx f(x)+f'(x)\triangle x$$

$$\sqrt{x+\triangle x}\approx\sqrt{x}+\frac{1}{2\sqrt{x}}\triangle x$$

$$\sqrt{9.01}\approx\sqrt{9}+\frac{1}{2\sqrt{9}}(0.01)\approx 3.00166666$$

Using the calculator in windows 7 operation system for the calculation, we get

$$\sqrt{9.01}=3.00166620$$

It does a precisely approximation theory.

2. Another Approximation Formula 估算增量

$$f(x_0+\triangle x)\approx f(x_0)+f'(x_0)\triangle x$$

$$f(x_0+\triangle x)-f(x_0)\approx f'(x_0)\triangle x$$

$$\triangle y\approx f'(x)\triangle x$$

This formula is used to estimate the error in a measurement.

Example 5 The radius of a circle is increased from 3 to 3.04. Estimate the change in area.

Solution: Let $A=\pi r^2$, then

$$dA=2\pi r dr$$

$$\triangle A\approx 2\pi r\triangle r=2\pi\times 3\times 0.04=0.754$$

The real change is

$$\pi(3.04^2-3^2)=0.759$$

7.3 Euler's Method 欧拉法则

当我们用上面的估算式进行估算时，只有当$\triangle x$很小的时候，估算才会比较精确，但如果$\triangle x$比较大的时候，由于误差的增大导致估算不精确。Euler's Method 是解决$\triangle x$比较大时的估算理论，其思想为分步估算！具体步骤为：

（1）先把估算终点和估算起点划分为几个相等长度的区间（其长度我们称为一个步长

step size);

(2) 把终点到起点的估算分为若干步进行估算，每一步都用下式估算

$$f(x) \approx f(x_0) + f'(x_0)(x - x_0)$$

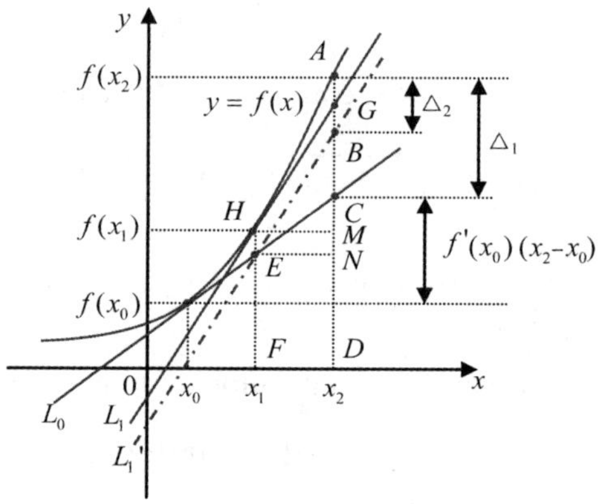

以上图为例，若要估算 $f(x_2)$，若一步估算则得

$$f(x_2) \approx f(x_0) + f'(x_0)(x_2 - x_0) = CD$$

误差为

$$AC = \triangle_1 = f(x_2) - [f(x_0) + f'(x_0)(x_2 - x_0)]$$

若采用 Euler's Method 分步估算，分两步估算，先估算 $f(x_1)$，然后估算 $f(x_2)$。

$$f(x_1) \approx f(x_0) + f'(x_0)(x_1 - x_0) = EF = ND$$

$$f(x_2) \approx f(x_1) + f'(x_1)(x_2 - x_1) \approx ND + GM = ND + BN = BD$$

($f'(x_1)$为 L_1 的斜率，作 L_1 的平行线 L'_1，$\triangle GHM \cong \triangle BEN$，$GM = BN$)

则误差为

$$AB = \triangle_2 = f(x_2) - [f(x_1) + f'(x_1)(x_2 - x_1)]$$

很明显，$AB < AC$，即 Euler's Method 分步估算使得误差更小了。本例是两步估算，我们有理由相信，步长越小，分步越多，误差将更小，估算更精确。这就是数学家 Euler 的伟大，他把估算的精神真正地推向了应用阶段，Euler's Method 的诞生使得“化曲为直”的思想进入了实际应用，有力推动了非线性问题的解决。

The method is used for finding an approximate answer to a differential equation. Use the following rules:

$$x_n = x_{n-1} + h \;;\; (h \text{ is equal to the step size})$$

$$y_n = y_{n-1} + h(y'_{n-1})$$

Example 6 Use Euler's Method, with the step size $h = 0.5$, to estimate $f(1)$, if $f'(x) = f(x) - 2$ and $f(0) = 1$.

Solution: Use Euler's Method,

$$f'(0) = f(0) - 2 = -1$$

Then

$$f(0.5) \approx f(0) + hf'(0) = 1 + 0.5 \times (-1) = 0.5$$

Next

$$f'(0.5) = f(0.5) - 2 = -1.5$$

Then

$$f(1) \approx f(0.5) + hf'(0.5) = 0.5 + 0.5 \times (-1.5) = -0.25$$

Example 7 Given that $y(0) = 1$ and $\frac{dy}{dx} = x - 2y$. What is the approximation for $y(0.4)$ if Euler's method is used with a step of 0.2, starting at $x = 0$?

Solution: Use Euler's Method,

$$y'(0) = 0 - 2y(0) = 0 - 2 \times 1 = -2$$

Then

$$y(0.2) \approx y(0) + hy'(0) = 1 + 0.2 \times (-2) = 0.6$$

Next

$$y(0.4) \approx y(0.2) + hy'(0.2) = 0.6 + 0.2 \times (0.2 - 2 \times 0.6) = 0.4$$

【Practice Problems · 课后练习】

1. Find the dy of the following functions.

   (a) $y = \sin(-x)$ (b) $y = \arctan(-x^3)$

2. Approximate $\tan 59°$.

3. The slope of a continuous function f at any point (x, y) is $-\dfrac{x}{y}$ and the point $(1, 1)$ is on the graph.

   (a) Write an equation of tangent line to the graph at $x = 1$.

   (b) Approximate $f(1.1)$ using the tangent line.

4. Use Euler's Method, with the step size $h = 0.5$, to estimate $y(1)$, if $y' = 1 - y$ and $y(0) = 4$.

5. Use Euler's Method, with the step size $h = 0.25$, to estimate $y(-0.5)$, if $\dfrac{dy}{dx} = xy$ and $y(0) = -2$.

【Story · 数学讲堂】

数学家欧拉让微积分长大成人

欧拉被公认为人类历史上成就最为斐然的数学家之一。在数学及许多分支中都可以见到很多以欧拉命名的常数、公式和定理，他的工作使得数学更接近于现在的形态。他不但为数学界作出贡献，更把数学推至几乎整个物理的领域。此外欧拉还涉猎建筑学、弹道学、航海学等领域。瑞士教育与研究国务秘书 Charles Kleiber 曾表示："没有欧拉的众多科学发现，今天的我们将过着完全不一样的生活。"法国数学家拉普拉斯则认为："读读欧拉，他是所有人的老师。"数学史上公认的 4 名最伟大的数学家分别是：阿基米德、牛顿、欧拉和高斯。阿基米德有"翘起地球"的豪言壮语，牛顿因为苹果闻名世界，高斯少年时就显露出计算天赋，唯独欧拉没有戏剧性的故事给人留下深刻印象。

然而，几乎每一个数学领域都可以看到欧拉的名字——初等几何的欧拉线、多面体的欧拉定理、立体解析几何的欧拉变换公式、数论的欧拉函数、变分法的欧拉方程、复变函数的欧拉公式……欧拉还是数学史上最多产的数学家，他一生写下 886 种书籍论文，平均每年写出 800 多页，彼得堡科学院为了整理他的著作，足足忙碌了 47 年。他的著作《无穷小分析引论》、《微分学》、《积分学》是 18 世纪欧洲标准的微积分教科书。欧拉还创造了一批数学符号，如 $f(x)$ 、$\sum$ 、i、e 等等，使得数学更容易表述、推广。并且，欧拉把数学应用到数学以外的很多领域。

欧拉于 1707 年生于瑞士巴塞尔，13 岁入读巴塞尔大学，15 岁大学毕业，16 岁获硕士学位，19 岁开始发表论文，26 岁时成为了彼得堡科学院教授，约 30 岁时右眼失明，60 岁左右完全失明，欧拉 1783 年 76 岁时在俄国彼得堡去世。在失明后，他仍然以口述形式完成了几本书和 400 多篇论文，解决了让牛顿头痛的月离等复杂分析问题。

恩格斯曾说，微积分的发明是人类精神的最高胜利。1687 年，牛顿在《自然哲学数学原理》一书中首次公开发表他的微积分学说，几乎同时，莱布尼茨也发表了微积分论文，但牛顿、莱布尼茨创始的微积分基础不稳，应用范围也有限。18 世纪一批数学家拓展了微积分，并拓广其应用产生一系列新的分支，这些分支与微积分自身一起形成了被称为"分析"的广大领域。欧拉就生活在这个分析的时代。如果说在此之前数学是代数、几何二雄并峙，欧拉和 18 世纪其他一批数学家的工作则使得数学形成了代数、几何、分析三足鼎立的局面。如果没有他们的工作，微积分不可能春色满园，也许会因打不开局面而荒芜凋零。欧拉在其中的贡献是基础性的，被尊为"分析的化身"。

中国科学院数学与系统科学研究院研究员胡作玄说："牛顿形成了一个突破，但是突破不一定能形成学科，还有很多遗留问题。"比如，牛顿对无穷小的界定不严格，有时等于零有时又参与运算，被称为“消逝量的鬼魂”，当时甚至连教会神父都抓住这点攻击牛顿。另外，由于当时函数有局限，牛顿和莱布尼茨只涉及到少量函数及其微积分的求法。而欧拉极大地推进了微积分，并且发展了很多技巧。

在分析之前，数学主要是解决常量、匀速运动问题。18 世纪工业革命时，以蒸汽机纺织机等机械为主体技术得到广泛运用，但如果没有微积分、没有分析，就不可能对机械运动与变化进行精确计算。到现在为止，微积分和微分方程仍然是描写运动的最有效工具，教科书中陈述的方法，不少属欧拉的贡献。更重要的是，牛顿、莱布尼茨微积分的对象是曲线，而欧拉明确地指出，数学分析的中心应该是函数，第一次强调了函数的角色，并对函数的概念作了深化。

变分法来源于微积分，后来由欧拉和拉格朗日从不同的角度把它发展成一门独立学科，用于求解极值问题。而变分学起源颇富戏剧性——1696 年，欧拉的老师、巴塞尔大学教授约翰·伯努利提出这样一个问题，并向其他数学家挑战：设想一个小球从空间一点沿某条曲线滚落到(不在同一垂直线上的)另外一点，问什么形状的曲线使球降落用时最短。这就是著名的“最速降线问题”，半年之后仍没人解出，于是伯努利更明确地表示“即使是那些对自己的方法自视甚高的数学家也解决不了这个问题”。有人说他在影射牛顿，因为伯努利是莱布尼茨的追随者，而莱布尼茨和牛顿正因为微积分优先权的问题在“打仗”，并导致欧洲大陆数学家和英国数学家的分裂。

当时牛顿任伦敦造币局局长。有一天他收到一个法国朋友转寄的“挑战书”，于是吃过晚饭后挑灯夜战，天亮前解了出来，匿名发表在剑桥大学《哲学会刊》。虽是匿名，但约翰·伯努利看到之后惊呼：“从这锋利的爪我认出了这头雄狮。”后来伯努利兄弟和莱布尼茨也都解出了这个问题，发表在同一期刊物上。在这个问题中，变量本身就是函数，因此比微积分的极大极小值问题更为复杂。这个问题和其他一些类似问题的解决，成为变分法的起源。欧拉找到了解决这类问题的一般方法，教科书中变分法的基本方程就叫欧拉方程。欧拉 13 岁上大学时，约翰·伯努利已经是欧洲很有名的数学家，伯努利后来对欧拉说，“我介绍高等分析的时候，它还是个孩子，而你正在将它带大成人。”

除了分析，很多数学领域都绕不开欧拉的名字。如数论，高斯说数学是科学的皇后，而数论是数学的皇后，其难度和地位可想而知。代数数论的形成和费马大定理有很深的关系。费马 17 世纪提出的一个猜想——方程 $xn + yn = zn$，当 $n \geqslant 3$ 时没有整数解。费马猜想也称费马大定理，费马在提出这一猜想的同时，在纸边写了一句话宣称：“我已找到了一个奇妙的证明，但书边空白太窄，写不下。”于是费马的证明已成千古之谜。此后经过 300 年，直到 1993 年费马大定理才被英国数学家最终解决。整个 18 世纪，数学家们都想解决这个猜想，但只有欧拉作出了唯一的成果，证明了 $n = 3$ 的情况，成为费马大定理研究的第一个突破。欧拉对费马大定理的证明是在 1753 年给哥德巴赫的信中首次说明的，1754 年正式发表。两人经常通信讨论问题，哥德巴赫猜想的雏形也是在哥德巴赫写给欧拉的信中首先提出，欧拉在回信中进一步明确。欧拉是解析数论的奠基人，他提出欧拉恒等式，建立了数论和分析之间的联系，使得可以用微积分研究数论。后来，高斯的学生黎曼将欧拉恒等式推广到复数，提出了黎曼猜想，至今没有解决，成为向 21 世纪数学家挑战的最重大难题之一。

（资料来源：http://xk. cn. yahoo. com/articles/070829/1/2qfw. html）

Chapter 8 Indefinite Integral 不定积分

【Vocabulary · 词汇梳理】

Antiderivative 原函数，不定积分

[引]integration 积分，积分法

integrand 被积函数

U-substitution U 换元法

corollary 推论

natural logarithm 自然对数

absolute value mark 绝对值符号

eliminate 除去，消去

【Topics · 知识精讲】

8.1 The Antiderivative 原函数

An antiderivative is a derivative in reverse. If

$$F'(x) = f(x)$$

Then, $F(x)$ is called an antiderivative of $f(x)$. Finding an antiderivative is also called an indefinite integral.

For example, we know

$$(x^2)' = 2x$$

Then, x^2 is called an antiderivative of $2x$. It is written as:

$$\int (2x)\,dx = x^2$$

（$\int$ – 积分号；$(2x)$ – 被积函数；x – 积分变量）

But,

$$(x^2+1)' = 2x$$

$$(x^2-1)'=2x$$

$$\cdots\cdots$$

So,

$$\int 2xdx=x^2+C$$

since $(x^2+C)'=2x$(C is a constant).

We get

$$\int f(x)dx=\int F'(x)dx=F(x)+C \text{ or } \int f'(x)dx=f(x)+C$$

一个函数求导之后得到的还是一个函数(常数默认为一个简单函数),我们把求得的这个函数称之为"导函数",被求导的函数称之为"原函数"。求一个导函数的原函数即为不定积分!求导与不定积分为互逆运算。

为了帮助读者理解,我们继续观察下式,

$$\int f'(x)dx=f(x)+C$$

上式可以理解为:有一个函数

$$f(x)$$

先求导,

$$f'(x)$$

然后积分,

$$\int f'(x)dx=f(x)+C$$

我们发现,一个函数$f(x)$先求导再积分之后,函数还原为了$f(x)$。这体现了导数与积分的互逆。根据微分的定义继续变形,$df(x)=f'(x)dx$,倒过来写为$f'(x)dx=df(x)$,则

$$\int \boxed{f'(x)dx}=\int \boxed{df(x)}=f(x)+C$$

从上式看,一个函数$f(x)$先求微分$df(x)$再积分$\int df(x)$之后,函数也还原为了$f(x)$。此式给出了求不定积分的基本方法:不定积分即为求下式中的?代表的函数。

$$f'(x)dx=d(?)$$

这也体现了微分的重要作用:微分是导数和积分的重要沟通桥梁。微分公式

$$df(x)=f'(x)dx$$

从左往右运算即为求导(求微分),从右往左运算即为不定积分(凑微分)!

导数与不定积分为互逆运算(类似于加与减、乘与除),所以不定积分的学习必将移植导数的思想和方法,原则上讲有一个导数公式,我们就可以写出一个积分公式。例如:

$$(x^{\mu})'=\mu x^{\mu-1}$$

$$\int \mu x^{\mu-1}dx=x^{\mu}+C_0$$

$$\int x^{\mu-1}dx = \frac{x^{\mu}+C_0}{\mu}$$

为了方便记忆和识别，写为：$\int x^{\mu}dx = \frac{x^{\mu+1}}{\mu+1}+C$

8.2 Integration Formulas 积分公式

1. Rules for Finding Integral 不定积分运算法则

$$\int kf(x)\,dx = k\int f(x)\,dx$$

$$\int [f(x)+g(x)]\,dx = \int f(x)\,dx + \int g(x)\,dx$$

$$\int [f(x)-g(x)]\,dx = \int f(x)\,dx - \int g(x)\,dx$$

2. Basic Integration Formulas 不定积分基本公式

(1) $\int x^{\mu}dx = \frac{x^{\mu+1}}{\mu+1}+C$ (Except when $\mu=-1$)

☆When $\mu=-1$, $\int \frac{1}{x}dx = \ln|x|+C$

☆When $\mu=0$, $\int 1dx = x+C$, $\int kdx = kx+C$

☆When $\mu=1$, $\int xdx = \frac{x^2}{2}+C$

($\int \sqrt{x}dx = \frac{2}{3}x^{\frac{3}{2}}+C$; $\int \frac{1}{\sqrt{x}}dx = 2\sqrt{x}+C$; $\int x^{-2}dx = -\frac{1}{x}+C$)

(2) $\int a^{x}dx = \frac{1}{\ln a}a^{x}+C$; $\int e^{x}dx = e^{x}+C$

(3) $\int \sin xdx = -\cos x+C$ $\quad$ $\int \cos xdx = \sin x+C$

$\int \tan xdx = -\ln|\cos x|+C$ $\quad$ $\int \cot xdx = \ln|\sin x|+C$

$\int \sec xdx = \ln|\tan x+\sec x|+C$ $\quad$ $\int \csc xdx = -\ln|\cot x+\csc x|+C$

$\int \sec^2 xdx = \tan x+C$ $\quad$ $\int \csc^2 xdx = -\cot x+C$

$\int (\sec x\cdot\tan x)dx = \sec x+C$ $\quad$ $\int (\csc x\cdot\cot x)dx = -\csc x+C$

Example 1 Find $\int (x + x^{-2})\,dx$.

Solution: Use the power rule $\int x^{\mu}dx = \frac{x^{\mu+1}}{\mu+1} + C$

$$\int (x + x^{-2})\,dx = \int (x)\,dx + \int (x^{-2})\,dx = \frac{x^{1+1}}{1+1} + \frac{x^{-2+1}}{-2+1} + C = \frac{x^2}{2} - \frac{1}{x} + C$$

（**Tips**：求不定积分时，在后面都要加 C，有时候多个不定积分相加可能是多个不同的常数相加，为了简化式子，通常将多个常数统一用一个常数 C 表示。）

Example 2 Find $\int (\frac{1}{\sqrt{x}} + 1)\,dx$.

Solution: Use the power rule $\int x^{\mu}dx = \frac{x^{\mu+1}}{\mu+1} + C$

$$\int (\frac{1}{\sqrt{x}} + 1)\,dx = \int (x^{-\frac{1}{2}} + x^0)\,dx = \frac{x^{-\frac{1}{2}+1}}{-\frac{1}{2}+1} + \frac{x^{0+1}}{0+1} + C = 2\sqrt{x} + x + C$$

Example 3 Find $f(x)$ if $f'(x) = \sin x + \cos x$ and $f(\pi) = 3$.

Solution: Use the definition

$$\int f'(x)\,dx = f(x) + C_1$$

Then

$$f(x) = \int f'(x)\,dx - C_1 = \int (\sin x + \cos x)\,dx - C_1$$

$$= -\cos x + \sin x + C_2 - C_1 = -\cos x + \sin x + C\ (\text{Let } C = C_2 - C_1)$$

We obtain

$$f(\pi) = -\cos \pi + \sin \pi + C = 3$$

Then

$$C = 2$$

So

$$f(x) = -\cos x + \sin x + 2$$

Example 4 Find $\int \sin(2x)\,dx$.

（这个要求的积分，我们不能直接用积分公式。此题是对一个复合函数求不定积分。既然导数和积分是互逆运算，那解题的思路应该会类同，复合函数求导时采用的是换元，即链式法则 chain rule，下面对该积分也采用换元法试试。）

Solution: Let $u = 2x$, then $du = (2x)'dx = 2dx$ $(dx = \frac{du}{2})$

$$\int \sin(2x)\,dx = \int \sin u \frac{du}{2}\text{(注意换元时,所有 } x \text{ 都需换为 } u, dx \text{ 用 } du \text{ 替换)}$$

$$= \frac{1}{2}\int \sin u du\text{(提出常数)}$$

$$= -\frac{1}{2}\cos u + C\text{(利用公式} \int \sin x dx = -\cos x + C\text{)}$$

$$= -\frac{1}{2}\cos(2x) + C\text{(把 } 2x \text{ 代回本式)}$$

(**Tips**：注意换元时，写出换元式子 $u = u(x)$ 后，应立即写出微分式 $du = u'(x)dx$，保证换元的完整性。换元法不仅是求导和积分的重要手段,更是一种重要的数学思想。)

8.3 U-Substitution 换元法

If $F'(u) = f(u)$, then

$$\int f(u)\,du = \int F'(u)\,du = F(u) + C$$

If $u = \varphi(x)$, then $du = \varphi'(x)\,dx$

$$\int f(\varphi(x))\varphi'(x)\,dx = \int f(u)\,du = F(u) + C = F(\varphi(x)) + C$$

Example 5 Evaluate $\int e^{3x+2}dx$.

Solution: Let $u = 3x + 2$, then $du = (3x+2)'dx = 3dx$

$$\int e^{3x+2}dx = \int e^u \frac{du}{3} = \frac{1}{3}\int e^u du = \frac{1}{3}e^u + C = \frac{1}{3}e^{3x+2} + C$$

Example 6 Evaluate $\int (2x+1)^4 dx$.

Solution: Let $u = 2x + 1$, then $du = 2dx$

$$\int (2x+1)^4 dx = \int u^4 \frac{du}{2} = \frac{1}{2}\cdot\frac{u^5}{5} + C = \frac{(2x+1)^5}{10} + C$$

Example 7 Evaluate $\int xe^{3x^2+1}dx$.

Solution: Let $u = 3x^2 + 1$, then $du = 6xdx$

$$\int xe^{3x^2+1}dx = \frac{1}{6}\int e^{3x^2+1}(6xdx) = \frac{1}{6}\int e^u du = \frac{1}{6}e^u + C = \frac{1}{6}e^{3x^2+1} + C$$

Example 8 Evaluate $\int \frac{x}{1+x^2}dx$.

Solution: Let $u = 1 + x^2$, then $du = 2xdx$

$$\int \frac{x}{1+x^2}dx = \frac{1}{2}\int \frac{2xdx}{1+x^2} = \frac{1}{2}\int \frac{du}{u} = \frac{1}{2}\ln|u| + C = \frac{1}{2}\ln|1+x^2| + C$$

Example 9 Evaluate $\int \frac{dx}{\sin^2(-x)}$.

Solution: Let $u = -x$, then $du = -dx$

$$\int \frac{dx}{\sin^2(-x)} = \int \frac{-du}{\sin^2(u)} = -\int \csc^2 udu = \cot u + C = \cot(-x) + C$$

Example 10 Evaluate $\int e^{\sin x}\cos xdx$.

Solution: Let $u = \sin x$, then $du = \cos xdx$

$$\int e^{\sin x}\cos xdx = \int e^u du = e^u + C = e^{\sin x} + C$$

The Important Integral:

$$\int \frac{du}{u} = \ln|u| + C$$

Example 11 Find $\int \tan xdx$.

Solution: Let $u = \cos x$, then $du = -\sin xdx$

$$\int \tan xdx = \int \frac{\sin xdx}{\cos x} = -\int \frac{du}{u} = -\ln|u| + C = -\ln|\cos x| + C$$

By the same way, we can get:

$$\int \cot xdx = \ln|\sin x| + C$$

Example 12 Find $\int \csc xdx$.

Solution 1:

$$\int \csc xdx = \int \frac{1}{\sin x}dx = \int \frac{1}{2\sin\frac{x}{2}\cos\frac{x}{2}}dx = \int \frac{\sec^2\frac{x}{2}dx}{2\tan\frac{x}{2}}$$

Let $u = \tan\frac{x}{2}$, then $du = \frac{1}{2}\sec^2\frac{x}{2}dx$

$$\int \csc x dx = \int \frac{\sec^2 \frac{x}{2} dx}{2\tan \frac{x}{2}} = \int \frac{du}{u} = \ln|u| + C = \ln|\tan \frac{x}{2}| + C$$

$$= \ln|\csc x - \cot x| + C = -\ln|\csc x + \cot x| + C$$

Since

$$\tan \frac{x}{2} = \frac{\sin \frac{x}{2}}{\cos \frac{x}{2}} = \frac{2\sin^2 \frac{x}{2}}{2\sin \frac{x}{2}\cos \frac{x}{2}} = \frac{1 - \cos x}{\sin x} = \frac{1}{\sin x} - \frac{\cos x}{\sin x} = \csc x - \cot x$$

$$\ln|\csc x - \cot x| = -\ln\left|\frac{1}{\csc x - \cot x}\right| = -\ln\left|\frac{\sin x}{1 - \cos x}\right| = -\ln\left|\frac{\sin x(1 + \cos x)}{1 - \cos^2 x}\right|$$

$$= -\ln\left|\frac{1 + \cos x}{\sin x}\right| = -\ln\left|\frac{1}{\sin x} + \frac{\cos x}{\sin x}\right| = -\ln|\cot x + \csc x|$$

Solution 2: $\int \csc x dx = \int \csc x \frac{\csc x + \cot x}{\csc x + \cot x} dx = \int \frac{\csc^2 x + \csc x\cot x}{\csc x + \cot x} dx$

Let $u = \csc x + \cot x$, then $du = -(\csc^2 x + \csc x\cot x) dx$

$$\int \csc x dx = \int \frac{\csc^2 x + \csc x\cot x}{\csc x + \cot x} dx = -\int \frac{du}{u} = -\ln|u| = -\ln|\csc x + \cot x| + C$$

The Important Identities:

$$\sin^2 x = \frac{1 - \cos 2x}{2}; \cos^2 x = \frac{1 + \cos 2x}{2}; \tan^2 x = \sec^2 x - 1$$

Example 13 Find $\int \sin^2 x dx$.

Solution: $\int \sin^2 x dx = \int \left(\frac{1 - \cos(2x)}{2}\right) dx = \frac{1}{2}\int dx - \frac{1}{2}\int \cos(2x) dx = \frac{x}{2} - \frac{\sin(2x)}{4} + C$

Example 14 Find $\int \sin^3 x dx$.

Solution: $\int \sin^3 x dx = \int \sin^2 x \sin x dx = \int (1 - \cos^2 x)\sin x dx = \int \sin x dx - \int \cos^2 x \sin x dx$

Let $u = \cos x$, then $du = -\sin x dx$

$$\int \sin^3 x dx = \int \sin x dx - \int \cos^2 x \sin x dx = -\cos x + \int u^2 du = -\cos x + \frac{\cos^3 x}{3} + C$$

Example 15 Find $\int \sin^2 x \cos^5 x dx$.

Solution: $\int \sin^2 x \cos^5 x dx = \int \sin^2 x \cos^4 x(\cos x dx) = \int \sin^2 x \cos^4 x d(\sin x)$

$$= \int \sin^2 x\,(1-\sin^2 x)^2 d(\sin x) = \int \sin^2 x(1-2\sin^2 x+\sin^4 x)\,d(\sin x)$$

$$= \int (\sin^2 x - 2\sin^4 x + \sin^6 x)\,d(\sin x) = \frac{\sin^3 x}{3} - \frac{2\sin^5 x}{5} + \frac{\sin^7 x}{7} + C$$

(**Tips**：求$(\sin x)^n(\cos x)^m$的积分时，若n,m至少有一个为奇数时，则按 EX14，15 的方法处理；若n,m全为偶数时，则按 EX13 的方法处理。)

Important Integral Formulas：

$$\int \frac{dx}{\sqrt{1-x^2}} = \arcsin x + C \quad (x^2 < 1)$$

$$\int \frac{dx}{1+x^2} = \arctan x + C$$

$$\int \frac{dx}{x\sqrt{x^2-1}} = \operatorname{arcsec} x + C \quad (x^2 > 1)$$

Example 16 Find $\int \frac{xdx}{\sqrt{1-x^4}}$.

Solution：Let $u = x^2$, then $du = 2xdx$

$$\int \frac{xdx}{\sqrt{1-x^4}} = \frac{1}{2}\int \frac{2xdx}{\sqrt{1-x^4}} = \frac{1}{2}\int \frac{du}{\sqrt{1-u^2}} = \frac{1}{2}\arcsin u + C$$

$$= \frac{1}{2}\arcsin(x^2) + C$$

Example 17 Find $\int \frac{dx}{x^2+4x+5}$.

Solution：Let $u = x+2$, then $du = dx$

$$\int \frac{dx}{x^2+4x+5} = \int \frac{dx}{1+(x+2)^2} = \int \frac{du}{1+u^2} = \arctan u + C = \arctan(x+2) + C$$

Example 18 Find $\int \frac{dx}{\sqrt{-x^2+4x-3}}$.

Solution： $$\int \frac{dx}{\sqrt{-x^2+4x-3}} = \int \frac{d(x-2)}{\sqrt{1-(x-2)^2}} = \arcsin(x-2) + C$$

8.4 Integration by Parts 分部积分*

If $u = u(x)$ and $v = v(x)$ are functions

$$\frac{d}{dx}(uv)=u\frac{dv}{dx}+v\frac{du}{dx}$$

Multiply both sides by dx

$$d(uv)=udv+vdu$$

$$udv=d(uv)-vdu$$

Integrating both sides

$$\int udv=uv-\int vdu$$

This formula expresses one integral, $\int udv$, in terms of a second integral, $\int vdu$. With a proper choice of u and v, the second integral may be easier to evaluate than the first.

Example 19 Find $\int \ln xdx$.

Solution:（把 $\ln x$ 当作 u,把 x 当做 v）

$$\int \underset{u}{\boxed{\ln x}}\, d\underset{v}{\boxed{x}} = \underset{u}{\boxed{\ln x}} \times (\underset{v}{\boxed{x}}) - \int \underset{v}{\boxed{x}}\, d(\underset{u}{\boxed{\ln x}}) = x\cdot\ln x-\int x\cdot\frac{1}{x}dx\,(d\ln x=\frac{1}{x}dx)$$

$$=x\cdot\ln x-\int 1dx=x\ln x-x+C$$

Example 20 Find $\int x\ln xdx$.

Solution: Since $xdx=d(\frac{x^2}{2})$

$$\int x\ln xdx=\int \underset{u}{\boxed{\ln x}}\, d(\underset{v}{\boxed{\frac{x^2}{2}}})=\underset{v}{\boxed{\frac{x^2}{2}}}\times\underset{u}{\boxed{\ln x}}-\int \underset{v}{\boxed{\frac{x^2}{2}}}\, d(\underset{u}{\boxed{\ln x}})=\frac{x^2}{2}\times\ln x-\int\frac{x^2}{2}\cdot\frac{1}{x}dx$$

$$=\frac{x^2}{2}\times\ln x-\int\frac{x}{2}dx=\frac{x^2}{2}\ln x-\frac{x^2}{4}+C$$

Example 21 Find $\int x\sin xdx$.

Solution: Since $\sin xdx=-d(\cos x)$

$$\int x\sin xdx=-\int xd(\cos x)=-(x\cos x-\int\cos xdx)=-x\cos x+\int\cos xdx$$

$$=-x\cos x+\sin x+C$$

（本题中把 x 当作 u，其实也可以把 $\sin x$ 当作 u，但

$$\int x\sin xdx=\int\sin xd(\frac{x^2}{2})=\frac{x^2}{2}\sin x-\int\frac{x^2}{2}d(\sin x)=\frac{x^2}{2}\sin x-\int\frac{x^2}{2}\cos xdx$$

分部积分之后要求的积分 $\int \frac{x^2}{2}\cos x dx$ 比原积分 $\int x\sin x dx$ 更复杂，所以把 $\sin x$ 当作 u 的方法行不通！分部积分方法的核心在于找到一个更简单的积分来求比较复杂的积分！在分部积分的时候，选择一个合适的函数当作 u 很重要！）

Example 22 Find $\int xe^x dx$.

Solution：Since $e^x dx = d(e^x)$

$$\int xe^x dx = \int xd(e^x) = xe^x - \int e^x dx = xe^x - e^x + C$$

Example 23 Find $\int e^x \sin x dx$.

Solution：since $e^x dx = d(e^x)$

$$\boxed{\int e^x \sin x dx} = \int \underset{u}{\boxed{\sin x}}\, d(\underset{v}{\boxed{e^x}}) = \sin x \cdot (e^x) - \int e^x d(\sin x)$$

$$= \sin x \cdot (e^x) - \boxed{\int e^x \cdot \cos x dx} = \sin x \cdot (e^x) - \int \underset{u}{\boxed{\cos x}}\, d(\underset{v}{\boxed{e^x}})$$

$$= e^x \sin x - (e^x \cos x - \int e^x d\cos x) = e^x(\sin x - \cos x) - \boxed{\int e^x \sin x dx}$$

$$\int e^x \sin x dx = \frac{e^x}{2}(\sin x - \cos x) + C$$

（此积分进行了两次分部积分，并且两次分部积分都坚持将同一种变量 e^x 当作 v，$\int e^x \sin x dx$ 一次分部积分后变为了 $\int e^x \cos x dx$，$\int e^x \cos x dx$ 再一次分部积分还原了 $\int e^x \sin x dx$.）

在 AP 微积分考试中，重点考察下面几种函数两两相乘的不定积分，取 u 的原则如下：

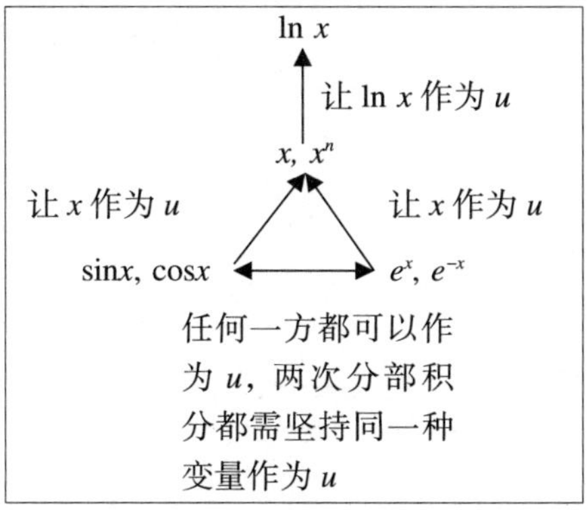

上图举例说明：例如求 $\int x^2 \ln x dx$ 则把 $\ln x$ 当作 u。

8.5 The Method of Partial Fractions 分式拆分求积分*

Any polynomial can be decomposed into the products of linear and quadratic factors with real number coefficients.

For example: $\int \frac{8x+1}{(x-1)(x+2)}dx = ?$

First, let

$$\frac{8x+1}{(x-1)(x+2)} = \frac{A}{x-1} + \frac{B}{x+2}$$

根据待定系数法,

$$\frac{8x+1}{(x-1)(x+2)} = \frac{A(x+2)+B(x-1)}{(x-1)(x+2)} = \frac{(A+B)x+2A-B}{(x-1)(x+2)}$$

得

$$\begin{cases} A+B=8 \\ 2A-B=1 \end{cases} \Rightarrow A=3,\ B=5$$

即

$$\frac{8x+1}{(x-1)(x+2)} = \frac{3}{x-1} + \frac{5}{x+2}$$

Then

$$\int \frac{8x+1}{(x-1)(x+2)}dx = \int \frac{3}{x-1}dx + \int \frac{5}{x+2}dx = 3\ln|x-1| + 5\ln|x+2| + C$$

Three Types:

1. Distinct Linear Factors

$$\frac{P_m(x)}{(x-x_1)(x-x_2)\cdots(x-x_k)} = \frac{A_1}{(x-x_1)} + \frac{A_2}{(x-x_2)} + \cdots + \frac{A_k}{(x-x_k)}$$

For example

$$\frac{x+3}{(x-2)(x-3)} = \frac{-5}{x-2} + \frac{6}{x-3}$$

2. Repeated Linear Factors

$$\frac{P_m(x)}{(x-a)^k} = \frac{A_1}{(x-a)} + \frac{A_2}{(x-a)^2} + \cdots + \frac{A_k}{+(x-a)^k}$$

For example

$$\frac{x+5}{(x-1)^2} = \frac{1}{x-1} + \frac{6}{(x-1)^2}$$

3. A Single Quadratic Factor

$$\frac{P_m(x)}{(x-a)(x^2+px+q)} = \frac{A}{(x-a)} + \frac{mx+n}{(x^2+px+q)}$$

For example

$$\frac{1}{x(x-1)^2}=\frac{1}{x}+\frac{2-x}{(x-1)^2}=\frac{1}{x}-\frac{1}{x-1}+\frac{1}{(x-1)^2}$$

（**Tips**：AP 考试只对第一种有要求。）

Example 24 Find $\int \frac{x+3}{(x-2)(x-3)}dx$.

Solution：

$$\int \frac{x+3}{(x-2)(x-3)}dx=\int \frac{-5}{x-2}dx+\int \frac{6}{x-3}dx=-5\ln|x-2|+6\ln|x-3|+C$$

Example 25 Find $\int \frac{2x+4}{(x-1)^2}dx$.

Solution：

$$\int \frac{2x+4}{(x-1)^2}dx=\int \frac{2}{x-1}dx+\int \frac{6}{(x-1)^2}dx=2\ln|x-1|-\frac{6}{x-1}+C$$

Example 26 Find $\int \frac{1}{x(x-1)^2}dx$.

Solution：

$$\int \frac{1}{x(x-1)^2}dx=\int \frac{1}{x}dx-\int \frac{1}{x-1}dx+\int \frac{1}{(x-1)^2}dx=\ln|x|-\ln|x-1|-\frac{1}{x-1}+C$$

【Practice Problems · 课后练习】

1. Evaluate the following integrals.

(1) $\int(\sin 5x - \cos x)\,dx$

(2) $\int \sec x(\sec x - \tan x)\,dx$

(3) $\int(\csc^2 x - x)\,dx$

(4) $\int \frac{2}{\sqrt{x}}\,dx$

(5) $\int(1+x)(1-2x)\,dx$

(6) $\int 2x(x+1)^3\,dx$

2. Evaluate the following integrals using U-substitution.

(1) $\int \frac{\ln x}{x}dx$

(2) $\int \frac{e^{\sqrt{x}}}{\sqrt{x}}\,dx$

(3) $\int \sin^2 x\cos x\,dx$

(4) $\int \frac{x^3}{1+x^4}dx$

3. Evaluate the following integrals ($\int \frac{du}{u} = \ln|u| + C$).

(1) $\int \frac{\sin x}{1+\cos x}dx$

(2) $\int e^x\cos(1+e^x)\,dx$

(3) $\int \frac{e^x - e^{-x}}{e^x + e^{-x}}dx$

(4) $\int \frac{4}{x-1}dx$

4. Evaluate the following integrals.

(1) $\int \frac{\csc^2 x}{\cot x} dx$

(2) $\int 5^{5x} dx$

(3) $\int \frac{1}{x\ln x} dx$

(4) $\int (e^{3\ln x} + e^{3x}) dx$

(5) $\int \sin(2x) e^{\sin^2 x} dx$

(6) $\int x \cdot 2^{x^2} dx$

5. Evaluate the following integrals.

(1) $\int (e^x \cos x) dx$

(2) $\int (x\sin 2x) dx$

(3) $\int (\sqrt{x} + \frac{1}{\sqrt{x}})^2 dx$

(4) $\int (xe^{x^2}) dx$

(5) $\int \sin xe^{-x} dx$

(6) $\int (7xe^{3x^2}) dx$

(7) $\int \sin^5(2x)\cos(2x) dx$

(8) $\int \frac{\ln x}{3x} dx$

(9) $\int x^2 \sqrt{3x} dx$

(10) $\int x \sqrt{3+x} dx$

6. Evaluate the following integrals.

(1) $\int \frac{1}{x^2 - 6x + 8} dx$

(2) $\int \frac{7x}{(2x-3)(x+2)} dx$

【Story · 数学讲堂】

科学天才莱布尼兹

莱布尼兹(Gottfriend Wilhelm Leibniz,1646 – 1716)是17、18世纪之交德国最重要的数学家、物理学家和哲学家，一个举世罕见的科学天才。他博览群书，涉猎百科，对丰富人类的科学知识宝库做出了不可磨灭的贡献。

莱布尼兹出生于德国东部莱比锡的一个书香之家，父亲是莱比锡大学的道德哲学教授，母亲出生在一个教授家庭。莱布尼兹的父亲在他年仅6岁时便去世了，给他留下了丰富的藏书。莱布尼兹因此得以广泛接触古希腊罗马文化，阅读了许多著名学者的著作，由此而获得了坚实的文化功底和明确的学术目标。15岁时，他进入莱比锡大学学习法律，一进校便跟上了大学二年级标准的人文学科的课程，还广泛阅读了培根、开普勒、伽利略、等人的著作，并对他们的著作进行深入的思考和评价。在听了教授讲授欧几里德的《几何原本》的课程后，莱布尼兹对数学产生了浓厚的兴趣。17岁时他在耶拿大学学习了短时期的数学，并获得了哲学硕士学位。

20岁时，莱布尼兹转入阿尔特道夫大学。这一年，他发表了第一篇数学论文《论组合的艺术》。这是一篇关于数理逻辑的文章，其基本思想是出于想把理论的真理性论证归结于一种计算的结果。这篇论文虽不够成熟，但却闪耀着创新的智慧和数学才华。莱布尼兹在阿尔特道夫大学获得博士学位后便投身外交界。从1671年开始，他利用外交活动开拓了与外界的广泛联系，尤以通信作为他获取外界信息、与人进行思想交流的一种主要方式。在出访巴黎时，莱布尼兹深受帕斯卡事迹的鼓舞，决心钻研高等数学，并研究了笛卡儿、费尔马、帕斯卡等人的著作。1673年，莱布尼兹被推荐为英国皇家学会会员。此时，他的兴趣已明显地转向了数学和自然科学，开始了对无穷小算法的研究，独立地创立了微积分的基本概念与算法，和牛顿共同奠定了微积分学的基础。1676年，他到汉诺威公爵府担任法律顾问兼图书馆馆长。1700年被选为巴黎科学院院士，促成建立了柏林科学院并任首任院长。1716年11月14日，莱布尼兹在汉诺威逝世，终年70岁。

17世纪下半叶，欧洲科学技术迅猛发展，由于生产力的提高和社会各方面的迫切需要，经各国科学家的努力与历史的积累，建立在函数与极限概念基础上的微积分理论应运而生了。微积分思想，最早可以追溯到希腊由阿基米德等人提出的计算面积和体积的方法。1665年牛顿创立了微积分，莱布尼兹在1673 ~ 1676年间也发表了微积分思想的论著。以前，微分和积分作为两种数学运算、两类数学问题，是分别加以研究的。卡瓦列里、巴罗、沃利斯等人得到了一系列求面积(积分)、求切线斜率(导数)的重要结果，但这些结果都是孤立的，不连贯的。只有莱布尼兹和牛顿将积分和微分真正沟通起来，明确地找到了两者内在的直接联系：微分和积分是互逆的两种运算。这是微积分建立的关键所在。只有确立了这一基本关系，才能在此基础上构建系统的微积分学。并从对各种函数的微分和求积公式中，总结出共同的算法程序，使微积分方法普遍化，发展成用符号表示的微积分运算法则。因此，微积分“是牛顿和莱布尼兹大体上完成的，但不是由他们发明的”(恩格斯：《自然辩证法》)。

然而关于微积分创立的优先权，数学上曾掀起了一场激烈的争论。实际上，牛顿在微积分方面的研究虽早于莱布尼兹，但莱布尼兹成果的发表则早于牛顿。莱布尼兹在1684年10月发表的《教师学报》上的论文，《一种求极大极小的奇妙类型的计算》，在数学史上被认为是最早发表的微积分文献。牛顿在1687年出版的《自然哲学的数学原理》的第一版和第二版也写道：“十年前在我和最杰出的几何学家G、W莱布尼兹的通信中，我表明我已经知道确定极大值和极小值的方法、作切线的方法以及类似的方法，但我在交换的信件中隐瞒了这方法……这位最卓越的科学家在回信中写道，他也发现了一种同样的方法。他并诉述了他的方法，它与我的方法几乎没有什么不同，除了他的措词和符号而外。”(但在第三版及以后再版时，这段话被删掉了。)因此，后来人们公认牛顿和莱布尼兹是各自独立地创建微积分的。牛顿从物理学出发，运用集合方法研究微积分，其应用上更多地结合了运动学，造诣高于莱布尼兹。莱布尼兹则从几何问题出发，运用分析学方法引进微积分概念、得出运算法则，其数学的严密性与系统性是牛顿所不及的。莱布尼兹认识到好的数学符号能节省思维劳动，运用符号的技巧是数学成功的关键之一。因此，他发明了一套适用的符号系统，如，引入 dx 表示 x 的微分，$\int$ 表示积分，$d^n x$ 表示 n 阶微分等等。这些符号进一步促进了微积分学的发展。1713年，莱布尼兹发表了《微积分的历史和起源》一文，总结了自己创立微积分学的思路，说明了自己成就的独立性。

莱布尼兹对中国的科学、文化和哲学思想十分关注，是最早研究中国文化和中国哲学的德国人。他向耶稣会来华传教士格里马尔迪了解到了许多有关中国的情况，包括养蚕纺织、造纸印染、冶金矿产、天文地理、数学文字等等，并将这些资料编辑成册出版。他认为中西相互之间应建立一种交流认识的新型关系。在《中国近况》一书的绪论中，莱布尼兹写道：“全人类最伟大的文化和最发达的文明仿佛今天汇集在我们大陆的两端，即汇集在欧洲和位于地球另一端的东方的欧洲——中国。" 在这里，莱布尼兹不仅显示出了不带" 欧洲中心论”色彩的虚心好学精神，而且为中西文化双向交流描绘了宏伟的蓝图，极力推动这种交流向纵深发展，是东西方人民相互学习，取长补短，共同进步。

(资料来源：http://gaokao.eduu.com/e/20090828/4b8bceb198d0a.shtml)

Chapter 9 Definite Integral 定积分

【Vocabulary·词汇梳理】

Rectangle 矩形

[引] trapezoid 梯形

inscribed 内接

circumscribed 外接

Converge 收敛

[引] dirverge 发散

【Topics·知识精讲】

9.1 A Limit of Riemann Sum(Left, Right and Midpoint) 黎曼和的极限

How to find the shaded area under the curve of $y = f(x)$ from $x = a$ to $x = b$?

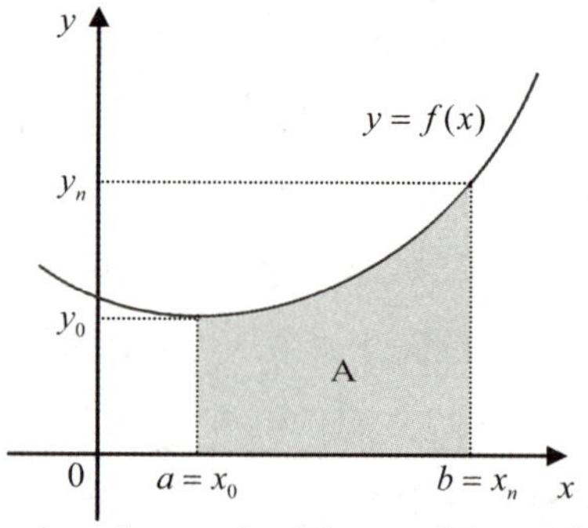

We can not finish the task using the method learned in middle school. But from the definition of differential, we can approximate the area.

微积分的核心思想为：化曲为直，以线性化的方法解决非线性问题。根据这个思想，我们先把整个区间$[a, b]$分为 n 个区间，把曲边形分割成 n 个小曲边形。用 n 个长方形去估算 n 个小曲边形，n 个长方形的面积和为：

$$\sum_{i=1}^{n} A_i = A_1 + A_2 + \cdots + A_n$$

每个长方形若以左端点的函数值作为长方形的高，则

$$A\approx\sum_{i=1}^{n}A_i=A_1+A_2+\dots+A_n=y_0(x_1-x_0)+y_1(x_2-x_1)+\dots+y_{n-1}(x_n-x_{n-1})$$

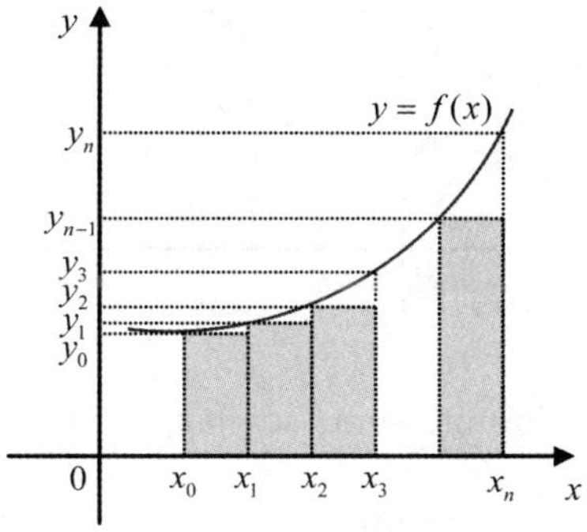

若化为 n 个区间，求出来的面积是个近似值，只有让 $n\to\infty$ 时才能让“≈”变为“=”，对 $\sum_{i=1}^{n}A_i$ 取极限，即

$$A=\lim_{n\to\infty}\sum_{i=1}^{n}A_i=\lim_{n\to\infty}[y_0(x_1-x_0)+y_1(x_2-x_1)+\dots+y_{n-1}(x_n-x_{n-1})]$$

同理，每个长方形若以右端点的函数值作为长方形的高，则

$$A\approx\sum_{i=1}^{n}A_i=A_1+A_2+\dots+A_n=y_1(x_1-x_0)+y_2(x_2-x_1)+\dots+y_n(x_n-x_{n-1})$$

$$A=\lim_{n\to\infty}\sum_{i=1}^{n}A_i=\lim_{n\to\infty}[y_1(x_1-x_0)+y_2(x_2-x_1)+\dots+y_n(x_n-x_{n-1})]$$

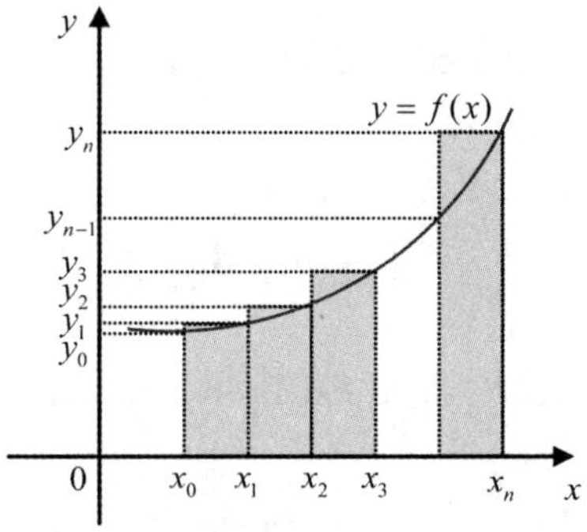

每个长方形若以区间中点的函数值作为长方形的高，则

$$A\approx\sum_{i=1}^{n}A_i=f(\frac{x_0+x_1}{2})(x_1-x_0)+f(\frac{x_1+x_2}{2})(x_2-x_1)+\dots+f(\frac{x_{n-1}+x_n}{2})(x_n-x_{n-1})$$

$$A=\lim_{n\to\infty}\sum_{i=1}^{n}A_i$$

$$=\lim_{n\to\infty}[f(\frac{x_0+x_1}{2})(x_1-x_0)+f(\frac{x_1+x_2}{2})(x_2-x_1)+\dots+f(\frac{x_{n-1}+x_n}{2})(x_n-x_{n-1})]$$

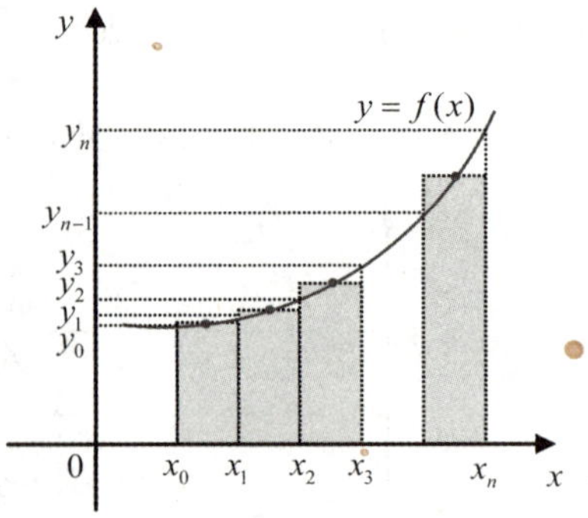

When we take the limit of this infinite sum, we get the integral. It is called a definite integral.

$$A = \lim_{n \to \infty} \sum_{i=1}^{n} A_i = \int_a^b f(x)\,dx$$

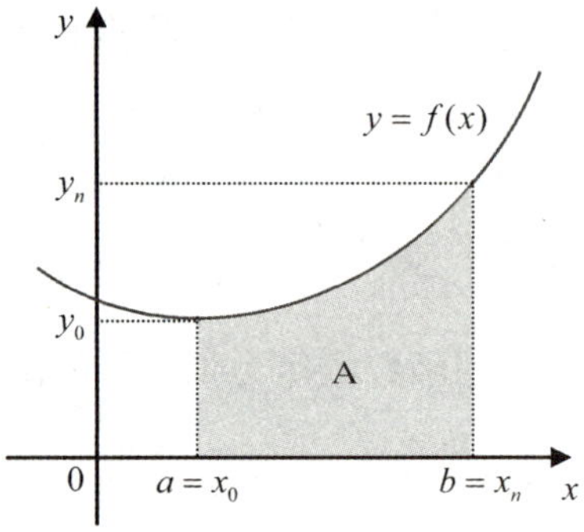

1. Definition of Definite Integral 定积分定义

Let $f(x)$ be defined on the closed interval $[a, b]$. If $\lim_{n \to \infty} \sum_{i=1}^{n} A_i$ exists, we say $f(x)$ is integrable on $[a, b]$.

$$\int_a^b f(x)\,dx = \lim_{n \to \infty} \sum_{i=1}^{n} A_i$$

The sum $\sum_{i=1}^{n} A_i = A_1 + A_2 + \ldots + A_n$ is called Riemann sum(黎曼和).

If we use the function value of the left point of the interval, the sum $\sum_{i=1}^{n} A_i$ is called a left Riemann sum.

If we use the function value of the right point of the interval, the sum $\sum_{i=1}^{n} A_i$ is called a right Riemann sum.

If we use the function value of the midpoint of the interval, the sum $\sum_{i=1}^{n} A_i$ is called a midpoint Riemann sum.

2. Interpretation of Definite Integral 定积分的几何意义

The interpretation of definite integral is area. We definite that the area above the x-axis is positive while the area under the x-axis is negative.

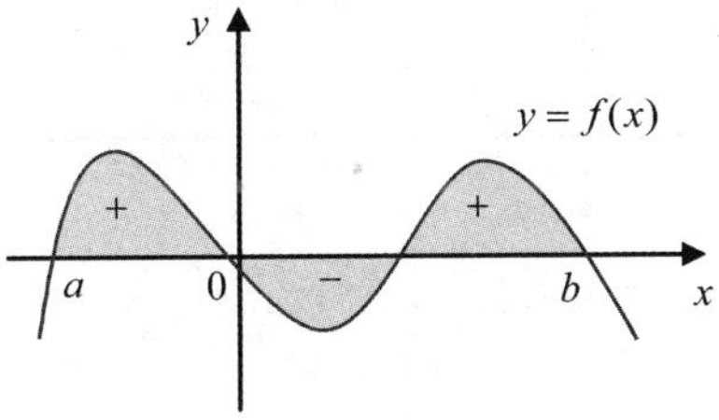

Example 1 Approximate the area under the curve $y = x^2$ from $x = 0$ to $x = 4$ using four left-endpoint/right-endpoint/midpoint rectangles with equal width.

Solution: Divide the interval to four equal interval $[0, 1]$, $[1, 2]$, $[2, 3]$ and $[3, 4]$. Left Riemann sum

$$\sum_{i=1}^{4} A_i = f(0)(1-0) + f(1)(2-1) + f(2)(3-2) + f(3)(4-3) = 14$$

Right Riemann sum

$$\sum_{i=1}^{4} A_i = f(1)(1-0) + f(2)(2-1) + f(3)(3-2) + f(4)(4-3) = 30$$

Midpoint Riemann sum

$$\sum_{i=1}^{4} A_i = f(\frac{1}{2})(1-0) + f(\frac{3}{2})(2-1) + f(\frac{5}{2})(3-2) + f(\frac{7}{2})(4-3) = 21$$

x	0	2	5	8	10
$f(x)$	1	−2	−1	4	−8

Example 2 The function is continuous on the closed interval $[0, 10]$ and has values as shown in the table above. Using the intervals $[0, 2]$ $[2, 5]$ $[5, 8]$ and $[8, 10]$, what is the approximation of $\int_0^{10} f(x)\,dx$ obtained from a right Riemann sum?

Solution: From the definition of Riemann sum

$$\int_0^{10} f(x)\,dx \approx f(2)(2-0) + f(5)(5-2) + f(8)(8-5) + f(10)(10-8)$$

$$= (-2)\times 2 + (-1)\times 3 + 4\times 3 + (-8)\times 2 = -11$$

Another approximation method, the Trapezoidal Sum, divide the region into trapezoids instead of rectangles.

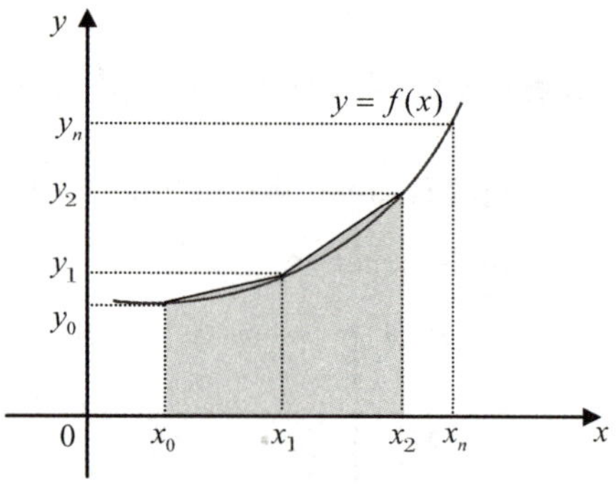

$$A \approx \sum_{i=1}^{n} A_i = \frac{y_0 + y_1}{2}(x_1 - x_0) + \frac{y_1 + y_2}{2}(x_2 - x_1) + \dots + \frac{y_{n-1} + y_n}{2}(x_n - x_{n-1})$$

9.2 The First Fundamental Theorem of Calculus 微积分第一基础理论

1. The First Fundamental Theorem of Calculus (FTC)微积分第一基础理论

If $f(x)$ is continuous on $[a,b]$ and $F(x)$ is an antiderivative of $f(x)$ on $[a,b]$ $(F'(x)=f(x))$, then

$$\int_a^b f(x)\,dx = \int_a^b F'(x)\,dx = F(b) - F(a)$$

$$\text{or } F(b) = F(a) + \int_a^b F'(x)\,dx$$

It's also called Newton-Leibniz Formula. (牛顿-莱布尼茨公式)

Example 3 Find $\int_1^4 (x^2 - x)\,dx$.

Solution:

$$\int_1^4 (x^2 - x)\,dx = \left[\frac{x^3}{3} - \frac{x^2}{2}\right]_1^4 = \left[\frac{4^3}{3} - \frac{4^2}{2}\right] - \left[\frac{1^3}{3} - \frac{1^2}{2}\right] = \frac{27}{2}$$

Example 4 If $f'(x) = \frac{1}{x}$ and $f(\sqrt{e}) = 1$, then $f(e) = ?$

Solution:

$$f(e) = f(\sqrt{e}) + \int_{\sqrt{e}}^{e} f'(x)\,dx = 1 + \int_{\sqrt{e}}^{e} \frac{1}{x}\,dx = 1 + [\ln|x|]_{\sqrt{e}}^{e} = \frac{3}{2}$$

2. Properties of Definite Integral 定积分性质

(1) $\int_a^b [f(x) \pm g(x)]\,dx = \int_a^b f(x)\,dx \pm \int_a^b g(x)\,dx$

(2) $\int_a^b kf(x)\,dx = k\int_a^b f(x)\,dx$

(3) $\int_a^b f(x)\,dx = \int_a^c f(x)\,dx + \int_c^b f(x)\,dx$

(4) $\int_a^b 1dx = b - a$(通常 $\int_a^b 1dx$ 简写为 $\int_a^b dx$)

(5) $\int_a^a f(x)\,dx = 0$

(6) $\int_a^b f(x)\,dx = -\int_b^a f(x)\,dx$

(7) If $f(x)$ is an odd function and is continuous on the interval $[-a, a]$, then $\int_{-a}^a f(x)\,dx = 0$

If $f(x)$ is an even function and is continuous on the interval $[-a, a]$, then $\int_{-a}^a f(x)\,dx = 2\int_0^a f(x)\,dx$

(注意：只有在对称区间$[-a, a]$才有此性质)

(8) $\int_a^b udv = [uv]_a^b - \int_a^b vdu$

Explanation for the Property of (3) is that the area from $x = a$ to $x = b$ is sum of the area from $x = a$ to $x = c$ and the area from $x = c$ to $x = $ b.

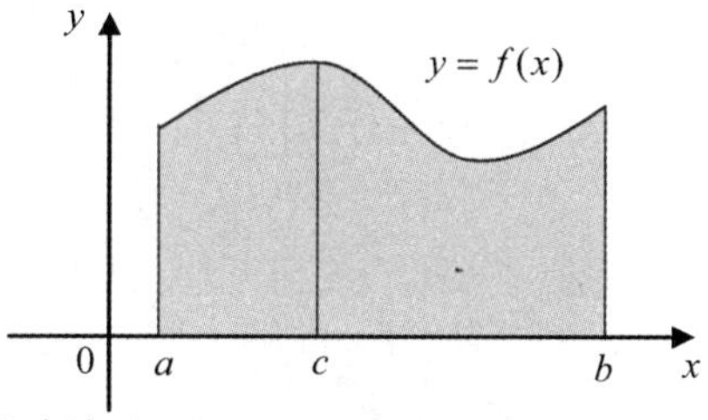

Explanation for the Property of (5) is that we can see the width of the region is zero.

Explanation for the Property of (6) is that

$$\int_b^b f(x)\,dx = \int_b^a f(x)\,dx + \int_a^b f(x)\,dx = 0$$

So

$$\int_a^b f(x)\,dx = -\int_b^a f(x)\,dx$$

Example 5 Evaluate $\int_{-4}^4 |x|\,dx$.

Solution: Since $y = |x|$ is an even function, then

$$\int_{-4}^4 |x|\,dx = 2\int_0^4 xdx = 2\left[\frac{x^2}{2}\right]_0^4 = 16$$

Example 6 Evaluate $\int_{-\pi}^{\pi} \sin xdx$.

Solution: Since $y = \sin x$ is an odd function, then

$$\int_{-\pi}^{\pi} \sin x dx = 0$$

Example 7 Evaluate $\int_0^{\pi} \sin(2x)dx$.

Solution: Since $$\int \sin(2x)dx = -\frac{1}{2}\cos(2x) + C$$

So $$\int_0^{\pi} \sin(2x)dx = \left[-\frac{1}{2}\cos(2x)\right]_0^{\pi} = 0$$

(**Tips**: 求解定积分时，通常先求不定积分，然后代入积分区间求解。另外也可以使用以下方法求解：Let $t = 2x$, $dt = 2dx$; $x = 0 \Rightarrow t = 0$, $x = \pi \Rightarrow t = 2\pi$

$$\int_0^{\pi} \sin(2x)dx = \int_0^{2\pi} \sin(t)\left(\frac{dt}{2}\right) = \frac{1}{2}\int_0^{2\pi} \sin t\, dt = 0)$$

Example 8 Evaluate $\int_{-1}^{2} xe^{x^2} dx$.

Solution: Since

$$\int xe^{x^2} dx = \frac{e^{x^2}}{2} + C$$

So

$$\int_{-1}^{2} xe^{x^2} dx = \left[\frac{e^{x^2}}{2}\right]_{-1}^{2} = \frac{e^4 - e}{2}$$

Example 9 Evaluate $\int_{-1}^{2} |x-1| dx$.

Solution: $$\int_{-1}^{2} |x-1| dx = \int_{-1}^{1} [-(x-1)]dx + \int_{1}^{2} [(x-1)]dx = \frac{5}{2}$$

Example 10 Evaluate $\int_{-2}^{2} \sqrt{4-x^2}dx$.

Solution: This integral is more difficult. We need to use a graphing calculator. The answer is 6.283.

(**Tips**: 在 AP 微积分考试中，有部分题需要用计算器来求定积分。希望读者提高使用计算器的意识，养成用计算器的习惯。由于每个人用的计算器不一样，此题未给出具体输入的方法，仅给出答案。)

9.3 The Second Fundamental Theorem of Calculus 微积分第二基础理论

A new function is named Accumulation Function(累积函数或上积分限函数)

$$A(x) = \int_a^x f(t)\,dt$$

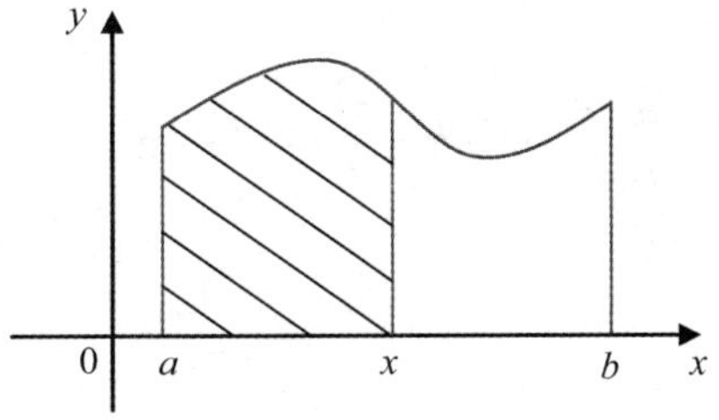

The function $A(x) = \int_a^x f(t)\,dt$ is an integral with a variable upper limit. It accumulates area under a curve from a fixed value.

If $f(x)$ is continuous on $[a, b]$, then the derivative of the function $\int_a^x f(t)\,dt$ is:

$$\frac{dA(x)}{dx} = \frac{d}{dx}\int_a^x f(t)\,dt = f(x) \quad (x \in [a, b])$$

上式两种理解方法:

(1)对一个函数 $f(x)$，先求积分 $\int_a^x f(t)\,dt$ 再求导 $\left(\int_a^x f(t)\,dt\right)'$，即还原为了 $f(x)$，再次体现了导数与积分的互逆性。

(2)若 $F'(x) = f(x)$，则

$$\int_a^x f(t)\,dt = F(x) - F(a)$$

两边同时对 x 求导,

$$\left(\int_a^x f(t)\,dt\right)' = [F(x) - F(a)]' = [F(x)]' = f(x)$$

($F(a)$ is a constant)

Differentiation Formulas for Accumulation Function:

$$\frac{d}{dx}\int_a^x f(t)\,dt = f(x)$$

$$\frac{d}{dx}\int_a^{\beta(x)} f(t)\,dt = \beta'(x)f(\beta(x))$$

$$\frac{d}{dx}\int_{\alpha(x)}^{\beta(x)} f(t)\,dt = \beta'(x)f(\beta(x)) - \alpha'(x)f(\alpha(x))$$

Example 11 $\frac{d}{dx}\int_5^x \sin^3 t\,dt = ?$

Solution: By the formula

$$\frac{d}{dx}\int_5^x \sin^3 t\,dt = \sin^3 x$$

Example 12 $\frac{d}{dx}\int_x^5 \sin^3 t dt = ?$

Solution: By the formula

$$\frac{d}{dx}\int_x^5 \sin^3 t dt = \frac{d}{dx}(-\int_5^x \sin^3 t dt) = -\sin^3 x$$

Example 13 $\frac{d}{dx}\int_5^{x^2} \sin^3 t dt = ?$

Solution: By the formula

$$\frac{d}{dx}\int_5^{x^2} \sin^3 t dt = (x^2)'\sin^3(x^2) = 2x\sin^3(x^2)$$

Example 14 $\frac{d}{dx}\int_{5x}^{x^2} \sin^3 t dt = ?$

Solution: By the formula

$$\frac{d}{dx}\int_{5x}^{x^2} \sin^3 t dt = (x^2)'\sin^3(x^2) - (5x)'\sin^3(5x) = 2x\sin^3(x^2) - 5\sin^3(5x)$$

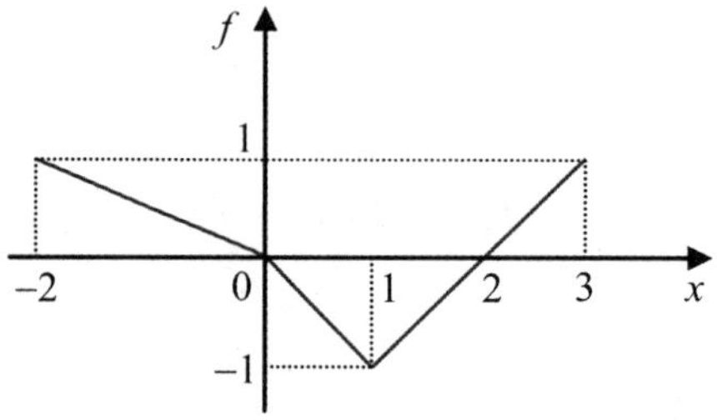

Example 15 The graph of the piecewise linear function f is shown in the figure above. If $g(x) = \int_{-2}^{x} f(t)dt$, which of the following values is the greatest?

(A) $g(-2)$ (B) $g(0)$ (C) $g(1)$ (D) $g(2)$ (E) $g(3)$

Solution: $g(-2) = \int_{-2}^{-2} f(t)dt = 0$

$$g(0) = \int_{-2}^{0} f(t)dt = \frac{1}{2}\times 1 \times 2 = 1$$

$$g(1) = \int_{-2}^{1} f(t)dt = \int_{-2}^{0} f(t)dt + \int_{0}^{1} f(t)dt = 1 + (-\frac{1}{2}\times 1\times 1) = \frac{1}{2}$$

$$g(2) = \int_{-2}^{2} f(t)dt = \int_{-2}^{1} f(t)dt + \int_{1}^{2} f(t)dt = \frac{1}{2} + (-\frac{1}{2}\times 1\times 1) = 0$$

$$g(3) = \int_{-2}^{3} f(t)dt = \int_{-2}^{2} f(t)dt + \int_{2}^{3} f(t)dt = 0 + \frac{1}{2}\times 1\times 1 = \frac{1}{2}$$

So, the correct answer is B.

Example 16 Let f be the function given by $f(x)=\int_{-1}^{x}(t^2-1)\,dt$ for $-1.2\leq x\leq 1.2$. At which values of x does f attain a relative maximum?

Solution: Find the derivative of the function

$$f'(x)=\left(\int_{-1}^{x}(t^2-1)\,dt\right)'=x^2-1$$

Let $f'(x)=0$, then $x=\pm 1$. Take the second derivative

$$f''(x)=2x$$

$f''(1)=2>0$, so it is a relative minimum at $x=1$;

$f''(-1)=-2<0$, so it is a relative maximum at $x=-1$.

The relative maximum value is

$$f(-1)=\int_{-1}^{-1}(t^2-1)\,dt=0$$

9.4 Improper Integrals 反常积分(广义积分)*

The improper integrals satisfy one of the following two conditions:

(a) Its integrand becomes infinite at one or more points in the interval of integration

(b) One or both of the limits of integration is infinite.

1. Integration on an Infinite Interval 积分限为无穷的积分

$$\int_{a}^{+\infty}f(x)\,dx=\lim_{b\to+\infty}\int_{a}^{b}f(x)\,dx$$

$$\int_{-\infty}^{b}f(x)\,dx=\lim_{a\to-\infty}\int_{a}^{b}f(x)\,dx$$

$$\int_{-\infty}^{+\infty}f(x)\,dx=\int_{-\infty}^{b}f(x)\,dx+\int_{b}^{+\infty}f(x)\,dx=\lim_{a\to-\infty}\int_{a}^{b}f(x)\,dx+\lim_{c\to+\infty}\int_{b}^{c}f(x)\,dx$$

If the limit exists, the integral converges and the value of the integral is the limit;

If the limit does not exist, the integral diverges and the integral cannot be evaluated.

Example 17 Evaluate the area formed by the curve $y=\frac{1}{x}$, the line $x=1$ and the x-axis .

Solution: Sketch the graph

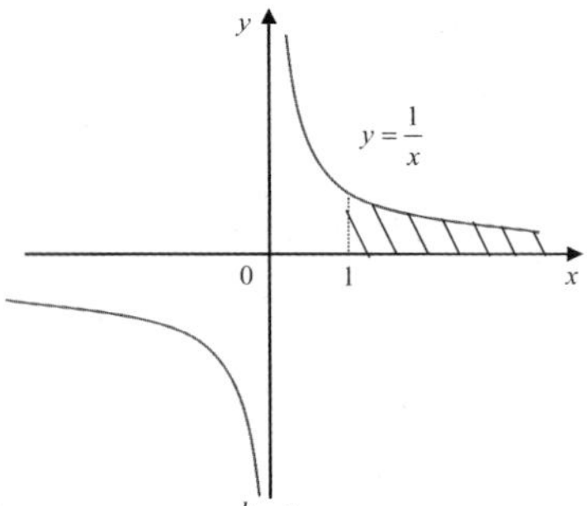

$$\int_1^{+\infty}\frac{1}{x}dx=\lim_{b\to+\infty}\int_1^b\frac{1}{x}dx=\lim_{b\to+\infty}(\ln b-\ln 1)=+\infty$$

In this case, the limit is infinite. So the improper integral is divergent.

Example 18 Evaluate the area formed by the curve $y=\frac{1}{x^2}$, the line $x=1$ and the x-axis .

Solution:

$$\int_1^{+\infty}\frac{1}{x^2}=\lim_{b\to+\infty}\int_1^b\frac{1}{x^2}dx=\lim_{b\to+\infty}[-\frac{1}{x}]_1^b=\lim_{b\to+\infty}(1-\frac{1}{b})=1$$

In this case, the limit is finite. So the improper integral is convergent.

2. Integrands with Infinite Discontinuities 积分区间上某点函数值为无穷不连续点的积分

①If $f(x)$ is continuous on $(a, b]$, then

$$\int_a^b f(x)\,dx=\lim_{c\to a^+}\int_c^b f(x)\,dx$$

②If $f(x)$ is continuous on $[a, b)$, then

$$\int_a^b f(x)\,dx=\lim_{c\to b^-}\int_a^c f(x)\,dx$$

③If $f(x)$ is continuous on $[a, c)\cup(c, b]$, then

$$\int_a^b f(x)\,dx=\int_a^c f(x)\,dx+\int_c^b f(x)\,dx=\lim_{d\to c^-}\int_a^d f(x)\,dx+\lim_{e\to c^+}\int_e^b f(x)\,dx$$

Example 19 Find $\int_{-1}^{1} \frac{1}{x} dx$.

Solution: The function $f(x)$ is discontinuous at $x = 0$.

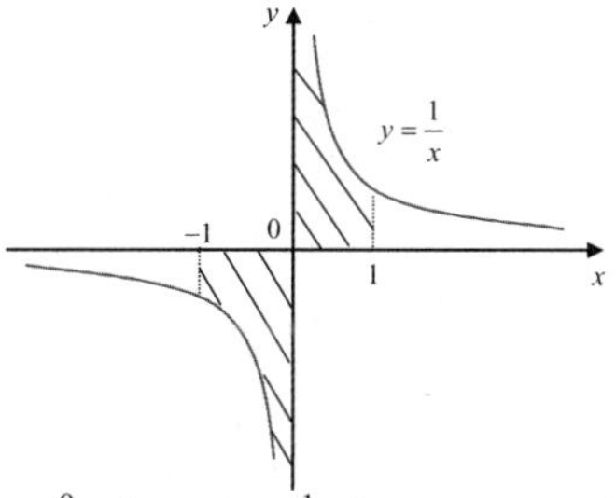

$$\int_{-1}^{1} \frac{1}{x} dx = \int_{-1}^{0} \frac{1}{x} dx + \int_{0}^{1} \frac{1}{x} dx = \lim_{a \to 0^-} \int_{-1}^{a} \frac{1}{x} dx + \lim_{b \to 0^+} \int_{b}^{1} \frac{1}{x} dx$$

$$= \lim_{a \to 0^-} (\ln |a| - 0) + \lim_{b \to 0^+} (0 - \ln |b|)$$

The limit is infinite, so the improper integral is divergent.

Example 20 Find $\int_{-1}^{1} \frac{1}{x^2} dx$.

Solution: The function $f(x)$ is discontinuous at $x = 0$.

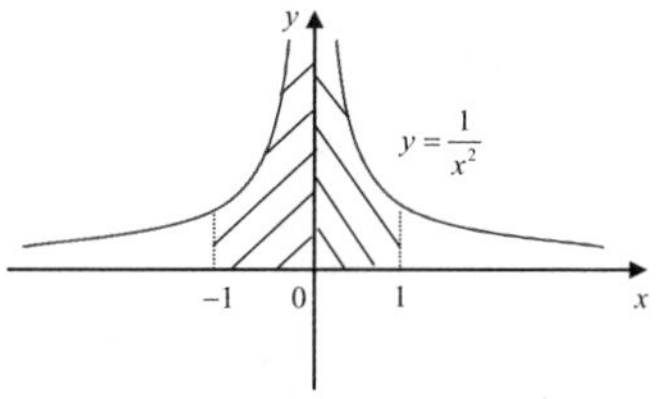

$$\int_{-1}^{1} \frac{1}{x^2} dx = \int_{-1}^{0} \frac{1}{x^2} dx + \int_{0}^{1} \frac{1}{x^2} dx = \lim_{a \to 0^-} \int_{-1}^{a} \frac{1}{x^2} dx + \lim_{b \to 0^+} \int_{b}^{1} \frac{1}{x^2} dx$$

$$= \lim_{a \to 0^-} \left[-\frac{1}{x} \right]_{-1}^{a} + \lim_{b \to 0^+} \left[-\frac{1}{x} \right]_{b}^{1}$$

The limit is infinite, so the improper integral is divergent.

【Practice Problems · 课后练习】

1. Evaluate the following integrals.

(1) $\int_{-1}^{1} x^2 dx$

(2) $\int_{0}^{\pi} (2\sin x - \cos x + 1)\, dx$

(3) $\int_{-2}^{-1} \frac{1}{x}\mathrm{d}x$

(4) $\int_{0}^{2\pi} |\sin 2x|\, dx$

(5) $\int_{-\frac{\pi}{2}}^{\frac{\pi}{2}} \sqrt{1-\cos x}\; dx$

2. Let $f(x) = \begin{cases} x+1 & (x<0) \\ x & (x\geq 0) \end{cases}$, find $\int_{-1}^{1} f(x)\, dx$.

3. Evaluate $\int_{-\frac{\pi}{2}}^{\frac{\pi}{2}} \cos x dx$.

4. Evaluate $\int_{1}^{1} \frac{x+1}{\cos x - \cot x} dx$.

5. Find $\frac{d}{dx}\int_{1}^{x} \cos^2 t dt$.

6. Find $\frac{d}{dx}\int_{-100}^{-x} |t|\, dt$.

7. Find $\frac{d}{dx}\int_{0}^{x^2} \frac{1}{\sqrt{1+\sqrt{t}}} dt$.

8. Approximate the area under the curve $f(x) = x + x^2$ from $x = 0$ to $x = 4$ using four left-endpoint / right-endpoint / midpoint rectangles and four trapezoids.

9. Find $\int_0^{+\infty} \frac{x}{1+x^2}dx$.

10. Find $\int_0^2 \frac{2}{x-1}dx$.

11. Let $f(x) = \int_{\frac{\pi}{3}}^{x^2} \cos(t)\ dt$, which of the following is a critical point of f ?

(A) π (B) $\frac{\pi}{2}$ (C) $\sqrt{\pi}$

(D) $\sqrt{\frac{\pi}{2}}$ (E) None of the above

12. Evaluate $\int_1^4 |3x-6|\,dx$.

13. If $G(x)$ is a antiderivative of $(e^x + 1)$ and $G(0) = 0$, find $G(1)$.

14. If $\int_1^k (2x)\,dx = 8$, find k.

【Story·数学讲堂】

牛顿与莱布尼茨——精英与草根传世之争

微积分的出现具有划时代意义，时至今日，它不仅成了学习高等数学各个分支必不可少的基础，而且是学习近代任何一门自然科学和工程技术的必备工具。现在的微积分学的教程，通常的讲授次序是先极限、再微分、后积分，这与历史顺序正好相反。第一部微积分课本出版于1696年，是洛比达写的。1769年，欧拉论述了二重积分。1773年，拉格朗日考察了三重积分。1837年，波尔查诺给出了级数的现代定义。19世纪分析学的严谨化，是由柯西奠基的。现在课本中的极限、连续性定义、把导数看作差商的极限、把定积分看作和的极限等等，实质上都是柯西提出的。进一步完成这一工作的是威尔斯特拉斯，他给出了现在使用的精确的极限定义，并同狄德金、康托于19世纪70年代建立了严格的实数理论，使微积分有了坚固可靠的逻辑基础。微积分学的建立，最重要的工作是由牛顿和莱布尼兹各自独立完成的。他们认识到微分和积分实际上是一对逆运算，从而给出了微积分学基本定理，即“牛顿－莱布尼兹公式”。

1. 牛顿的微积分工作

牛顿于1664年秋开始研究微积分问题，在家乡躲避瘟疫期间取得了突破性进展。1666年牛顿将其前两年的研究成果整理成一篇总结性论文《流数简论》，这也是历史上第一篇系统的微积分文献。在简论中，牛顿以运动学为背景提出了微积分的基本问题，发明了“正流数术”（微分）；从确定面积的变化率入手通过反微分计算面积，又建立了“反流数术”（积分）；并将面积计算与求切线问题的互逆关系作为一般规律明确地揭示出来，将其作为微积分普遍算法的基础论述了“微积分基本定理”。这样，牛顿就以正、反流数术亦即微分和积分，将自古以来求解无穷小问题的各种方法和特殊技巧有机地统一起来。正是在这种意义下，牛顿创立了微积分。

牛顿对于发表自己的科学著作持非常谨慎的态度。1687年，牛顿出版了他的力学巨著《自然哲学的数学原理》，这部著作中包含了他的微积分学说，也是牛顿微积分学说的最早的公开表述，因此在数学史上具有划时代的意义。而他的微积分论文直到18世纪初才在朋友的再三催促下相继发表。

2. 莱布尼茨的微积分工作

1684年，莱布尼茨整理概括自己1673年以来微积分研究的成果，在《教师学报》上发表了第一篇微分学论文《一种求极大值与极小值以及求切线的新方法》（简称《新方法》），它包含了微分记号以及函数和、差、积、商、乘幂与方根的微分法则，还包含了微分法在求极值、拐点以及光学等方面的广泛应用。1686年，莱布尼茨又发表了他的第一篇积分学论文，这篇论文初步论述了积分或求积问题与微分或切线问题的互逆关系，包含积分符号并给出了摆线方程。莱布尼茨对微积分学基础的解释和牛顿一样也是含混不清的，有时是有穷量，有时又是小于任何指定的量，但不是零。

3. 牛顿和莱布尼兹各自独立创立了微积分

牛顿和莱布尼茨就微积分的创立而言，尽管二者在背景、方法和形式上存在差异、各有特色，但二者的功绩是相当的。然而，一名移居英国的瑞士人的一本小册子却引起了"科学史上最不幸的争论"：微积分发明优先权的争论。瑞士数学家德丢勒在这本小册子中认为，莱布尼茨的微积分工作从牛顿那里有所借鉴。之后莱布尼茨又被英国数学家指责为剽窃者。这样就引发了支持莱布尼茨的欧陆数学家和支持牛顿的英国数学家两派的不和，二者甚至互相尖锐地攻击对方。这件事的结果，使得两派数学家在数学的发展上分道扬镳，停止了思想交换。据一些科学史记载，这两个好朋友最后发展到英国科学家在伦敦王家学会会刊上公开指控。当时王家学会会长的牛顿还成立了一个由其支持者组成的委员会调查此事，调查结果也认定莱布尼茨剽窃。这个调查结果据说是牛顿自己起草的，他还匿名写了一篇攻击莱布尼茨的长篇文章。

在牛顿和莱布尼茨二人去世后很久，事情终于得到澄清，调查证实两人确实是相互独立地完成了微积分的发明，就发明时间而言，牛顿早于莱布尼茨；就发表时间而言，莱布尼茨先于牛顿。

4. 严格微积分的奠基者：柯西和魏尔斯特拉斯

微积分学创立以后，由于运算的完整性和应用的广泛性，使微积分学成了研究自然科学的有力工具。但微积分学中的许多概念都没有精确的定义，特别是对微积分的基础——无穷小概念的解释不明确，在运算中时而为零，时而非零，出现了逻辑上的困境。多方面的批评和攻击没有使数学家们放弃微积分，相反却激起了数学家们为建立微积分的严格而努力。从而也掀起了微积分乃至整个分析的严格化运动。

18 世纪，欧陆数学家们力图以代数化的途径来克服微积分基础的困难，这方面的主要代表人物是达朗贝尔(d' Alembert,1717－1783)、欧拉和拉格朗日。达朗贝尔定性地给出了极限的定义，并将它作为微积分的基础，他认为微分运算"仅仅在于从代数上确定我们已通过线段来表达的比的极限"；欧拉提出了关于无限小的不同阶零的理论；拉格朗日也承认微积分可以在极限理论的基础上建立起来，但他主张用泰勒级数来定义导数，并由此给出我们现在所谓的拉哥朗日中值定理。欧拉和拉格朗日在分析中引入了形式化观点，而达朗贝尔的极限观点则为微积分的严格化提供了合理内核。

19 世纪分析的严密性真正有影响的先驱则是法国数学家柯西(A－L. Cauchy,1789－1857)。从 1821 年到 1829 年，柯西相继出版了《分析教程》、《无穷小计算教程》以及《微分计算教程》，它们以分析的严格化为目标，对微积分的一系列基本概念给出了明确的定义，在此基础上，柯西严格地表述并证明了微积分基本定理、中值定理等一系列重要定理，定义了级数的收敛性，研究了级数收敛的条件等，他的许多定义和论述已经非常接近于微积分的现代形式。柯西的工作在一定程度上澄清了微积分基础问题上长期存在的混乱，向分析的全面严格化迈出了关键的一步。

然而，柯西的理论只能说是“比较严格”，不久人们便发现柯西的理论实际上也存在漏洞。比如柯西定义极限为：“当同一变量逐次所取的值无限趋向于一个固定的值，最终使它的值与该定值的差可以随意小，那么这个定值就称为所有其他值的极限”，其中“无限趋向于”、“可以随意小”等语言只是极限概念的直觉的、定性的描述，缺乏定量的分析，这种语言在其他概念和结论中也多次出现。

应该指出的是，微积分计算是在实数领域中进行的，但到19世纪中叶，实数仍没有明确的定义，对实数系仍缺乏充分的理解，而在微积分的计算中，数学家们却依靠了假设：任何无理数都能用有理数来任意逼近。当时，还有一个普遍持有的错误观念就是认为，凡是连续函数都是可微的。基于此，柯西时代就不可能真正为微积分奠定牢固的基础。所有这些问题都摆在当时的数学家们面前。

另一位为微积分的严密性做出卓越贡献的是德国数学家魏尔斯特拉斯。他定量地给出了极限概念的定义，这就是今天极限论中的“$\varepsilon-\delta$”方法。魏尔斯特拉斯用他创造的这一套语言重新定义了微积分中的一系列重要概念，特别地，他引进的一致收敛性概念消除了以往微积分中不断出现的各种异议和混乱。另外，魏尔斯特拉斯认为实数是全部分析的本源，要使分析严格化，就先要使实数系本身严格化。而实数又可按照严密的推理归结为整数。因此，分析的所有概念便可由整数导出。这就是魏尔斯特拉斯所倡导的“分析算术化”纲领。基于魏尔斯特拉斯在分析严格化方面的贡献，在数学史上，他获得了“现代分析之父”的称号。

（资料来源：http://baike.baidu.com/view/3139.htm）

Chapter 10

Applications of Integration 定积分应用

【Vocabulary·词汇梳理】

Washers method "垫圈"法

[引]disk method 圆盘法

vertical slices 垂直切片法

horizontal slices 水平切片法

infinitely thin strips 无限薄的"条"

intersect 相交

cylindrical shell method 圆柱壳法

Cross-section 横截面

[引]isosceles right triangle 等腰直角三角形

hypotenuse (直角三角形的)斜边

set up but do not evaluate the integral 只需列式，不用求值

【Topics·知识精讲】

10.1 The Mean Value Theorem for Integrals 积分中值定理

If $f(x)$ is continuous on $[a, b]$, there is a number c between a and b, such that

$$\int_a^b f(x)\,dx = f(c)(b-a)$$

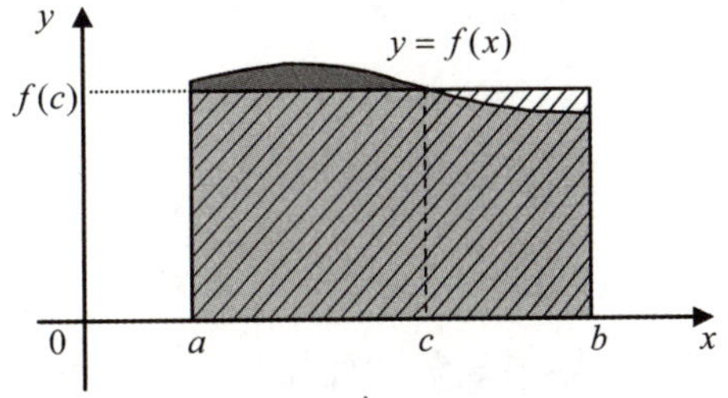

$$A = \int_a^b f(x)\,dx$$

The number $f(c)$ gives us **the average value** of $f(x)$ on $[a, b]$:

$$f(c)=\frac{1}{(b-a)}\int_a^b f(x)\,dx$$

It is called the Mean Value Theorem for integral (MVT).

Example 1 Find the average value of $f(x)=x^2$ from $x=2$ to $x=4$.

Solution: The function $f(x)=x^2$ is continuous on $[2, 4]$ and the average value of $f(x)$ is

$$\frac{1}{(4-2)}\int_2^4 (x^2)\,dx=\frac{1}{2}\left[\frac{x^3}{3}\right]_2^4=\frac{28}{3}$$

Example 2 Find the average value of $f'(x)=\sin x$ from $x=0$ to $x=\pi$.

Solution: The function $f'(x)=\sin x$ is continuous on $[0,\pi]$ and the average value of $f'(x)$ is

$$\frac{1}{(\pi-0)}\int_0^{\pi} (\sin x)\,dx=\frac{1}{\pi}\times[-\cos x]_0^{\pi}=\frac{2}{\pi}$$

10.2 Area 面积

1. Rectangular Coordinate 直角坐标系求面积

(1) Vertical Slices 垂直切片法

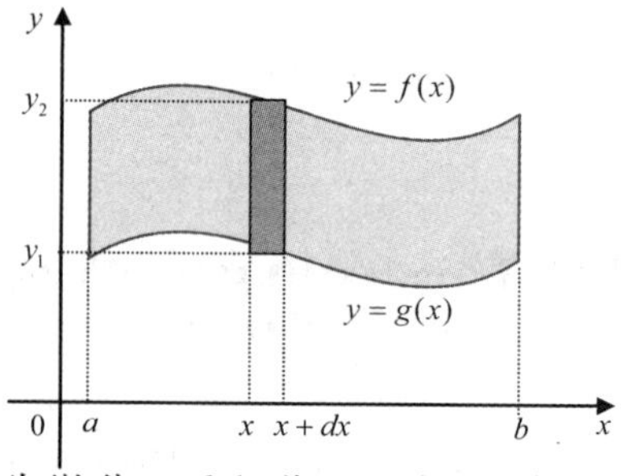

微积分的基本方法在于：先微分，后积分。通俗的讲就是把宏观的计算转变为微观的计算。例如要求上图曲边的面积，现在根据微积分的思想有：

先微分——即把曲边形垂直切割为无穷多个小长方形，每个小长方形的宽度为 dx，高度为 y_2-y_1，则小长方形的面积为$(y_2-y_1)dx$；

后积分——即把这无穷多个小长方形的面积加起来，即取积分：

$$\int_a^b (y_2-y_1)\,dx=\int_a^b [f(x)-g(x)]\,dx$$

对于类似于上图在某个区间上一条函数图像完整的在另外一条函数图像上方或者下方的曲边形，一般采用垂直切片法求其面积。

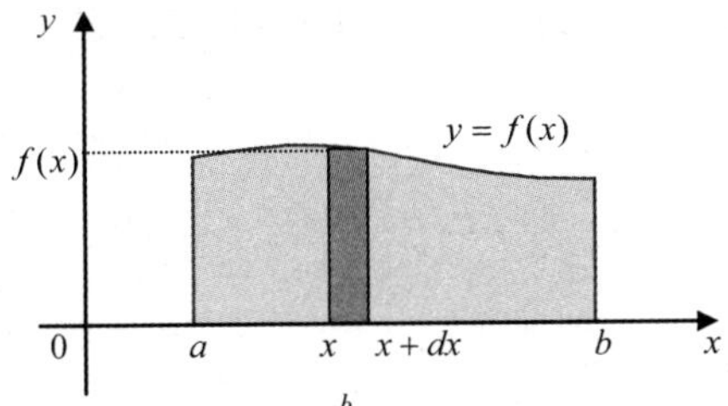

$$A = \int_a^b f(x)\,dx$$

如果函数图像上下交叉则需分区间积分，例如下图：

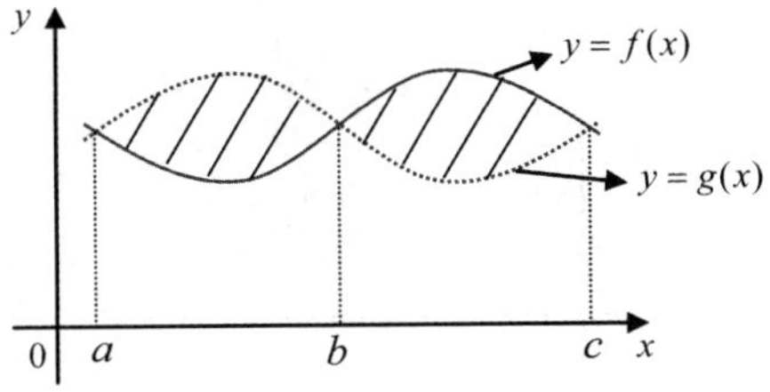

$$A = \int_a^b [g(x) - f(x)]dx + \int_b^c [f(x) - g(x)]dx$$

Example 3 Find the area of the region R bounded by $y = \sin x$ and $y = \cos x$ on the interval $[\frac{\pi}{4}, \frac{5\pi}{4}]$.

Solution: Sketch the graph

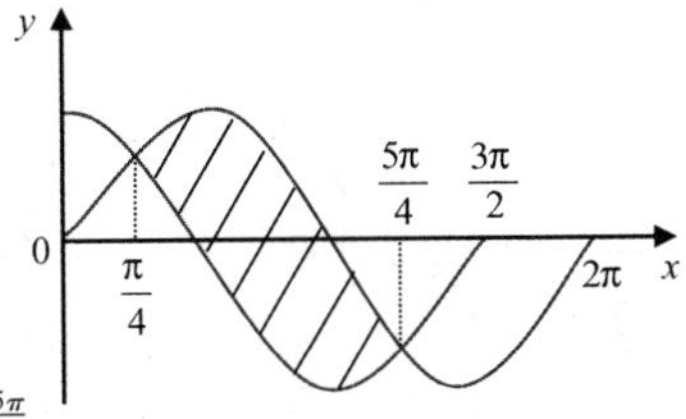

$$A = \int_{\frac{\pi}{4}}^{\frac{5\pi}{4}} [\sin x - \cos x]dx = [-\cos x - \sin x]_{\pi/4}^{5\pi/4} = 2\sqrt{2}$$

Example 4 Find the area of the region R bounded by $y = 2 - x^2$ and $y = -x$.

Solution: Sketch the graph

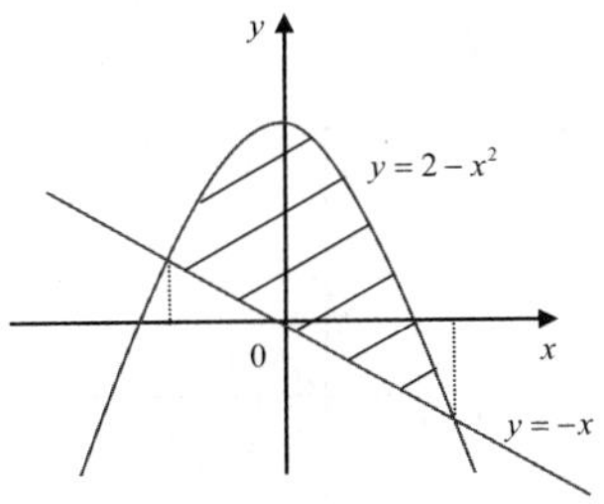

Find the points of intersection

$$2 - x^2 = -x$$

$$x = -1, 2$$

Set up integral

$$A = \int_{-1}^{2} [2 - x^2 - (-x)]\,dx = \int_{-1}^{2} (2 - x^2 + x)\,dx = \left[2x - \frac{x^3}{3} + \frac{x^2}{2}\right]_{-1}^{2} = \frac{9}{2}$$

(2) Horizontal Slices 水平切片法

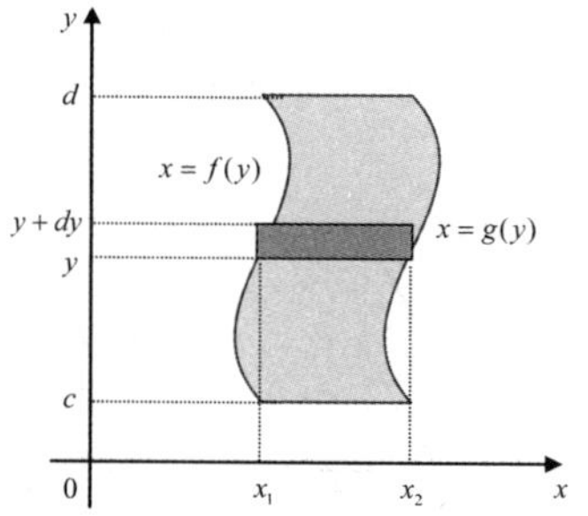

要求上图的面积，按照相同的方法，把曲边形水平切成无穷多个小长方形，每一小长方形的长为$(x_2 - x_1)$，高为 dy，每个小长方形的面积为$(x_2 - x_1)dy$，求所有长方形的面积之和即取积分：

$$\int_c^d (x_2 - x_1)\,dy = \int_c^d [g(y) - f(y)]\,dy$$

与垂直切片类似，当组成曲边形的一条曲线完整的在另外一条曲线左侧或者右侧的时候，可以水平切片。

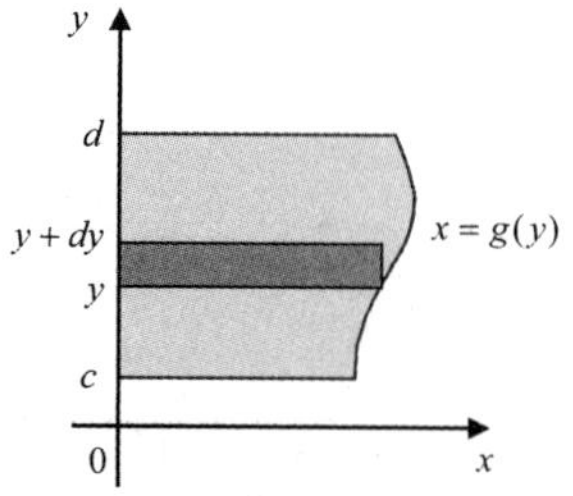

$$A = \int_c^d g(y)\,dy$$

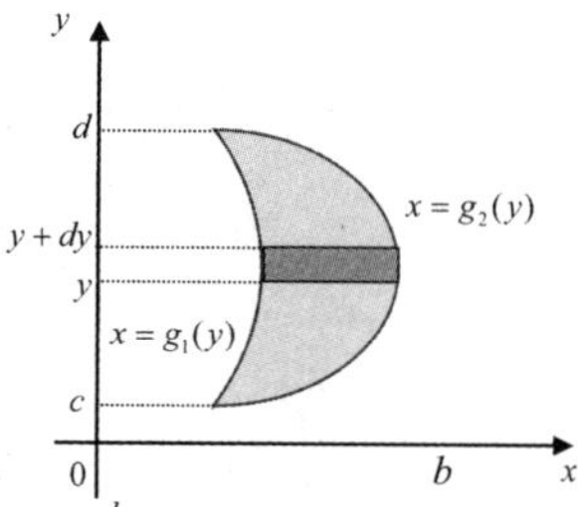

$$A = \int_c^d [g_2(y) - g_1(y)]\,dy$$

Example 5 Find the area of the region bounded by $y = x^3$ and $y = x$.

Solution: Sketch the graph

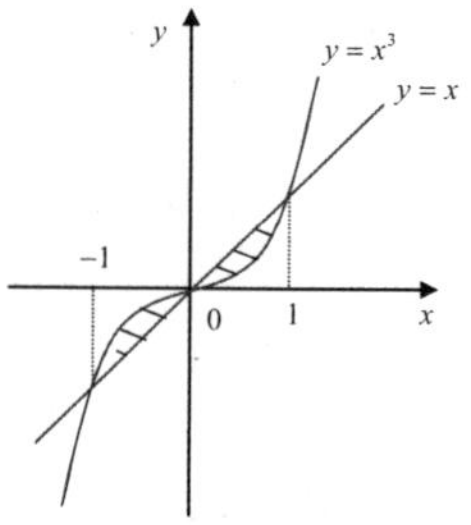

Find the points of intersection

$$\sqrt[3]{y} = y$$

$$y = -1,\ 0,\ 1$$

Set up integral

$$A = \int_{-1}^{0} (y - \sqrt[3]{y})\,dy + \int_{0}^{1} (\sqrt[3]{y} - y)\,dy = 2\int_{0}^{1} (\sqrt[3]{y} - y)\,dy = \frac{1}{2}$$

Example 6 Find the area of the region R bounded by $y^2 = 2x$ and $y = x - 4$.

Solution: Sketch the graph

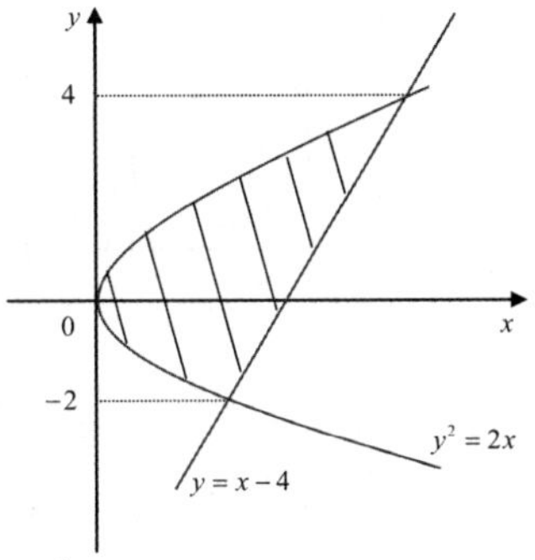

Find the points of intersection

$$\frac{1}{2}y^2 = 4 + y$$

$$y = -2,\ 4$$

Set up integrals

$$A = \int_{-2}^{4} [(4 + y) - \frac{1}{2}y^2)]\,dy = \left[4y + \frac{1}{2}y^2 - \frac{1}{6}y^3\right]_{-2}^{4} = 18$$

2. Polar Coordinate 极坐标求面积*

Find area in polar coordinates.

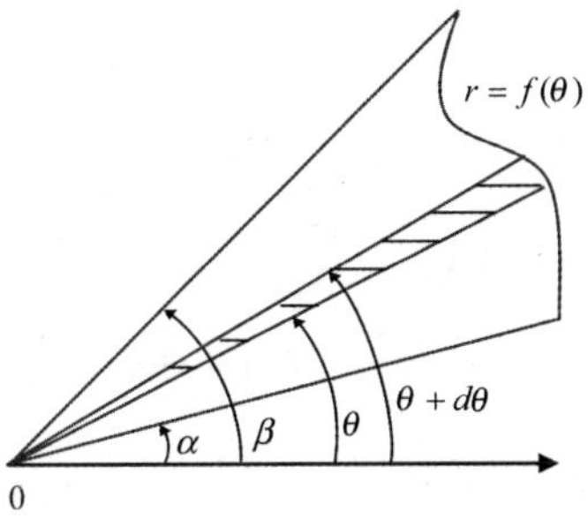

If a continuous curve is defined by the equation $r = f(\theta)$, then the area bounded by the curve $r = f(\theta)$, $\theta = \alpha$ and $\theta = \beta$ is

$$Area = \int_{\alpha}^{\beta} \frac{1}{2} r^2\,d\theta$$

对于上式的理解：按照微积分求面积的基本思想，先将整块面积划分为无穷多个小扇形，每个小扇形面积$\frac{1}{2}r \cdot l = \frac{1}{2}r \cdot rd\theta$，将所有的小扇形面积累积，即取 $\theta = \alpha$ 到 $\theta = \beta$ 的积分。

Example 5 Find the area of the region in the plane enclosed by the cardioids(心脏形曲线) $r = 4 + 4\sin\theta$.

Solution: Sketch the graph using graphing calculator

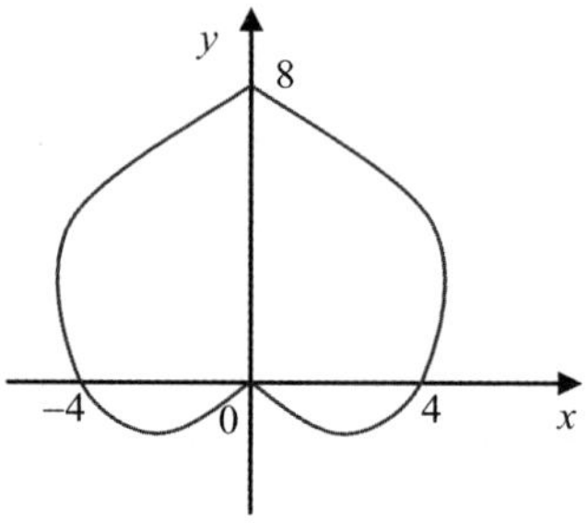

Set up integral

$$A = \int_0^{2\pi} \frac{1}{2}(4 + 4\sin\theta)^2 d\theta = \int_0^{2\pi} (8 + 16\sin\theta + 8\sin^2\theta)\, d\theta$$

$$= \int_0^{2\pi} (12 + 16\sin\theta - 4\cos 2\theta)\, d\theta = 24\pi$$

Example 6 Find the shaded area of the polar curve $r = 1 - 2\cos\theta$ for $0 \leq \theta \leq \pi$.

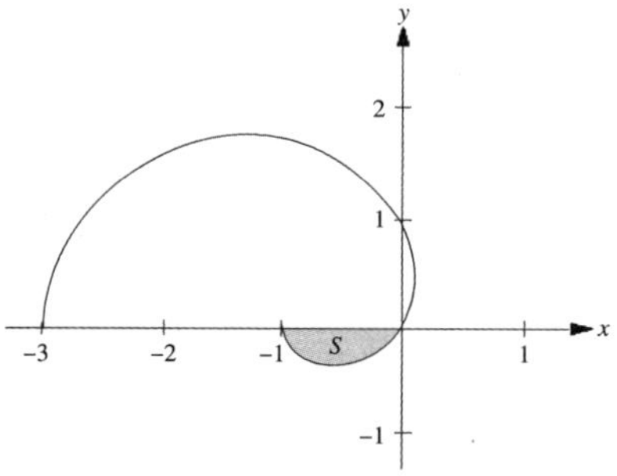

Solution: Let $r = -1$, then $1 - 2\cos\theta = -1$, $\theta = 0$;

Let $r = 0$, then $1 - 2\cos\theta = 0$, $\theta = \frac{\pi}{3}$.

From the graph, we know the area of the shaded area is

$$A = \int_0^{\frac{\pi}{3}} \frac{1}{2}(1 - 2\cos\theta)^2 d\theta = \frac{1}{2}\int_0^{\frac{\pi}{3}} \frac{1}{2}(1 - 4\cos\theta + 4\cos^2\theta)\, d\theta$$

$$= \frac{1}{2}\int_0^{\frac{\pi}{3}} (1 - 4\cos\theta + 4 \times \frac{1 + \cos 2\theta}{2})\, d\theta$$

$$= \int_0^{\frac{\pi}{3}} \frac{1}{2}(3 - 4\cos\theta + 2\cos 2\theta)\, d\theta = \frac{1}{2}[3\theta - 4\sin\theta + \sin 2\theta]_0^{\frac{\pi}{3}} = \frac{\pi}{2} - \frac{3\sqrt{3}}{4}$$

极坐标方程求面积最大的难点在于找积分的范围，即 α,β 的取值。为了帮助读者解决此问题，请理解以下内容：

极坐标下的面积是由两条直线和极坐标方程代表边的曲线围成的。两条直线分别是由极坐标方程曲线的起点和极点连成的起始直线以及终点和极点连成的终边直线。因此只要找到起始直线和终边直线，对应就找到了曲线的起点和终点，起点坐标(r_1, θ_1)和终点坐标(r_2, θ_2)中 $\alpha=\theta_1$，$\beta=\theta_2$，即为积分的区间$[\alpha, \beta]$。

上例中阴影部分面积由点 A 和极点 O，点 B 和极点 O 两条直线以及 $r=1-2\cos\theta$ 表示的曲线围成的，两点坐标为 $A(-1, 0)$，$B(0, \frac{\pi}{3})$，积分区间为$[0, \frac{\pi}{3}]$。

10.3 Volume 体积

Solid of revolution is a solid generated by a plane region revolving about a fixed line. This line is called the axis.

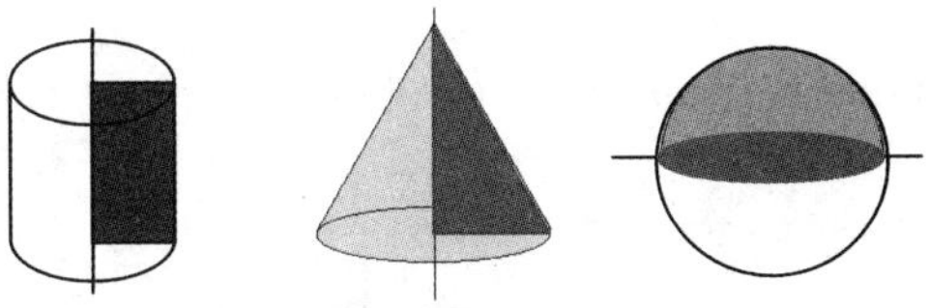

1. Disk method and Washer method "圆盘"法和"垫圈"法

(1) If the solid of revolution is obtained by revolving the plane region R (bounded by $y=f(x)$, $x=a$, $x=b$ and x-axis) about the x-axis. Choose x as interval variable, and choose subinterval $[x, x+dx]$, the element of V is $\pi[f(x)]^2dx$.

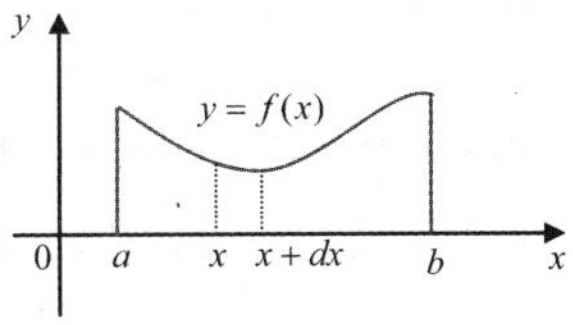

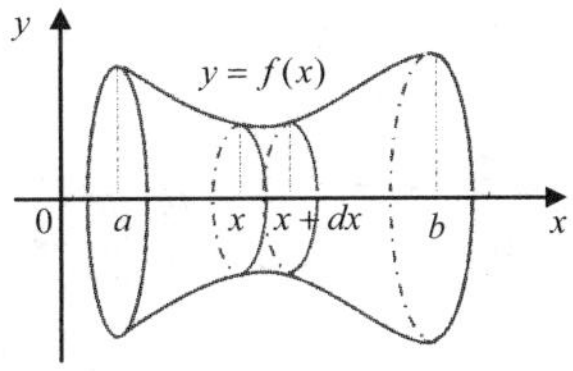

Then the volume of the solid is:

$$V=\int_a^b \pi\,[f(x)]^2dx$$

对于上式的理解：把被旋转的区域垂直旋转轴切成无穷多个长方形，每一长方形绕轴旋转一圈后得到一个高度为 dx，底面半径为 $f(x)$ 的圆柱，此圆柱体积为 $\pi[f(x)]^2dx$，求无穷多个此圆柱的体积之后即积分：

$$\int_a^b \underbrace{\boxed{\pi[f(x)]^2}}_{\text{底面积}} \underbrace{\boxed{dx}}_{\text{高}}$$

(2) The plane region R bounded above by $y = g(x)$ and below by $y = f(x)$ on the interval $[a, b]$. Then the solid of revolution is obtained by revolving the region about x-axis.

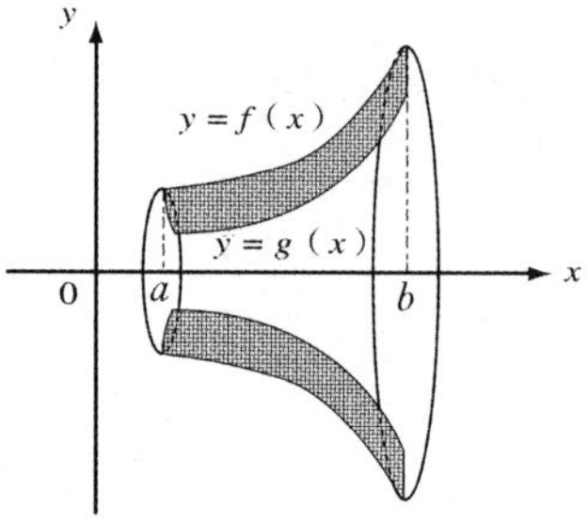

The volume of the solid is:

$$V = \int_a^b \pi[(f(x))^2 - (g(x))^2]dx$$

(3) If the solid of revolution is obtained by revolving the plane region R bounded by $x = g(y)$, and $y = c$, $y = d$ and y-axis.

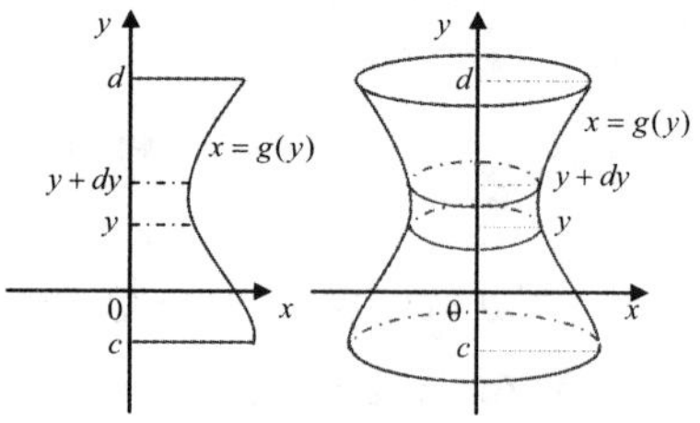

The volume of the solid is:

$$V = \int_c^d \pi[g(y)]^2dy$$

(4) If the solid of revolution obtained by revolving the plane region R bounded on the right by $x = g(y)$ and on the left by $x = f(y)$ on the interval $[c, d]$.

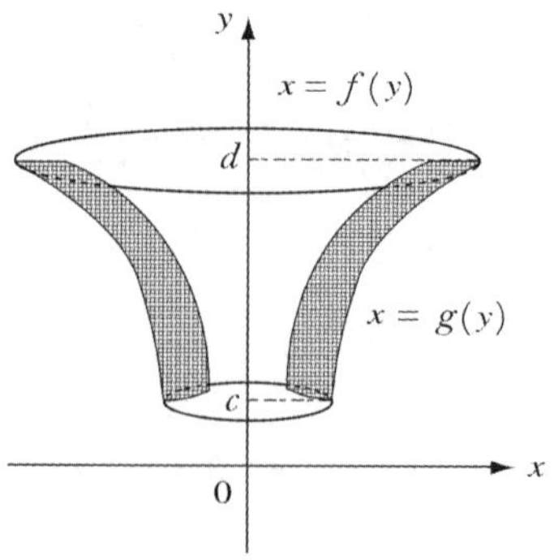

The volume of the solid is:

$$V = \int_c^d \pi[(g(y))^2 - (f(y))^2]\,dy$$

Example 7 Find the volume of the solid that results when the region between the curve $y = \sqrt{x}$ and the x-axis, from $x = 0$ to $x = 4$, is revolved about the x-axis.

Solution: Draw a sketch

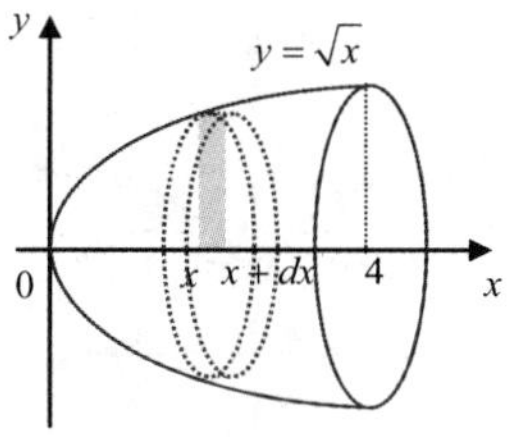

Set up integral

$$V = \pi \int_0^4 (\sqrt{x})^2\,dx = \pi\left[\frac{x^2}{2}\right]_0^4 = 8\pi$$

Example 8 Find the volume of the solid that results when the region bounded by the curve $y = x$ and $y = x^2$, from $x = 0$ to $x = 1$, is revolved about the x-axis.

Solution: Draw a sketch

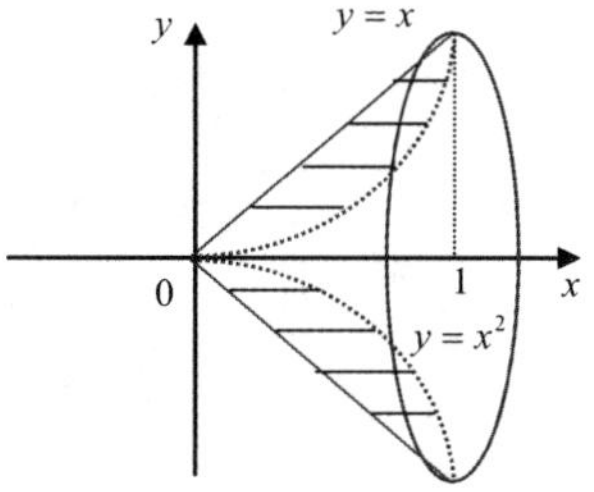

Set up integral

$$V = \pi \int_0^1 (x^2 - x^4)\,dx = \pi\left[\frac{x^3}{3} - \frac{x^5}{5}\right]_0^1 = \frac{2\pi}{15}$$

Example 9 Find the volume of the solid that results when the region bounded by the curve $x = \frac{2}{y}$, from $y = 1$ to $y = 4$, is revolved about the y-axis.

Solution: Draw a sketch

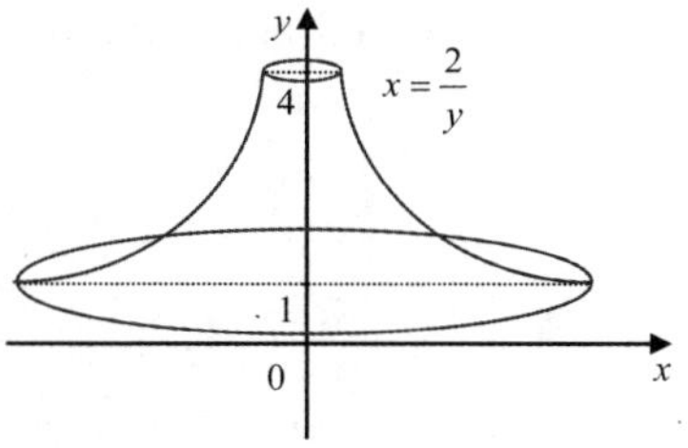

Set up integral

$$V=\pi\int_1^4\left(\frac{2}{y}\right)^2 dy=\pi\int_1^4\left(\frac{4}{y^2}\right)dy=4\pi\left[-\frac{1}{y}\right]_1^4=3\pi$$

Example 10 Find the volume of the solid that results when the region bounded by the curve $x=y^2$ and $x=y^3$, from $y=0$ to $y=1$, is revolved about the y-axis.

Solution: Draw a sketch

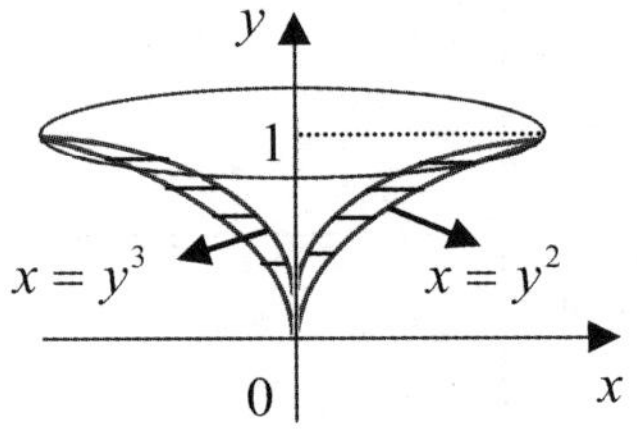

Set up integral

$$V=\pi\int_0^1 (y^4-y^6)\,dy=\pi\left[\frac{y^5}{5}-\frac{y^7}{7}\right]_0^1=\frac{2}{35}\pi$$

Example 11 Find the volume of the solid that results when the region bounded by the curve $y=x^2$ and $y=x$, from $x=0$ to $x=1$, is revolved about the line $y=-2$.

Solution: Draw a sketch

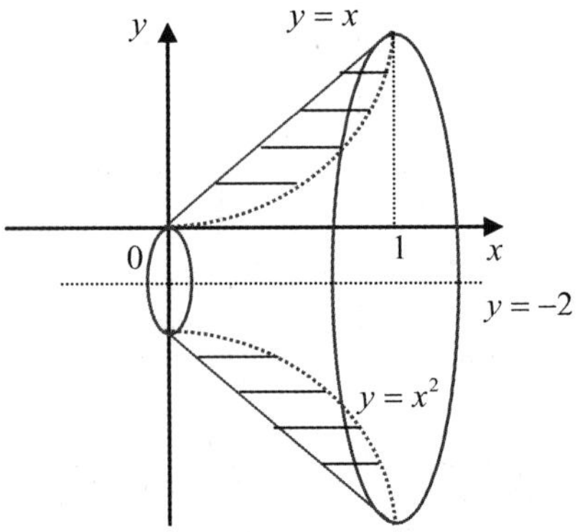

Set up integral

$$V=\pi\int_0^1 [(x+2)^2-(x^2+2)^2]\,dx=\frac{4}{5}\pi$$

Example 12 Find the volume of the solid that results when the region bounded by the curve $y=x^2$ and $y=x$, from $y=0$ to $y=1$, is revolved about the line $x=-2$.

Solution: Draw a sketch

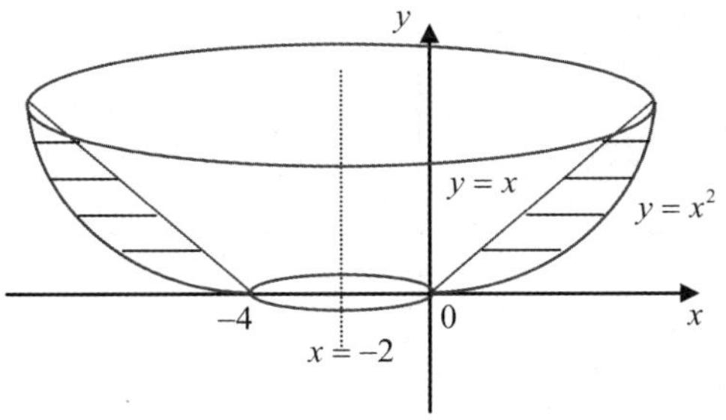

Set up integral

$$V=\pi\int_0^1[(\sqrt{y}+2)^2-(y+2)^2]dy=\frac{5}{6}\pi$$

2. Cylindrical Shells 圆柱壳法

(1) The plane region R bounded above by $y=f(x)$ and below by $y=g(x)$ on the interval $[a, b]$. Suppose we revolve the region about the y-axis, then we get the volume of the solid:

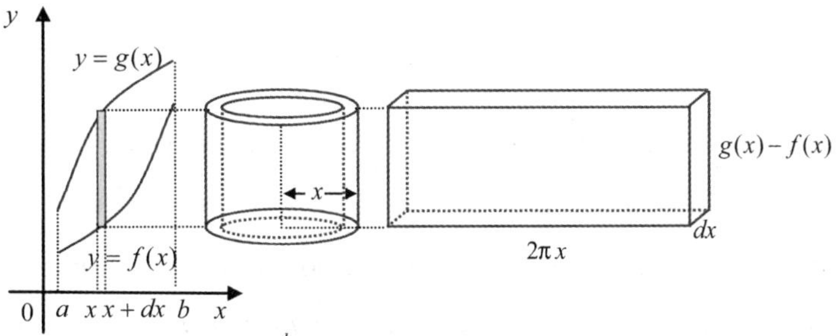

$$V=\int_a^b 2\pi x\cdot[g(x)-f(x)]dx$$

对于上式的理解：把被旋转区域垂直 x 轴切成无穷多个长方形，每一个长方形绕 y 轴旋转一圈形成高度为$[g(x)-f(x)]$，底面半径为 x，壁厚为 dx 的空心圆柱。由于壁厚很小，可将此圆柱沿母线方向切开，切开后为一个长方体。根据长方体体积公式，其体积为 $2\pi x[g(x)-f(x)]dx$,求无穷多个此长方体的体积之和即积分：

$$\int_a^b \underset{\text{长}}{\underbrace{\boxed{2\pi x}}}\,[\underset{\text{高}}{\underbrace{\boxed{g(x)-f(x)}}}]\,\underset{\text{宽}}{\underbrace{\boxed{dx}}}$$

(2) The plane region R bounded on the right of $x=g(y)$ and on the left of $x=f(y)$ on the interval $[c, d]$. Suppose we revolve the region about the x-axis, then we get the volume of the solid:

$$V=\int_c^d 2\pi y\cdot[g(y)-f(y)]dy$$

Example 13 Find the volume of the region that when bounded by the curve $y=\sqrt{x}$, the x-axis, and the line $x=9$ is revolved about the y axis. ***Set up but do not evaluate the integral.***

Solution: Draw a sketch

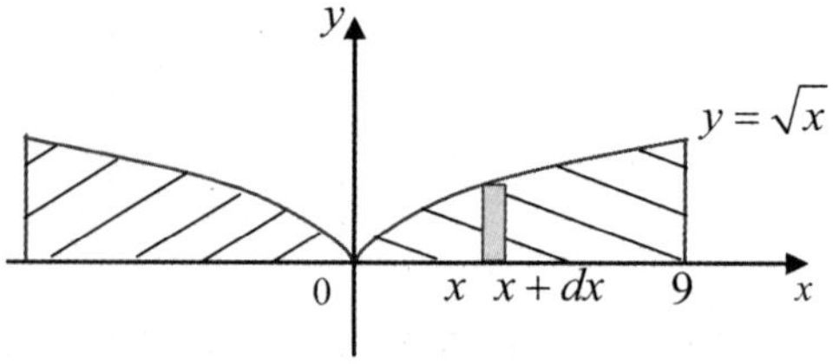

Set up integral

$$V = \int_0^9 (2\pi x\sqrt{x})\,dx$$

此题另解：上述解法为把被旋转区域垂直 x 轴切为无穷多个长方形，长方形绕轴旋转形成空心圆柱。若按照 washer method，则为：

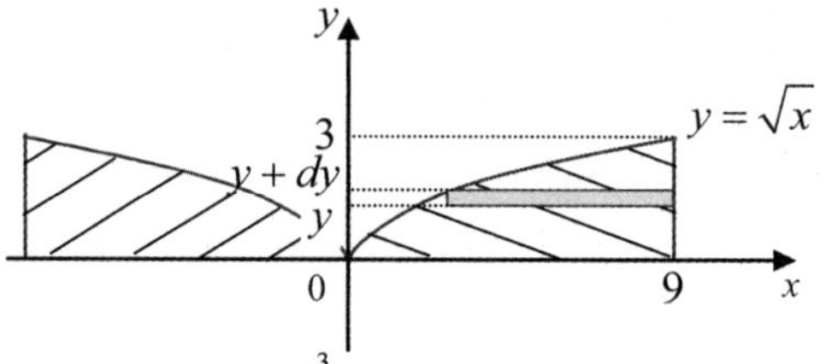

$$V = \int_0^3 \pi(9^2 - y^4)\,dy$$

有兴趣的读者可以分别计算两式最后的结果，看最终结果是否相等。

Example 14 Find the volume of the region that when bounded by the curve $y=\sqrt{x}$,the x-axis, and the line $x=9$ is revolved about the line $x=-2$. ***Set up but do not evaluate the integral.***

Solution: Draw a sketch

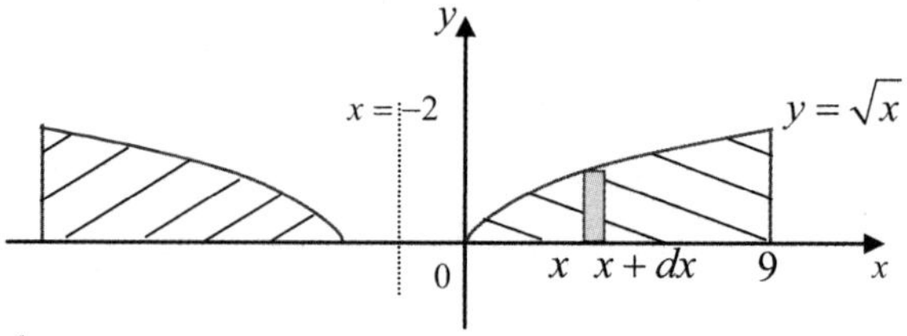

Set up integral

$$V = \pi\int_0^3 [(9+2)^2 - (y^2+2)^2]\,dy = \int_0^9 2\pi(x+2)\cdot\sqrt{x}\,dx$$

3. Volumes of Solids with Known Cross-sections 已知横截面的固体体积

Consider a solid with the property that cross sections perpendicular to x-axis has known area $A(x)$. Then the volume of the solid from $x=a$ to $x=b$ is:

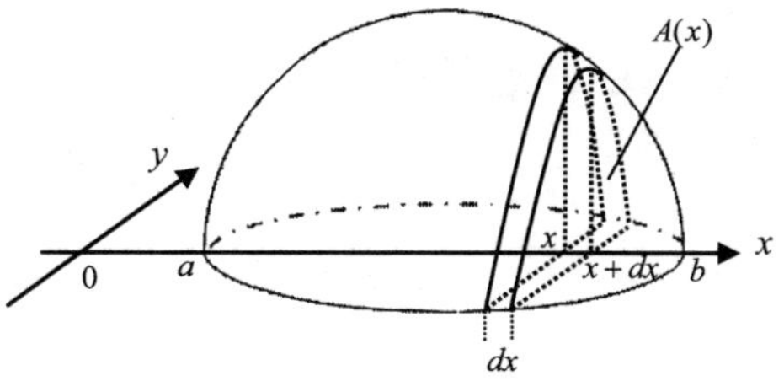

$$V = \int_a^b A(x)\,dx$$

Example 15 Find the volume of the solid whose base is the region between the semi-circle $y = \sqrt{16 - x^2}$ and the x-axis, and whose cross-sections perpendicular to the x-axis are squares with a side on the base.

Solution: Draw a sketch

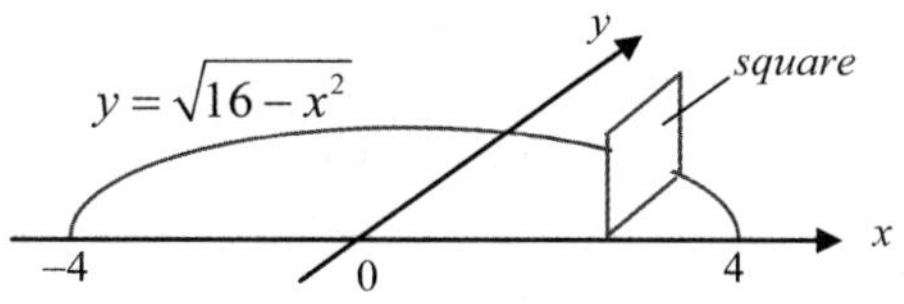

The side of the square is $\sqrt{16 - x^2}$. The area of a cross section is

$$A(x) = (\sqrt{16 - x^2})^2$$

Set up integral

$$V = \int_{-4}^{4} (16 - x^2)\,dx = \frac{256}{3}$$

Example 16 Find the volume of the solid whose base is the region between $y = \sin x (0 \leq x \leq \pi)$ and the x-axis, and whose cross-sections perpendicular to the x-axis are equilateral triangles with a side on the base. ***Set up but do not evaluate the integral.***

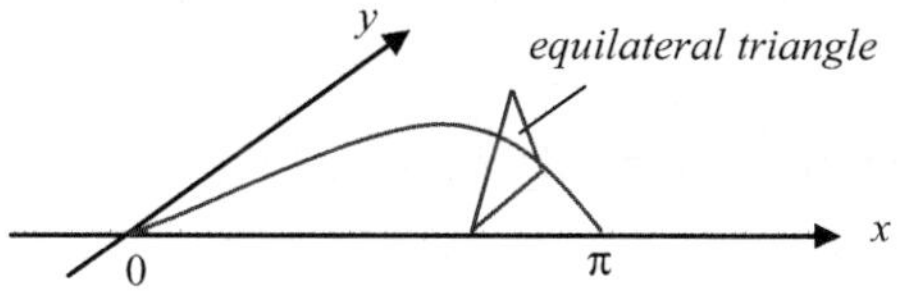

Solution: The side of the equilateral triangle is $\sin x$. The area of a cross section is

$$A(x) = \frac{\sqrt{3}}{4}(\sin x)^2$$

Set up integral

$$V = \int_0^{\pi} \left[\frac{\sqrt{3}}{4}(\sin x)^2\right] dx$$

10.4 Length of a Curve 曲线长度

1. If the smooth curve is given by $y=f(x)\,(a\le x\le b, c\le y\le d)$, the length of the curve from $x=a$ to $x=b$ is

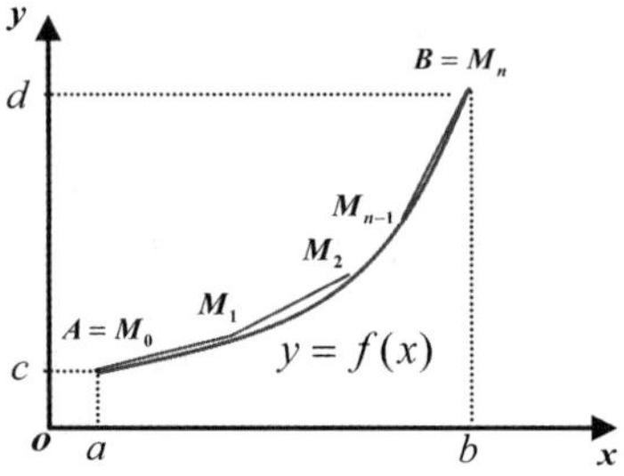

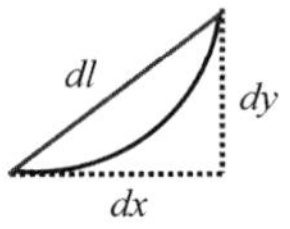

$$dl=\sqrt{(dx)^2+(dy)^2}=\sqrt{(dx)^2[1+(\frac{dy}{dx})^2]}=\sqrt{1^2+(\frac{dy}{dx})^2}\,dx$$

$$L=\int_a^b\sqrt{1+(\frac{dy}{dx})^2}\,dx$$

$$dl=\sqrt{(dx)^2+(dy)^2}=\sqrt{(dy)^2[(\frac{dx}{dy})^2+1]}=\sqrt{(\frac{dx}{dy})^2+1^2}\,dy$$

$$L=\int_c^d\sqrt{1+(\frac{dx}{dy})^2}\,dy$$

Example 17 Find the length of the arc of the curve $y=x^{\frac{3}{2}}$ from the point (1, 1) to the point(4, 8).

Solution: Find the derivative of the function

$$\frac{dy}{dx}=\frac{3}{2}x^{\frac{1}{2}}$$

Set up integral

$$L=\int_1^4\sqrt{1+(\frac{dy}{dx})^2}dx=\int_1^4\sqrt{1+(\frac{3}{2}x^{\frac{1}{2}})^2}dx=\int_1^4\sqrt{1+\frac{9x}{4}}dx\approx 7.634$$

2. If the smooth curve is given parametrically by $x=x(t)$, $y=y(t)$, $\alpha\le t\le\beta$, the length of the curve is

$$L=\int_\alpha^\beta\sqrt{(\frac{dx}{dt})^2+(\frac{dy}{dt})^2}\,dt$$

对上式推导如下：

$$\sqrt{1+(\frac{dy}{dx})^2}dx=\sqrt{1+\left(\frac{\frac{dy}{dt}}{\frac{dx}{dt}}\right)^2}\,dx=\sqrt{\frac{(\frac{dx}{dt})^2+(\frac{dy}{dt})^2}{(\frac{dx}{dt})^2}\cdot(dx)^2}=\sqrt{\left[(\frac{dx}{dt})^2+(\frac{dy}{dt})^2\right]\cdot(dt)^2}$$

$$L = \int_{\alpha}^{\beta} \sqrt{\left[\left(\frac{dx}{dt}\right)^2 + \left(\frac{dy}{dt}\right)^2 \right]} \, dt$$

Example 18 Which of the following gives the length of the path described by the parametric equation $x = \sin(t^2)$ and $y = e^{2t}$ from $t = 0$ to $t = \pi$?

(A) $\int_0^{\pi} \sqrt{\sin^2(t^2) + e^{4t}} \, dt$

(B) $\int_0^{\pi} \sqrt{\cos^2(t^2) + e^{4t}} \, dt$

(C) $\int_0^{\pi} \sqrt{4t^2\cos^2(t^2) + 4e^{4t}} \, dt$

(D) $\int_0^{\pi} \sqrt{2t^2\cos(t^2) + 2e^{2t}} \, dt$

(E) $\int_0^{\pi} \sqrt{\cos^2(2t) + e^{2t}} \, dt$

Solution: $\frac{dx}{dt} = 2t\cos(t^2)$ and $\frac{dy}{dt} = 2e^{2t}$

$$L = \int_{\alpha}^{\beta} \sqrt{\left[\left(\frac{dx}{dt}\right)^2 + \left(\frac{dy}{dt}\right)^2 \right]} dt = \int_0^{\pi} \sqrt{[(2t\cos(t^2))^2 + (2e^{2t})^2]} dt$$

$$= \int_0^{\pi} \sqrt{[4t^2(\cos(t^2))^2 + 4(e^{4t})]} dt$$

The correct answer is C.

10.5 Accumulated Change 累积变化

Example 19 Water is leaking from a tank at the rate of $V(t) = 10e^{-0.5t}$ gallons per hour, where t is measured in hours. How many gallons of water will have leaked from the tank after a 24 hour period?

Solution: Let $L(x)$ represents the number of gallons that have leaked after x hours.

$$L(x) = \int_0^{x} V(t)\,dt \Rightarrow L(24) = \int_0^{24} 10e^{-0.5t} dt$$

Using your calculator, you can get $L(24) \approx 20{,}000$ gallons.

(**Tips**: 此种类型的题在考试中十分常见，并需要使用计算器求解。)

【Practice Problems · 课后练习】

1. Find the average value of $f(x) = x + x^2$ from $x = 0$ to $x = 4$.

2. Find the area of the region R bounded by $y^2 = 2x$ and $y^2 = -2(x - 4)$.

3. Find the area of the region between the two curves in each problem:

   (1) the curve $y = x^2$ and the curve $y = 4x - x^2$;

   (2) the curve $y = x^2 - 4x - 5$ and the curve $y = 2x - 5$.

4. Find the area inside $r = 2\cos\theta$ and outside $r = 1$.

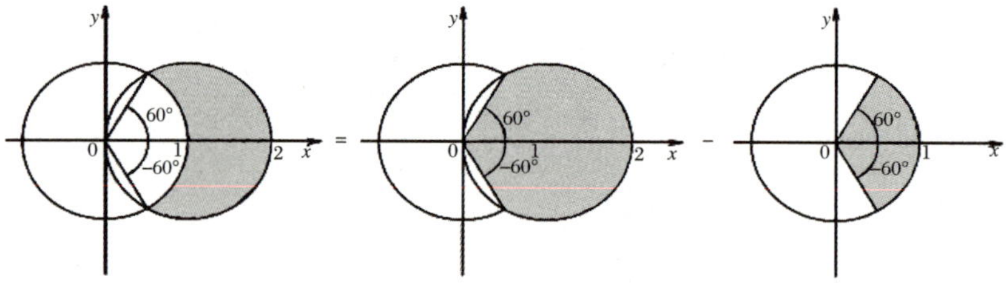

5. A solid is generated when the region in the first quadrant enclosed by the graph of $y = (1 + x^2)^3$, the line $x = 1$, the x-axis, and the y-axis is revolved about the x-axis. Its volume is found by evaluating which of the following integrals?

   (A) $\pi \int_1^8 (x^2 + 1)^3 dx$

   (B) $\pi \int_1^8 (x^2 + 1)^6 dx$

   (C) $\pi \int_0^4 (x^2 + 1)^3 dx$

   (D) $\pi \int_0^1 (x^2 + 1)^6 dx$

   (E) $2\pi \int_0^1 (x^2 + 1)^6 dx$

6. Find the volume generated by revolving the region enclosed by the graphs $y = 9 - x^2$ and $y = 9 - 3x$ about the x-axis.

7. Use the method of cylindrical shells to find the volume of the solid that results when the region bounded by $y = \sqrt{x}$, $y = 2x - 1$ and $x = 0$ is revolved around the y-axis.

8. Use the method of cylindrical shells to find the volume of the solid that results when the region bounded by $y = x^2$, $y = 4$ and $x = 0$ is revolved around the x-axis.

9. Find the volume of the solid whose base is the region between $y = x^2$ and $y = 4$, and whose perpendicular cross-sections to x-axis are isosceles right triangles with the hypotenuse on the base.

10. Find the length of the arc of a cycloid $x = a(t - \sin t)$, $y = a(1 - \cos t)$ $(0 \leq t \leq 2\pi)$.

11. Oil is leaking from a tank at the vate of $f(t) = 5e^{-0.1t}$ gallons/hour, where t is measured in hours. Write an integral to find the total number of gallons of oil that will have leaked from the tank after 10 hours. Do not evaluate the integral.

12. The rate at which water is sprayed on a field of vegetables is given by $R(t) = 2\sqrt{1 + 5t^3}$, where t is in minutes and $R(t)$ is in gallons per minute. During the time interval $0 \leq t \leq 4$, what is the average rate of water flow, in gallons per minute?

【Story · 数学讲堂】

微积分的辩证和统一

数学中充满着矛盾、充满着辩证法，古今数学家都把自然辩证法的思想作为研究数学的指导思想。如果说古代数学中辩证法的应用是零乱、杂散的，那么有了笛卡儿变量的近代数学，就比较集中地大量地涉及运动变化和辩证统一的哲学思想。到了十九世纪七十年代，数学与辩证法已成为一对不可分割的孪生姐妹，辩证法已是数学中不可缺少的必要因素。微积分学中就充满着辩证法思想，特别是微积分中所体现的常量与变量，有限与无限等哲学思想已经为大家所熟知。这在许多有关数学史的书中已经给与了充分的论述。事实上，微积分的两个最基本的概念本身——微分与积分——也同样蕴含着丰富的辩证统一思想。定积分的定义虽然简短，但其中却蕴含着丰富的辩证统一思想，这种对立统一和谐地统一在定积分的定义之中。下面我们仅就其中的几个方面进行分析。

一、直与曲的统一（未知和已知的统一）

直与曲是两个完全不同的概念，从直观图形看，前者平直后者弯曲；从几何特性看，前者曲率为零，后者曲率不恒为零；从代数表达式看，前者是线性方程，后者是非线性方程，因此二者的差别是明显的。但定积分的定义更一般地、深刻地体现了由曲转化为直，直转化为曲的辩证思想，它本质上是先微“分”后积“分”的过程。在定积分定义的第一步，在分割条件下实现了“以直代曲”，即实际上是在每个小曲边梯形中把曲边看成直边，于是用这些“小直边梯形”的面积近似地代替小曲边梯形的面积。第三步中把分割无限加细，通过取极限，使小直边梯形面积的和转化为原来大的曲边梯形的面积。这样一来，局部的“直”经过无限累加又反过来转化为整体的“曲”，最后得到了曲边梯形的面积，以直代曲。

二、分解与组合的统一

“分”与“合”这一对立统一的辩证思想反映到数学中，形成一种研究数学的重要方法——分解组合法。定积分定义充分体现了这种“分”与“合”对立统一的思想。通过分解为每一个小曲边梯形，这可以清晰地了解求其小曲边梯形的面积的办法，即以直代曲。然而仅仅这样分解还不够，还需要重新组合，即每个近似值加起来，再取极限，从而得到整体的面积。

三、有限与无限的统一

有限与无限存在着本质的区别：任何有限集不可能与其真子集对等，而无限集却能与其真子集对等。然而两者之间并非存在不可逾越的鸿沟。而是在一定条件下可以相互转化，正是这种转化使得无限在数学世界中显示威力。定积分定义正是体现有限与无限对立统一思想的例子，定积分定义中第一步分割与第三步求极限正是通过有限的利用极限这一思想，对和式取极限就是进行无限的累加。在无限的过程中得到了曲边梯形的面积。

四、量变与质变的统一

定积分的基本思想是把曲边梯形分成许多小份。而每个小份的面积之和就是这个图形的面积。每个小份又用规则图形近似。当分得份数较小时，所得的结果与真实值之间会有较大的偏差；当分得份数越来越多时，偏差就会越来越小。在理想情况下，曲边梯形可以分为无限多份时，这时偏差为零，即得精确值，这也是一个由量变到质变的过程。还可以说，当近似达到一个极限后，就发生了质变，得到精确值。极限是一个无限接近的过程，是一个质变。在未达到某个极限时仅是一个量的积累（量变）过程，一旦超越了这个度，就会发生由近似到精确的质变。

五、离散与连续的统一

离散与连续是数学研究中的重要矛盾之一，它们有本质的区别，又在一定条件下相互转化。求曲边梯形面积本应是连续求和。但它却是通过离散取极限得到的。

（资料来源：http://emuch.net/journal/article.php? id = CJFDTotal-FYSZ20040 2009）

Chapter 11 Differential Equations 微分方程

【Vocabulary·词汇梳理】

Separation of variable 变量分离

[引] exponential growth rate 指数增长

be proportional to 成比例

colony 菌落

radioactive 放射性的

【Topics·知识精讲】

11.1 Separable Differential Equations 可分离变量的微分方程

An equation involving one or more derivatives of an unknown function is called a differential equation.

$$\frac{dy}{dx}=M(x)N(y)$$

Rewrite in the differential form

$$\frac{dy}{N(y)}=M(x)\,dx$$

Integrate both sides of the equation

$$\int\frac{dy}{N(y)}=\int M(x)\,dx$$

Steps for solving differential equation:

1. Separate the variables;
2. Integrate both sides;
3. Solve for the constant.

Example 1 If $y'=ky$ and $y(0)=1$, find an equation for y in terms of x.

Solution: Rewrite in the differential form

$$\frac{dy}{dx}=ky,\ \frac{dy}{y}=(kx)dx$$

Integrate both sides of the equation

$$\int\frac{dy}{y}=\int(kx)dx$$

$$\ln|y|+C_1=kx+C_2$$

$$\ln|y|=kx+C(\text{Let } C=C_2-C_1)\Rightarrow y=\pm e^{kx+C}$$

Plug $y(0)=1$ into the above equation,

$$C=0$$

So

$$y=e^{kx}(y(0)=1>0，只能取“+”)$$

(**Tips**：微分方程 $y'=ky$ 常常用来描述呈指数式增长或者衰减 Exponential growth/decay 的问题。)

Example 2 Solve the differential equation $\frac{dy}{dx}=\frac{x^2}{y+\cos y}$.

Solution: Rewrite in the differential form

$$(y+\cos y)dy=(x^2)dx$$

Integrate both sides of the equation

$$\int(y+\cos y)dy=\int(x^2)dx$$

$$\frac{1}{2}y^2+\sin y=\frac{1}{3}x^3+C$$

Example 3 The motion of an object is a free falling body (自由落体运动), find the equation of velocity $v(t)$ and displacement $h(t)$ when it begins at $t=0$ with $v(0)=0$ and $h(0)=h_0$.

Solution: Since this is a free falling motion, we get

$$a(t)=g$$

So

$$v(t)=\int a(t)dt=\int gdt=gt+C_0$$

Plug $v(0)=0$ into the above equation, we obtain

$$C_0=0$$

So

$$v(t)=gt$$

For the same reason

$$h(t)=\int v(t)dt=\int(gt)dt=\frac{1}{2}gt^2+C_1$$

Plug $h(0)=h_0$ into the above equation

$$C_1=h_0$$

So

$$h(t)=\frac{1}{2}gt^2+h_0$$

Other solution:

By the first fundamental of calculus

$$\int_0^t a(t)\,dt=v(t)-v(0)$$

Rewrite

$$v(t)=v(0)+\int_0^t a(t)\,dt=gt$$

$$h(t)=h(0)+\int_0^t v(t)\,dt=h_0+\frac{1}{2}gt^2$$

Example 4 A rock is thrown upward with an initial velocity, $v(t)$, of 18 m/s from a height, $h(t)$, of 45 m. If the acceleration of the rock is a constant $-9\ \text{m/s}^2$, find the height of the rock at time $t=4$.

Solution: By the first fundamental of calculus

$$v(t)=v(0)+\int_0^t a(t)\,dt=v(0)+\int_0^t(-9)\,dt=18-9t$$

Then

$$h(4)=h(0)+\int_0^4 v(t)\,dt=h(0)+\int_0^4(18-9t)\,dt=45+[18t-\frac{9}{2}t^2]_0^4=45\ \text{m}$$

11.2 Logistic Differential Equations 逻辑斯蒂微分方程*

(1) One model for the growth of a population is based on the assumption that the population grows at a rate proportional to the size of the population.

$$\frac{dP}{dt}=kP\text{(理想情况下的人口自然增长函数)}$$

$t=$ time (the independent variable);

$k=$ a constant ($k>0$);

$P=$ the number of individuals in the population (the dependent variable).

The solution to this equation is:

$$\frac{dP}{P}=kdt$$

$$\int \frac{dP}{P} = \int kdt$$

$$\ln|P| = kt + C$$

$$P = e^{kt+c} = C_0 e^{kt} (C_0 = e^c)$$

Let $t = 0$, then

$$C_0 = P(0) = P_0$$

$$P(t) = P_0 e^{kt}$$

(2) We have to recognize that a more realistic model must reflect the fact that a given environment has limited resources.

$$\frac{dP}{dt} = kP(1 - \frac{P}{K}) \text{（有限制条件下的人口增长函数）}$$

$$(K = \text{carrying capacity})$$

We obtain the model for population growth known as the ***logistic differential equation***.

Let us solve it.

$$\frac{dP}{dt} = kP(1 - \frac{P}{K})$$

Rewrite in the differential form

$$\frac{dP}{P(1 - \frac{P}{K})} = kdt$$

Integrate both sides of the equation

$$\int \frac{dP}{P(1 - \frac{P}{K})} = \int kdt$$

Since

$$\frac{1}{P(1 - \frac{P}{K})} = \frac{K}{P(K - P)} = \frac{1}{P} + \frac{1}{K - P}$$

Then

$$\int (\frac{1}{P} + \frac{1}{K - P}) dP = \int kdt$$

$$\int \frac{dP}{P} + \int \frac{dP}{K - P} = kt + C$$

$$\ln|P| - \ln|K - P| = kt + C$$

$$\ln\left|\frac{K - P}{P}\right| = -kt - C$$

$$\left|\frac{K - P}{P}\right| = e^{-kt-C}$$

Let $A = \pm e^{-C}$

$$\frac{K-P}{P}=Ae^{-kt}$$

$$\frac{K}{P}-1=Ae^{-kt}$$

$$P=\frac{K}{1+Ae^{-kt}}$$

If $t=0$, then $P(0)=P_0$ (the initial population), so $\frac{K-P_0}{P_0}=Ae^0=A$.

The solution to the logistic equation is:

$$P(t)=\frac{K}{1+Ae^{-kt}} \text{ where } A=\frac{K-P_0}{P_0}$$

(**Tips**：由于 $A=\pm e^C$，A 可能大于 0，也可能小于 0，对应函数 $P(t)$ 的图像会不同。)

Find the limit

$$\lim_{t\to\infty}P(t)=K$$

As the limit of the environment, the population approaches a constant. We can also write the equation as

$$\frac{dy}{dx}=ky\left(1-\frac{y}{K}\right)$$

Example 5 Find the function $y=f(x)$ to satisfy the logistic differential equation

$$\frac{dy}{dx}=y(3-2y)$$

and find $\lim_{x\to\infty}f(x)$.

Solution: Simplify

$$\frac{dy}{dx}=3y\left(1-\frac{y}{\frac{3}{2}}\right)$$

Using the formula, $k=3$ and $K=\frac{3}{2}$

$$y=f(x)=\frac{\frac{3}{2}}{1+Ae^{-3x}}$$

$$\lim_{x\to\infty}f(x)=\lim_{x\to\infty}\frac{\frac{3}{2}}{1+Ae^{-3x}}=\frac{3}{2}$$

Example 6 which of the following differential equations for a population P could model the logistic growth shown in the figure below?

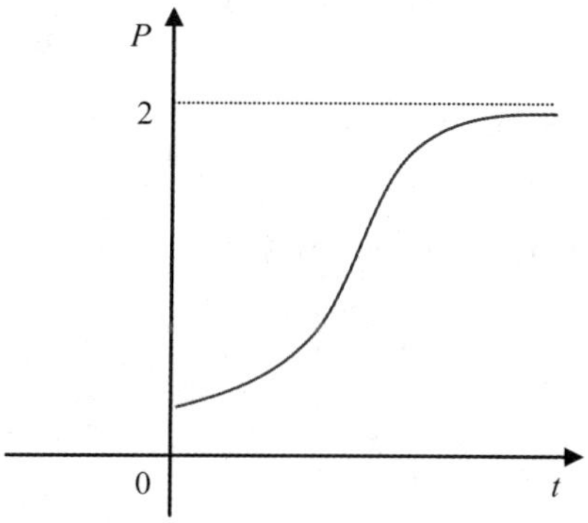

(A) $\frac{dP}{dt} = P - 2P^2$ (B) $\frac{dP}{dt} = 2P - P^2$

(C) $\frac{dP}{dt} = P^2 + 2P$ (D) $\frac{dP}{dt} = P^2 - 2P$

(E) $\frac{dP}{dt} = P^2 + P$

Solution: From the graph, we get $K = 2$.

Then the right answer is B since

$$\frac{dP}{dt} = 2P - P^2 = 2P(1 - \frac{P}{2})$$

11.3 Slope Fields (Direction Fields) 斜率场

We can picture the slopes graphically by drawing short line segments of slope $y = f(x)$ at selected points (x, y) in the region of the xy-plane that constitutes the domain of f.

Each segment has the same slope as the solution curve through (x, y) and so is tangent to the curve there. We see how the curves behave by following these tangents. For example,

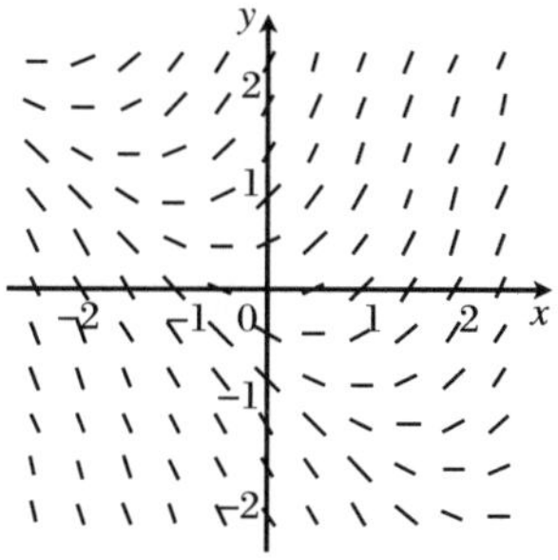

$y' = x + y$

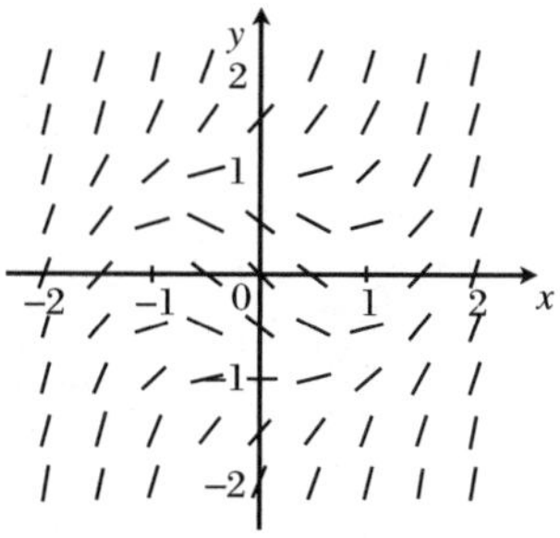

$y' = x^2 + y^2 - 1$

斜率场中的直线是指微分方程求解之后函数 $y = f(x)$ 在点 (x, y) 处的一小段切线。关于斜率场读者可能会有两个疑问：

(1)为什么坐标平面中每个点都有斜率，并且能把每一点的切线画出来？

(2)斜率场在实际生活中有什么作用？

解释如下：

(1)一个微分方程求解之后的函数后面带有常数 C，所以求解出来的函数是一个"函数族"，C 不同就有很多不同的函数。所以并不是一个特定的函数会经过所有点，斜率场中的短切线指的是求解之后的函数图像如果通过这个点时的切线。

(2)斜率场如果应用到运动学当中就是速度场，所以画斜率场其实就是为了得到速度场。知道了速度场就意味着我们了解了物体运动的情况，这就是斜率场的作用之一。从斜率场中，我们可以看出函数图像的单调性。

Example 7 Given $\frac{dy}{dx}=\frac{y}{x}$, sketch the slope field of the function.

Solution: Set up a table of values for $\frac{dy}{dx}$ selected values of x and y.

x \ y/x \ y	-3	-2	-1	0	1	2	3
-3	1	$\frac{2}{3}$	$\frac{1}{3}$	0	$-\frac{1}{3}$	$-\frac{2}{3}$	-1
-2	$\frac{3}{2}$	1	$\frac{1}{2}$	0	$-\frac{1}{2}$	-1	$-\frac{3}{2}$
-1	3	2	1	0	-1	-2	-3
1	-3	-2	-1	0	1	2	3
2	$-\frac{3}{2}$	-1	$-\frac{1}{2}$	0	$\frac{1}{2}$	1	$\frac{3}{2}$
3	-1	$-\frac{2}{3}$	$-\frac{1}{3}$	0	$\frac{1}{3}$	$\frac{2}{3}$	1

Draw short tangent line segments with the given slopes at various points.

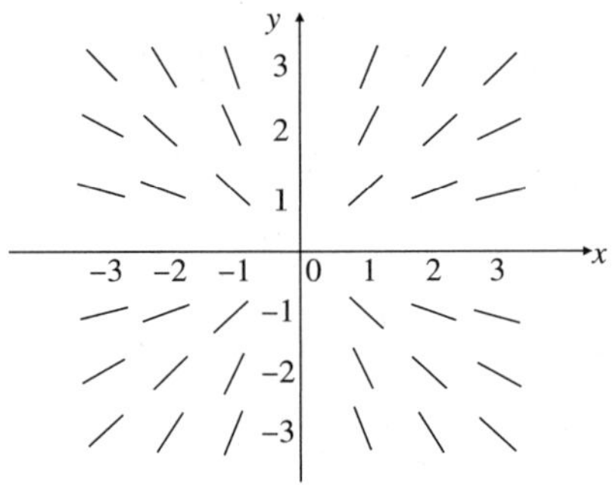

Example 8 The slope field for a certain differential equation is shown below. Which of the following could be a specific solution to that differential equation?

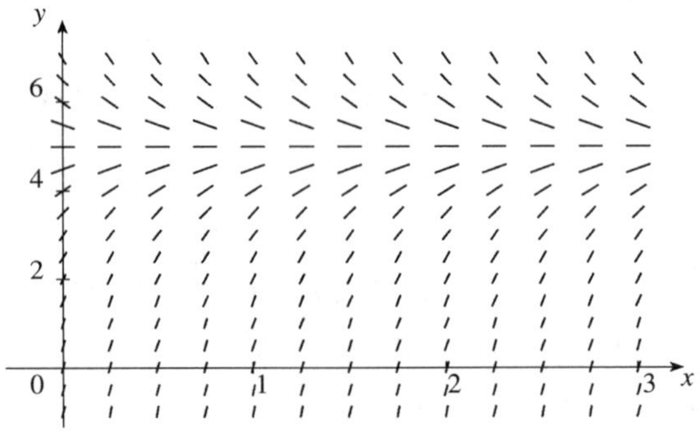

(A) $\dfrac{dy}{dx}=\ln x$

(B) $\dfrac{dy}{dx}=y$

(C) $\dfrac{dy}{dx}=e^{y}$

(D) $\dfrac{dy}{dx}=15-3x$

(E) $\dfrac{dy}{dx}=15-3y$

Solution: Plug some selected point into the differential equation. For example, the point (1, 0)

$$(A)\left.\frac{dy}{dx}\right|_{x=1,y=0}=0,\ (B)\left.\frac{dy}{dx}\right|_{x=1,y=0}=0,\ (C)\left.\frac{dy}{dx}\right|_{x=1,y=0}=1$$

From the graph, the slope of the point (1, 0) must be more than 1. So A, B, C are incorrect. For the same method, plug the point (1, 5) into the differential equation and obtain the correct answer is E.

Example 9 The slope field for $\dfrac{dy}{dx}=15-3y$ is shown below. If

$(a)\ y(0)=1$

$(b)\ y(0)=7$

Use the slope field to sketch the solution curves.

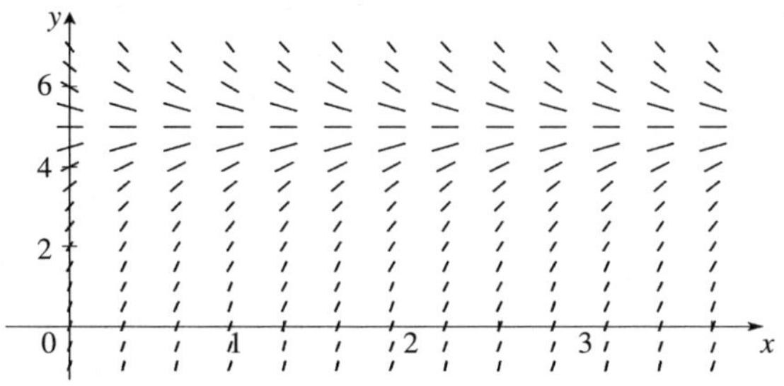

Solution: Simplify the differential equation

$$\frac{dy}{15-3y}=dx$$

$$\int\frac{dy}{15-3y}=\int dx$$

$$-\frac{1}{3}\int\frac{d(15-3y)}{15-3y}=\int dx$$

$$-\frac{1}{3}\ln|15-3y|=x+C$$

$$\ln|15-3y|=-3(x+C)$$

$$15-3y=\pm e^{-3x-3C}$$

$$15-3y=Ae^{-3x}(A=\pm e^{-3C})$$

$$y=5-\frac{A}{3}e^{-3x}$$

$$\lim_{x\to+\infty}y=\lim_{x\to+\infty}(5-\frac{A}{3}e^{-3x})=5$$

(a) $y(0)=1$

$$1=5-\frac{A}{3}e^{0},A=12$$

$$y_1=5-4e^{-3x}\text{(Restricted growth)}$$

(b) $y(0)=7$

$$7=5-\frac{A}{3}e^{0},A=-6$$

$$y_2=5+2e^{-3x}\text{(Restricted decay)}$$

Sketch the graph

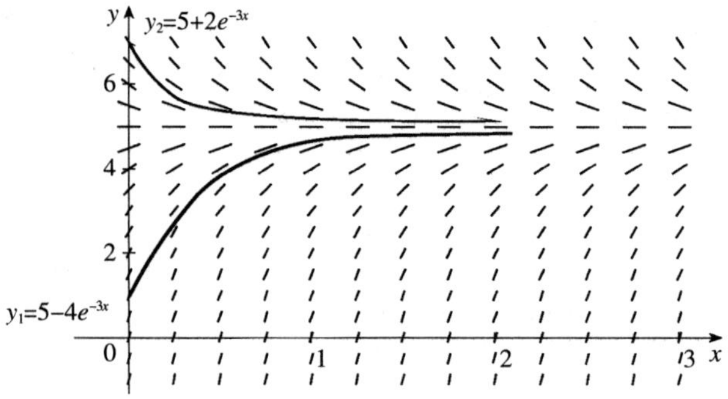

【Practice Problems · 课后练习】

1. If $\frac{dy}{dx}=3x+1$ and $y(2)=3$, find $f(x)$.

2. If $\frac{dy}{dx}=2xy$ and $y(0)=1$, find an equation for y in terms of x.

3. If $f''(x)=-x+1$, $f'(1)=2$ and $f(2)=3$, find $f(x)$.

4. What is the position function of a particle moving along the x-axis with velocity $v(t)=2t^2+1$ if the particle passes through the origin when $t=1$.

5. Determine $\frac{dy}{dx}$ for the curve defined by $x\sin y=1$.

6. Draw the slope field for $\frac{dy}{dx}=xy$.

7. Write the solution of the initial value problem

$$\frac{dP}{dt}=0.08P\left(1-\frac{P}{1000}\right) \text{ and } P(0)=100$$

and use it to find the population sizes $P(40)$ and $P(80)$.

8. Match the differential equation with its direction field.

(a) $\frac{dy}{dx} = y - 1$ (b) $\frac{dy}{dx} = y - x$ (c) $\frac{dy}{dx} = y^2 - x^2$ (d) $\frac{dy}{dx} = y^3 - x^3$

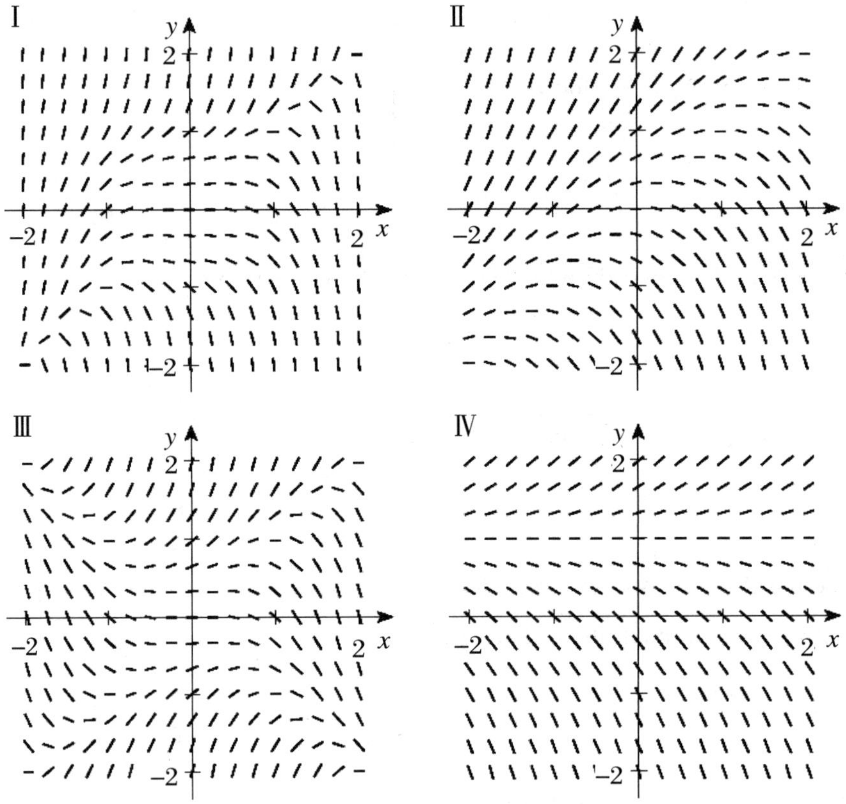

9. The population $P(t)$ of a species satisfies the logistic differential equation $\frac{dp}{dt} = P(3 - \frac{P}{1000})$, where the initial population $P(0) = 500$ and t is the time in years. What is $\lim_{t\to\infty} P(t)$?

10. Consider the logistic differential equation $\frac{dy}{dt} = \frac{y}{2}(3 - 2y)$ and let $y(1) = 1$. Use Euler's Method, starting at $t = 1$ with two steps of equal size, to approximate $y(2)$.

【Story·数学讲堂】

Logistic 模型及其应用

在自然界和社会上存在大量的 S 型变化的现象，逻辑斯蒂(Logistic)模型几乎是描述 S 型增长的唯一数学模型。这是一条连续的、单调递增的、单参数 K 为上渐近线的 S 型曲线，其变化速度一开始增长较慢，中间段增长速度加快，此后增长速度下降并且趋于稳定。利用它我们可以表征种群的数量动态，描述客观事物的增长过程。

在提出逻辑斯蒂模型之前，最早给出种群生态学经典数学模型的是 Malthus 模型，由英国统计学家 Malthus(1766－1834)在 1798 年《人口原理》一书中，提出了闻名于世的 Malthus 人口模型。设 t_0 时刻的人口总数为 $P(t_0)$，t 时刻人口总数为 $P(t)$，则：

$$\begin{cases} \dfrac{dP(t)}{dt} = kP(t) \\ P(t_0) = P_0 \end{cases}$$

但是这个模型有很大的局限性：只考虑出生率和死亡率，而没有考虑环境因素。实际上，人类所生存的环境中资源并不是无限的，因而人口的增长也不可能是无限的，实践证明Malthus人口模型只适用过去某时间的人口数，而不能用来预测未来人口的总数。

比利时数学家 P·F·Verhulst 对 Malthus 模型中关于人口增长率为常数这一假设修改为

$$\begin{cases} \dfrac{dP(t)}{dt} = kP(t) - KP^2(t) \\ P(t_0) = P_0 \end{cases}$$

其中 k,K 称为生命系数(Vital Coefficients)。这是最早的逻辑斯蒂模型。解上述方程，描绘出曲线为：

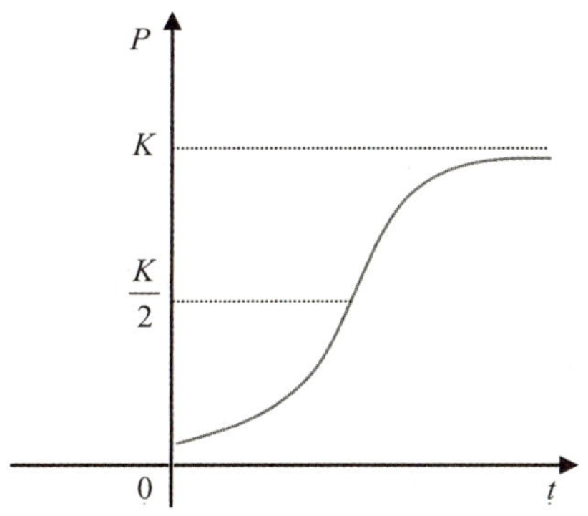

由曲线得出以下结论：极限值的一半前为加速增长时期，过了这一点以后，增长的速度逐渐减小，并且迟早会达到 0。

在种群生态学中，种群的增长是一个复杂的问题。由于种群的增长受到诸多因素的影响，如环境条件、营养状态、出生率、死亡率、个体基数以及时代特征等。1838 年，数学家 Verhulst又把模型改进到有限环境中，导出新的方程。Verhulst 称之为逻辑斯蒂方程，为 Logistic 的音译。Verhulst 假设种群规律的相对增长率为：

$$\begin{cases} \dfrac{dP(t)}{dt} = kP(t)(1-\dfrac{P(t)}{K}) \\ P(t_0) = P_0 \end{cases}$$

逻辑斯蒂方程也可作如下解释：由于资源最多仅能维持 K 个个体，故每个个体平均所需要的资源为总资源的 $1/K$。在 t 时刻 $P(t)$ 个个体共消耗了总资源的 $P(t)/K$，此时剩余 $1-P(t)/K$。因此逻辑斯蒂方程反映了种群规模的相对增长率与当时所剩余的资源份量成正比。这种种群密度对种群规模增长起抑制作用，显然，当不考虑密度制约因素时，逻辑斯蒂方程就变成了 Malthus 方程。由上式可描绘逻辑斯蒂方程的积分曲线，如下图所示。

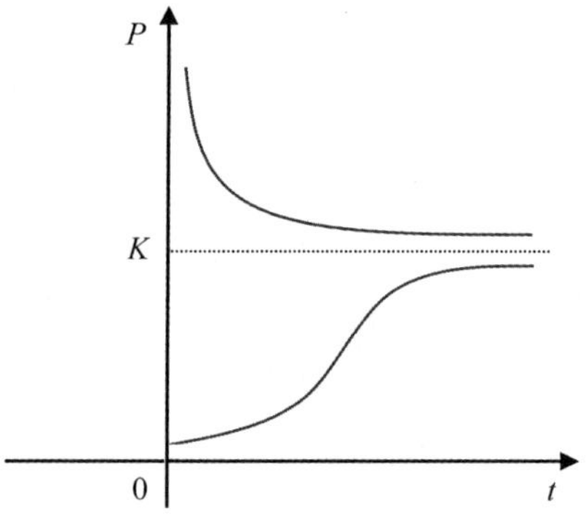

（资料来源：http://paper.dic123.com/pdf_2dce6fbb-f7fc-4952-a36b-e12fede20624/lunwen.pdf）

Chapter 12 Infinite Series* 无穷级数

【Vocabulary·词汇梳理】

Sequences and series 序列与级数

[引]a sequence of number 数列

succession 连续

subscript 下标

partial sum 部分和

the nth term of a sequence 序列的第 n 项

the harmonic series 调和级数

geometric series 几何级数

alternating series 交错级数

alternating harmonic series 交错调和级数

power series 幂级数

Taylor series 泰勒级数

Maclaurin series 麦克劳林级数

ratio test 比值检验法

integral test 积分审敛法

comparison test 比较审敛法

convergence 收敛

absolute convergence 绝对收敛

conditional convergence 条件收敛

radius of convergence 收敛半径

interval of convergence 收敛区间

diverge 发散

the neighborhood of the point 某点的邻域

a third degree Taylor polynomial 三阶泰勒多项式

error bound 误差限

Lagrange error 拉格朗日误差

nonzero term 非零项

【Topics · 知识精讲】

12.1 One Definition for Infinite Series 一个定义*

高中阶段我们已经学习了数列，重点研究了等差、等比数列通项公式和前 n 项和。那么无穷级数将研究什么？与数列又有什么关系呢？

首先我们来看一个例子，求

$$S_n = \frac{1}{2} + \frac{1}{2^2} + \frac{1}{2^3} + \dots + \frac{1}{2^n}$$

根据等比数列求和公式，我们很快可以求得

$$S_n = \frac{1}{2} + \frac{1}{2^2} + \frac{1}{2^3} + \dots + \frac{1}{2^n} = \frac{\frac{1}{2}(1 - \frac{1}{2^n})}{1 - \frac{1}{2}} = 1 - \frac{1}{2^n}$$

下面我们继续求

$$S = \frac{1}{2} + \frac{1}{2^2} + \frac{1}{2^3} + \dots + \frac{1}{2^n} + \dots$$

这个求和，依靠高中的知识很不好解。从求“一些项的和”到求“无穷多项的和”，体现了高中阶段学习到大学阶段学习的一个进阶。无穷多项的和正是本章要研究的对象——无穷级数。我们把数列前 n 项和称作有穷级数 ***definite series***，无穷多项的和称作无穷级数 ***infinite series***。在本书第三章对于研究无穷的事物，我们有了把利剑——极限。对于无穷级数，主要研究其收敛性。在实际生活当中，人们希望级数能够收敛，因为收敛才有实用性。

A series is an expression of the form

$$a_1 + a_2 + a_3 + \dots + a_n + \dots$$

If the series stops at some final term a_n, the series is definite. Notated like this:

$$\sum_{i=1}^{n} a_i = a_1 + a_2 + \dots + a_n$$

If the series continues indefinitely, it is an infinite series ($\sum\limits_{n=1}^{\infty} a_n$ 通常简写为 $\sum a_n$). Notated like this:

$$\sum_{n=1}^{\infty} a_n = a_1 + a_2 + \dots + a_n + \dots$$

下面我们再看一个循环小数展开(decimal expansion)为级数的例子：

$$0.\dot{9} = 0.9 + 0.09 + 0.009 + \dots = \frac{9}{10} + \frac{9}{100} + \frac{9}{1000} + \dots$$

$$= 9\left[\frac{1}{10^1} + \frac{1}{10^2} + \frac{1}{10^3} + \dots\right] = \sum_{n=1}^{\infty} \frac{9}{10^n}$$

12.2 Two Limits 两个极限*

既然级数定义为无穷多项的和，下面先讨论“组成级数的第 n 项的极限”和“前 n 项和的极限”，并讨论它们之间的关系。

1. Limits of Sequences 数列的极限

A sequence of numbers(数列) $\{a_n\}$ is an infinite succession of numbers written in an order:

$$a_1,\ a_2,\ a_3,\ a_4 \cdots\ a_n \cdots$$

如果$\lim\limits_{n\to\infty} a_n$ 存在，即数列$\{a_n\}$收敛；若$\lim\limits_{n\to\infty} a_n$ 不存在或者等于∞，则认为数列$\{a_n\}$发散。求$\lim\limits_{n\to\infty} a_n$ 只需利用第三章讲解的求极限的方法。

For example

$$a_n = \frac{n}{n+1},\ \lim_{n\to\infty} a_n = \lim_{n\to\infty}\frac{n}{n+1} = 1 \Rightarrow \{a_n\} \text{ is convergent.}$$

$$a_n = 2^n,\ \lim_{n\to\infty} a_n = \lim_{n\to\infty} 2^n = \infty \Rightarrow \{a_n\} \text{ is divergent.}$$

(数列的极限考试一般不考。)

2. Limits of Partial Sum 部分和的极限

A partial sum of a series is the sum of the series up to a particular value of n.

Partial sum:

$$\sum_{i=1}^{n} a_i = a_1 + a_2 + \ldots + a_n$$

If $\sum\limits_{i=1}^{n} a_i$ converges to a limit L, then the infinite series converges. We can write:

$$\lim_{n\to\infty}\sum_{i=1}^{n} a_i = L \Rightarrow \sum_{n=1}^{\infty} a_n = L$$

If $\sum\limits_{i=1}^{n} a_i$ has no limit or is ∞, then the infinite series diverges.

Example 1 Does the series $\sum\limits_{n=1}^{\infty}\frac{1}{2^n}$ converge and, if so, to what value?

Solution: Partial sum

$$S_n = a_1 + a_2 + \ldots + a_n = \frac{1}{2} + \frac{1}{2^2} + \frac{1}{2^3} + \ldots + \frac{1}{2^n} = \frac{\frac{1}{2}(1-\frac{1}{2^n})}{1-\frac{1}{2}}$$

$$\lim_{n\to\infty}S_n=\lim_{n\to\infty}\frac{\frac{1}{2}(1-\frac{1}{2^n})}{1-\frac{1}{2}}=\lim_{n\to\infty}(1-\frac{1}{2^n})=1$$

So the series converges to 1.

3. The Relation Between Two Limits 两个极限的关系

很多读者自学时，对于上述两个极限很容易混淆。下面就这两者的关系做如下总结：

（1）If the series $\sum_{n=1}^{\infty}a_n$ converges to L, then we obtain:

$$\sum_{n=1}^{\infty}a_n=L\Rightarrow\lim_{x\to\infty}a_n=0$$

The converse of this conclusion is false.（如果级数收敛，则组成级数的第 n 项极限$\lim_{n\to\infty}a_n$一定等于0；而第 n 项的极限$\lim_{n\to\infty}a_n=0$ 时，则级数不一定收敛。）

For example

$$\sum_{n=1}^{\infty}\frac{1}{n}=1+\frac{1}{2}+\frac{1}{3}+\frac{1}{4}+\ldots+\frac{1}{n}+\ldots$$

Then $\lim_{n\to\infty}\frac{1}{n}=0$, but the series diverges.（证明过程见本章后面）

（2）If the $\lim_{n\to\infty}a_n\neq 0$, the series $\sum_{n=1}^{\infty}a_n$ diverges.（如果$\lim_{n\to\infty}a_n\neq 0$，级数一定发散。该结论告诉我们，如果要判断某级数是否收敛，先看其$\lim_{n\to\infty}a_n$ 是否为 0。若不为 0，则发散；若为 0，则继续讨论。）

For example

$$a_n=2^n\Rightarrow\lim_{n\to\infty}a_n=\lim_{n\to\infty}2^n=\infty\Rightarrow\sum_{n=1}^{\infty}2^n\text{ diverges.}$$

12.3 Three Tests of Series 三大审敛法*

1. Ratio Test 比值审敛法

Let $\sum_{n=1}^{\infty}a_n$ be a series where all of the terms are positive, and suppose that:

$$\rho=\lim_{n\to\infty}\frac{a_{n+1}}{a_n}=\begin{cases}<1 & \textit{convergence}\\ >1 & \textit{divergence}\\ =1 & \textit{might convergence or divergence}\end{cases}$$

Example 2 Determine whether the series $\sum_{n=1}^{\infty} \frac{n}{3^n}$ converges.

Solution: Use the ratio test

$$\rho = \lim_{n \to \infty} \frac{\frac{n+1}{3^{n+1}}}{\frac{n}{3^n}} = \lim_{n \to \infty} \left(\frac{n+1}{n} \cdot \frac{3^n}{3^{n+1}} \right) = \frac{1}{3} < 1$$

It means the series converges.

2. Integral Test 积分审敛法

If f is positive, continuous, and decreasing for $x \geq 1$ and $a_n = f(n)$, then

$$\sum_{n=1}^{\infty} a_n \text{ and } \int_1^{+\infty} f(x)\,dx$$

Either both converge or both diverge.

对于上式结论的解释为：

$\int_1^{+\infty} f(x)\,dx$ 其几何意义为以下阴影部分面积。

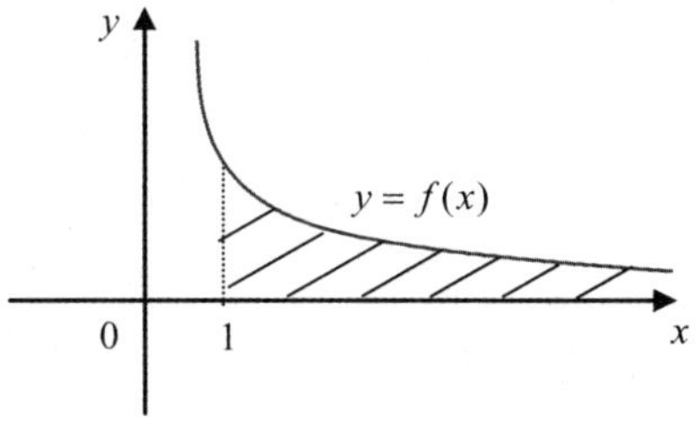

$\sum_{n=1}^{\infty} a_n = \sum_{n=1}^{\infty} (a_n \times 1)$ 其几何意义为以下所有长方形面积的和。

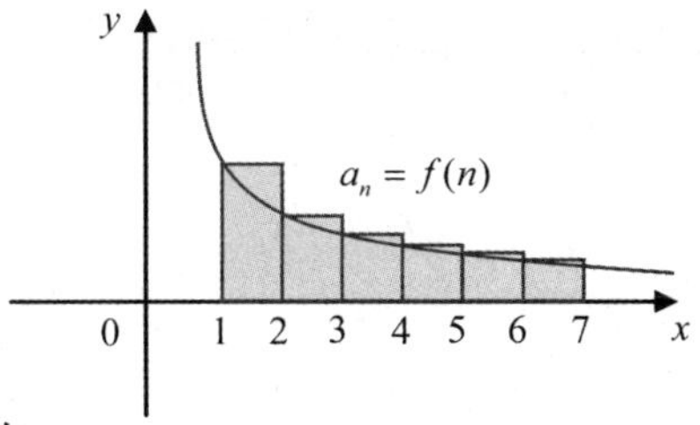

两个面积同时收敛或者发散。

Example 3 Does $\sum_{n=1}^{\infty} \frac{6n^2}{n^3+1}$ converge?

Solution: The function $f(x) = \frac{6x^2}{x^3+1}$ is positive, continuous, and decreasing for $x \geq 1$.

$$\int_1^{+\infty} \frac{6x^2}{x^3+1} dx = \lim_{a \to +\infty} \int_1^a \frac{6x^2}{x^3+1} dx$$

Use U-substitution. Let $u = x^3 + 1$ and $du = 3x^2 dx$.

$$\int_1^{+\infty} \frac{6x^2}{x^3+1}dx = \lim_{a\to+\infty}\int_1^a \frac{6x^2}{x^3+1}dx = \lim_{a\to+\infty} 2\int_2^{a^3+1}\frac{du}{u} = 2\lim_{a\to+\infty}[\ln|u|]_2^{a^3+1}$$

$$=2\lim_{a\to+\infty}[\ln(a^3+1)-\ln 2] = +\infty$$

Because the integral diverges, the series diverges.

3. Comparison Test 比较审敛法

Let $0\le a_n \le b_n$ for all n:

(1) If $\sum_{n=1}^{\infty} b_n$ converges, then $\sum_{n=1}^{\infty} a_n$ converges;

(2) If $\sum_{n=1}^{\infty} a_n$ diverges, then $\sum_{n=1}^{\infty} b_n$ diverges.

If all of the terms of a series are less than those of a convergent series, then it too converges.

If all of the terms of a series are greater than those of a divergent series, then it too diverges.

Example 4 Does $\sum_{n=1}^{\infty}\frac{1}{2^n+5}$ converge?

Solution: Let $a_n=\frac{1}{2^n+5}$, $b_n=\frac{1}{2^n}$

We know that $\sum_{n=1}^{\infty}\frac{1}{2^n}$ converges (see Example 1).

Since $0\le a_n\le b_n$ for all n, $\sum_{n=1}^{\infty}\frac{1}{2^n+5}$ converges.

12.4 Four Important Series 四种重要级数*

1. Harmonic Series 调和级数

调和级数 $\sum_{n=1}^{\infty}\frac{1}{n}=\frac{1}{1}+\frac{1}{2}+\frac{1}{3}+\ldots+\frac{1}{n}+\ldots$ diverges.

Let's prove.

$$S=1+\frac{1}{2}+\frac{1}{3}+\frac{1}{4}+\ldots+\frac{1}{n}+\ldots$$

$$=1+\frac{1}{2}+\left(\frac{1}{3}+\frac{1}{4}\right)+\left(\frac{1}{5}+\frac{1}{6}+\frac{1}{7}+\frac{1}{8}\right)+\left(\frac{1}{9}+\frac{1}{10}+\ldots+\frac{1}{15}+\frac{1}{16}\right)+\ldots$$

$$S>1+\frac{1}{2}+2\times\left(\frac{1}{4}\right)+4\times\left(\frac{1}{8}\right)+8\times\left(\frac{1}{16}\right)+\ldots=1+\frac{1}{2}+\frac{1}{2}+\frac{1}{2}+\frac{1}{2}+\frac{1}{2}+\ldots$$

Since the sum is not bounded, then $\sum_{n=1}^{\infty} \frac{1}{n}$ diverges.

2. Geometric Series 几何级数

几何级数 $a + ar + ar^2 + ar^3 + \ldots + ar^{n-1} + \ldots = \sum_{n=1}^{\infty} ar^{n-1}$

If $|r| < 1$, the series converges;

If $|r| \geqslant 1$, the series diverges.

Let $S_n = a + ar + ar^2 + ar^3 + \ldots ar^{n-1} = a(1 + r + r^2 + r^3 + \ldots + r^{n-1}) = a(\frac{1 - r^n}{1 - r})$

$$\lim_{n \to \infty} S_n = \lim_{n \to \infty} a(\frac{1 - r^n}{1 - r}) = \frac{a}{1 - r}(|r| < 1)$$

So an infinite geometric series converges to $\frac{a}{1 - r}$ $(|r| < 1)$.

Special: $1 + r + r^2 + r^3 + \ldots + r^{n-1} + \ldots = \frac{1}{1 - r}$ $(|r| < 1)$

Example 5 Find the limit to which the series $2 + \frac{2}{5} + \frac{2}{25} + \frac{2}{125} + \ldots$ converges.

Solution: $a = 2, r = \frac{1}{5}$

$$s = \frac{a}{1 - r} = \frac{2}{1 - \frac{1}{5}} = \frac{5}{2}$$

So the series converges to $\frac{5}{2}$.

3. *P*-Series *P* 级数

P 级数 $\sum_{n=1}^{\infty} \frac{1}{n^p}$ converges if $p > 1$ and diverges if $0 < p \leq 1$.

When $p = 1$, it becomes the Harmonic series.

Example 6 Determine whether the series

$$1 + \frac{1}{4} + \frac{1}{9} + \frac{1}{16} + \ldots + \frac{1}{n^2} + \ldots$$

diverges or converges.

Solution: since

$$1 + \frac{1}{4} + \frac{1}{9} + \frac{1}{16} + \ldots + \frac{1}{n^2} + \ldots = \sum_{n=1}^{\infty} \frac{1}{n^2}$$

It is a P-series with $p = 2 > 1$. It converges.

4. Alternating Series 交错级数

(1) The series whose terms are alternately positive and negative is called alternating series. For example

$$1 - 2 + 3 - 4 + \dots = \sum_{n=1}^{\infty} (-1)^{n+1} n;$$

$$-1 + \frac{1}{2} - \frac{1}{3} + \frac{1}{4} - \dots = \sum_{n=1}^{\infty} \frac{(-1)^n}{n}$$

The series

$$\sum_{n=1}^{\infty} (-1)^{n+1} a_n = a_1 - a_2 + a_3 - a_4 + a_5 - \dots \ (a_n > 0)$$

converges if all the following conditions are satisfied:

(a) $a_n > a_{n+1}$

(b) $\lim_{n \to \infty} a_n = 0$

(2) Absolutely and conditionally convergent

(a) A series $\sum_{n=1}^{\infty} a_n$ is called ***absolutely convergent*** if the series of absolute values

$$\sum_{n=1}^{\infty} |a_n| = |a_1| + |a_2| + |a_3| + \dots + |a_n| + \dots$$

is convergent;

(b) A series $\sum_{n=1}^{\infty} a_n$ is called ***conditionally convergent*** if it is convergent but not absolutely convergent;

(c) If a series $\sum_{n=1}^{\infty} a_n$ is absolutely convergent, then it is convergent. (如果一个级数绝对收敛，则此级数收敛。因此，对于交错级数讨论收敛性问题时，一般都讨论其绝对收敛。)

It is very useful for determining whether a series is convergent by the ratio test, especially for the alternating series.

For all the series, then

$$\rho = \lim_{n \to \infty} \left| \frac{a_{n+1}}{a_n} \right|$$

If $\rho < 1$, the series is absolutely convergent and is also convergent;

If $\rho > 1$, the series is divergent;

If $\rho = 1$, the series might converge or diverge.

Example 7 Determine whether the series $1-\frac{1}{2}+\frac{1}{3}-\frac{1}{4}+\ldots+\frac{(-1)^{n+1}}{n}+\ldots$ converges.

Solution: It is clear that this is an alternating series and the absolute value of each term is smaller than the previous one.

$$\frac{1}{n}>\frac{1}{n+1} \text{ and } \lim_{n\to\infty}\frac{1}{n}=0$$

Because both conditions are satisfied, this series converges.

Example 8 Test the convergence of the series $\sum_{n=1}^{\infty}(-1)^n\frac{n^2}{2^n}$.

Solution: By the ratio test

$$\lim_{n\to\infty}\left|\frac{(-1)^{n+1}\frac{(n+1)^2}{2^{n+1}}}{(-1)^n\frac{n^2}{2^n}}\right|=\lim_{n\to\infty}\left|\frac{2^n}{2^{n+1}}\frac{(n+1)^2}{n^2}\right|=\frac{1}{2}\lim_{n\to\infty}\left(1+\frac{1}{n}\right)^2=\frac{1}{2}<1$$

Since $\sum_{n=1}^{\infty}\left|(-1)^n\frac{n^2}{2^n}\right|$ converges, $\sum_{n=1}^{\infty}(-1)^n\frac{n^2}{2^n}$ converges.

(3) Alternating Series Error Estimation Theorem

A partial sum S_n of any convergent series can be used as an approximation to the total sum S. Then we can estimate the accuracy (精度) of the approximation. The error is the remainder R_n.

$$\left.\begin{aligned} S&=\sum_{n=1}^{\infty}a_n=a_1+a_2+a_3+\ldots+a_n+\ldots \\ S_n&=\sum_{i=1}^{n}a_i=a_1+a_2+a_3+\ldots+a_n \end{aligned}\right\}\Rightarrow R_n=S-S_n$$

If the series $\sum_{n=1}^{\infty}(-1)^{n+1}a_n$ converges, then

$$|R_n|=|S-S_n|\leq a_{n+1}$$

若一个交错级数收敛,则有$|R_n|=|S-S_n|$小于等于组成级数的下一项 a_{n+1}(注意,此误差理论只对交错级数有效!!)。对上式的解释:

$$R_n=S-S_n=(-1)^{n+2}a_{n+1}+(-1)^{n+3}a_{n+2}+(-1)^{n+4}a_{n+3}+(-1)^{n+5}a_{n+4}+(-1)^{n+6}a_{n+5}+\ldots$$

When n is even

$$\begin{aligned}|R_n|=|S-S_n|&=|a_{n+1}-a_{n+2}+a_{n+3}-a_{n+4}+a_{n+5}-\ldots| \\ &=|a_{n+1}-(a_{n+2}-a_{n+3})-(a_{n+4}-a_{n+5})-\ldots|\end{aligned}$$

Since $a_n\geq a_{n+1}>0$

$$(a_{n+2}-a_{n+3})\geq 0,(a_{n+4}-a_{n+5})\geq 0,\ \ldots$$

Then

$$|R_n| = |S - S_n| = |a_{n+1} - (a_{n+2} - a_{n+3}) - (a_{n+4} - a_{n+5}) - \dots| \le a_{n+1}$$

When n is odd

$$\begin{aligned} |R_n| = |S - S_n| &= |-a_{n+1} + a_{n+2} - a_{n+3} + a_{n+4} - a_{n+5} + \dots| \\ &= |-[a_{n+1} - (a_{n+2} - a_{n+3}) - (a_{n+4} - a_{n+5}) - \dots]| \\ &= |a_{n+1} - (a_{n+2} - a_{n+3}) - (a_{n+4} - a_{n+5}) - \dots| \le a_{n+1} \end{aligned}$$

Example 9 Find the sum of the series $\sum_{n=0}^{\infty} \frac{(-1)^n}{n!}$ correct to three decimal places.（保证估算的结果精确到小数点后三位）

Solution：Since

$$\frac{1}{n!} > \frac{1}{(n+1)!} \text{ and } \lim_{n\to\infty} \frac{1}{n!} = 0 \left(0 < \frac{1}{n!} < \frac{1}{n} \to 0 \text{ as } n \to \infty\right)$$

The series is convergent. By the theorem

$$|R_n| = |S - S_n| \le a_{n+1}$$

$$\begin{aligned} S = \sum_{n=1}^{\infty} \frac{(-1)^n}{n!} &= \frac{1}{0!} - \frac{1}{1!} + \frac{1}{2!} - \frac{1}{3!} + \frac{1}{4!} - \frac{1}{5!} + \frac{1}{6!} - \frac{1}{7!} + \dots \\ &= 1 - 1 + \frac{1}{2} - \frac{1}{6} + \frac{1}{24} - \frac{1}{120} + \frac{1}{720} - \frac{1}{5040} + \dots \end{aligned}$$

Note that

$$\frac{1}{720} \approx 0.001389, \frac{1}{5040} \approx 0.000198$$

$$S_6 = 1 - 1 + \frac{1}{2} - \frac{1}{6} + \frac{1}{24} - \frac{1}{120} + \frac{1}{720} \approx 0.368056$$

$$|R_6| = |S - S_6| \le a_7 = \frac{1}{5040} \approx 0.000198$$

The error of less than 0.000198 does not affect the third place, so we have $S \approx 0.368$ correct to three decimal places.

12.5 Five Formulas of Power Series and Taylor Series 五个重要公式*

1. Power Series 幂级数

A power series is a series of the form

$$\sum_{n=0}^{\infty} c_n x^n = c_0 + c_1 x + c_2 x^2 + c_3 x^3 + \dots + c_n x^n + \dots$$

$$(n=0 \text{ to } n=\infty,\ \text{not } n=1 \text{ to } n=\infty)$$

幂级数可以理解为级数的“函数”(parent series)。例如,

Let $c_0 = c_1 = c_2 = \dots = c_n = \dots = 1$, $x = \frac{1}{2}$, then

$$\sum_{n=0}^{\infty} c_n x^n = \sum_{n=0}^{\infty} \left(\frac{1}{2}\right)^n \text{(化简为几何级数)};$$

Let $c_0 = c_1 = c_2 = \dots = c_n = \dots = 1, x^n = \frac{1}{n}$, then

$$\sum_{n=0}^{\infty} c_n x^n = \sum_{n=0}^{\infty} \frac{1}{n} \text{(即幂级数化简为调和级数)};$$

对于幂级数，只要给定一个 x 的值，就可以对应得到一个级数。讨论幂级数的收敛性时，得到的应该是一个 x 的收敛取值范围。若当 x 在某个区间取任何一个值时,得到的级数都收敛,则认为幂级数在该区间收敛，此区间为一个收敛区间。三大审敛法即可解决幂级数的收敛问题，用得最多的方法是 Ratio Test。

You will be asked to determine whether a power series converges. For a given power series $\sum_{n=0}^{\infty} c_n x^n$, there are only three possibilities (可能会出现三种收敛情况):

(a) The series converges only for $x=0$(幂级数只在 $x=0$ 处收敛);

(b) The series converges absolutely for all x(对一切的 $x \in R$ 都收敛);

(c) The series converges absolutely for all x in some open interval $(a-R, a+R)$, and diverges if $x < a-R$ or $x > a+R$. R is called the radius of convergence. $(a-R, a+R)$ is called the convergent interval. The series may converge or diverge at the endpoints of the interval (x 取某个区间的值时级数收敛).

幂级数的另外一种形式:

$$\sum_{n=0}^{\infty} c_n (x-a)^n = c_0 + c_1 (x-a) + c_2 (x-a)^2 + c_3 (x-a)^3 + \dots + c_n (x-a)^n + \dots$$

is called a power series in $(x-a)$ or power series centered at a or a power series about a.

Example 10 Find the radius and interval of convergence for the following power series.

(a) $\sum_{n=1}^{\infty} n!\,x^n$ (b) $\sum_{n=1!}^{\infty} \frac{e^n x^n}{n!}$ (c) $\sum_{n=1}^{\infty} \frac{(x-1)^n}{n}$

Solution: (a) $\lim_{n\to\infty}\left|\frac{a_{n+1}}{a_n}\right| = \lim_{n\to\infty}\left|\frac{(n+1)!\,x^{n+1}}{n!\;x^n}\right| = \lim_{n\to\infty}|x(n+1)| = \lim_{n\to\infty}(|x|\cdot|n+1|) = \infty$

The series diverges except when $x=0$. Thus, the series $\sum_{n=1}^{\infty}(n!x^n)$ converges only when $x=0$. Its interval of convergence is $\{0\}$ and its radius of convergence is 0.

(b) $\lim_{n\to\infty}\left|\frac{a_{n+1}}{a_n}\right| = \lim_{n\to\infty}\left|\frac{(ex)^{n+1}}{(n+1)!}\cdot\frac{n!}{(ex)^n}\right| = \lim_{n\to\infty}\left|ex\cdot\frac{1}{n+1}\right| = 0<1$ for all x.

The series converges for all x. So, its interval of convergence is $(-\infty,+\infty)$ and its radius of convergence is ∞.

(c) $\lim_{n\to\infty}\left|\frac{a_{n+1}}{a_n}\right| = \lim_{n\to\infty}\left|\frac{(x-1)^{n+1}}{n+1}\cdot\frac{n}{(x-1)^n}\right| = \lim_{n\to\infty}\left|\frac{n}{n+1}\cdot(x-1)\right| = |x-1|<1$

$\Rightarrow 0<x<2$

By the ratio test, the series might converge or diverge when

$$\lim_{n\to\infty}\left|\frac{a_{n+1}}{a_n}\right| = |x-1| = 1$$

So we must consider $x=0$ and $x=2$.

Plus $x=0$ into the series, it becomes $\sum_{n=1}^{\infty}\frac{(-1)^n}{n}$. Then we know $\sum_{n=1}^{\infty}\frac{(-1)^n}{n}$ is convergent (See Example 7);

Plus $x=2$ into the series, it becomes $\sum_{n=1}^{\infty}\frac{1}{n}$. Then we know $\sum_{n=1}^{\infty}\frac{1}{n}$ is divergent.

So, its interval of convergence is $[0,2)$ and its radius of convergence is 1.

(**Tips**：对于幂级数收敛区间的端点一般需要单独讨论其收敛性。)

2. Taylor Series and Maclaurin Series 泰勒级数与麦克劳林级数

If a function $f(x)$ has derivatives of all orders at $x=a$, then the Taylor series for $f(x)$ about $x=a$ is:

$$f(x) = \sum_{n=0}^{\infty}\frac{f^{(n)}(a)}{n!}(x-a)^n$$

$$= f(a) + f'(a)(x-a) + \frac{f''(a)}{2!}(x-a)^2 + \ldots + \frac{f^{(n)}(a)}{n!}(x-a)^n + \ldots$$

(本质上 Taylor series 为 power series，即取 $c_n = \frac{f^{(n)}(a)}{n!}$)

The special case of the Taylor series for $a=0$ is called the ***Maclaurin Series***（麦克劳林级数）：

$$f(x)=\sum_{n=0}^{\infty}\frac{f^{(n)}(0)}{n!}(x)^n=f(0)+f'(0)x+\frac{f''(0)}{2!}x^2+\dots+\frac{f^{(n)}(0)}{n!}x^n+\dots$$

Example 11 Find the Taylor series about $a=1$ generated by $f(x)=\dfrac{1}{x}$.

Solution：First, find the derivatives of $f(x)=\dfrac{1}{x}$ and compute their value at $a=1$.

$$f(x)=x^{-1}\qquad f(1)=1$$

$$f'(x)=-x^{-2}\qquad f'(1)=-1$$

$$f''(x)=2x^{-3}\qquad f''(1)=2$$

$$f'''(x)=-6x^{-4}\qquad f'''(1)=-6$$

$$\dots\dots\qquad\dots\dots$$

$$f^{(n)}(x)=(-1)^n\frac{n!}{x^{n+1}}\quad f^{(n)}(1)=(-1)^n n!$$

Next, plus the values above into the formula to generate the Taylor series：

$$\frac{1}{x}=f(1)+f'(1)(x-1)+\frac{f''(1)}{2!}(x-1)^2+\dots+\frac{f^{(n)}(1)}{n!}(x-1)^n+\dots$$

$$\frac{1}{x}=1-(x-1)+(x-1)^2+\dots=\sum_{n=0}^{\infty}(-1)^n(x-1)^n$$

Example 12 Find the Taylor series about $a=0$ generated by $f(x)=e^x$.

Solution：First, find the derivatives of $f(x)=e^x$ and compute their value at $a=0$.

$$f'(x)=f''(x)=f'''(x)=\dots=f^{(n)}(x)=\dots=e^x$$

$$f'(0)=f''(0)=f'''(0)=\dots=f^{(n)}(0)=\dots=e^0=1$$

Then

$$e^x=f(0)+f'(0)x+\frac{f''(0)}{2!}(x)^2+\dots+\frac{f^{(n)}(0)}{n!}(x)^n+\dots$$

$$=1+x+\frac{x^2}{2!}+\dots+\frac{x^n}{n!}+\dots$$

泰勒级数一向以难以理解而著称，很多读者看到此处比较头疼，其原因是不知泰勒级数从何而来，有何用。我们继续讨论上式。

$$e^x=1+x+\frac{x^2}{2!}+\dots+\frac{x^n}{n!}+\dots$$

Let $n=1$, $P_1(x)=1+x$;

Let $n=2$, $P_2(x)=1+x+\dfrac{x^2}{2!}$;

Let $n=3$, $P_3(x)=1+x+\dfrac{x^2}{2!}+\dfrac{x^3}{3!}$.

作出以下图像：

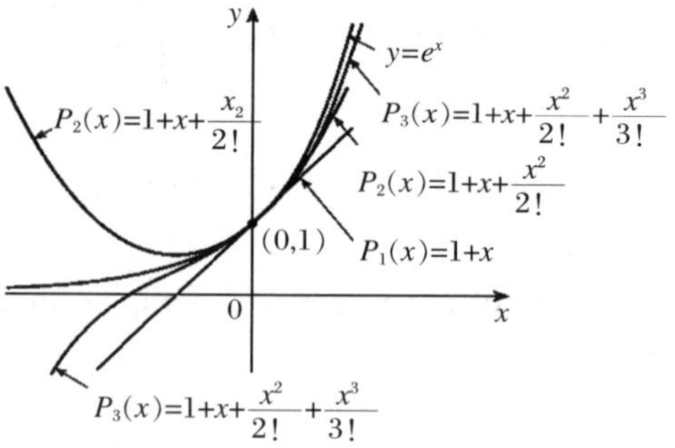

从上述图像可以看到，$P_1(x)=1+x$ 是一条切线，即本书第 7 章所讲的估算式：$f(x)\approx f(x_0)+f'(x_0)(x-x_0)(x_0=0)$。对于第七章所讲估算，若“以直代曲”，仅当 $x\to x_0$ 时，误差较小时我们才采用此式估算。但如果当 $x\gg x_0$ 和 $x\ll x_0$ 时，此时的估算误差会很大，对实际的指导意义不大。那如何实现 $x\gg x_0$ 和 $x\ll x_0$ 的估算呢？或者根据估算公式如何求任何一点函数值呢？泰勒级数给了我们答案。

下面继续讨论 $P_2(x)=1+x+\frac{x^2}{2!}$，从式子上看，$P_2(x)$ 比 $P_1(x)$ 多加了个二阶导数项，体现在图像上则为 $P_2(x)$ 的图像在 $x_0=0$ 附近有更大范围靠近 e^x 的图像。按照这个思路，在 $P_2(x)$ 的基础上加三阶导数项 $P_3(x)=1+x+\frac{x^2}{2!}+\frac{x^3}{3!}$，此时可以看到 $P_3(x)$ 进一步靠近 e^x 的图像……数学家泰勒最终发现，当无穷多阶导数项相加之后能让 $P_1(x)=1+x$ 这条切线不断的“圆滑”，最终与 e^x 的图像重合。这也让读者很好地理解了所谓的泰勒级数在 $x=a$ 展开的意义：即从 $x=a$ 那一点开始进行“圆滑”。数学家泰勒的伟大之处在于找到了由多阶幂函数组成的多项式函数与其他复杂函数之间的关系。也许此时我们才明白幂函数的英文为 *Power function*，果然是非常“给力”的函数！

泰勒级数在近似计算中有重要作用。用一些幂函数组成的多项式来表示任意的函数，极大地促进了计算机计算能力的发展。众所周知，计算机的运算是依靠晶体管“开”和“关”两个状态来表示 0 和 1，用晶体管封装之后的计算单元只能进行加减乘除运算。但我们实际的函数运算远远不止加减乘除，我们还有指数、对数、三角函数等运算。计算机是如何计算正弦函数，如何画正弦函数图像呢？最简单的方法就是把 $\sin x$ 用泰勒级数来表示。因为泰勒级数都是由多项式组成的，只需进行加和乘的运算。为了让读者深刻体会泰勒级数，我们再来看个例子：

$$f(x)=\frac{1}{1-x}=1+x+x^2+x^3+\ldots+x^n+\ldots$$

$$S_n(x)=1+x+x^2+x^3+\ldots+x^n$$

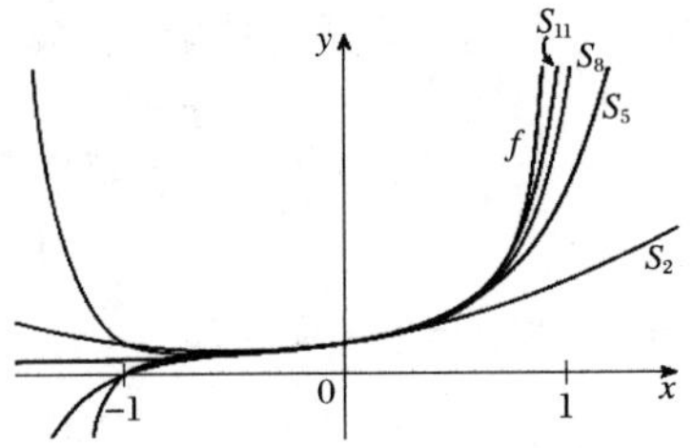

根据泰勒公式，对一个无穷阶可导的函数，我们都可以求出其泰勒展开式。AP 微积分考试大纲要求记住的四个函数的麦克劳林展开式：

$$e^x = 1 + x + \frac{x^2}{2!} + \frac{x^3}{3!} + \dots + \frac{x^n}{n!} + \dots$$

$$\sin x = x - \frac{x^3}{3!} + \frac{x^5}{5!} - \dots + (-1)^{n+1}\frac{x^{2n-1}}{(2n-1)!} + \dots$$

$$\cos x = 1 - \frac{x^2}{2!} + \frac{x^4}{4!} - \dots + (-1)^{n+1}\frac{x^{2n-2}}{(2n-2)!} + \dots$$

$$\frac{1}{1-x} = 1 + x + x^2 + x^3 + \dots + x^n + \dots \quad (-1 < x < 1)$$

（**Tips**：AP 微积分考试不给任何公式，我们强烈要求读者记住这 4 个公式加上泰勒级数展开式共 5 个公式，考试时会大有用处。）

3. Operation of Series 级数的运算

The formation of new series from known series: substitution, differentiation, antidifferentiation. For example

$$\frac{1}{1-x} = 1 + x + x^2 + x^3 + \dots + x^n + \dots$$

Let $x = t^2$, we obtain

$$\frac{1}{1-t^2} = 1 + t^2 + (t^2)^2 + (t^2)^3 + \dots + (t^2)^n + \dots = 1 + t^2 + t^4 + t^6 + \dots + t^{2n} + \dots$$

It means

$$\frac{1}{1-x^2} = 1 + x^2 + x^4 + x^6 + \dots + x^{2n} + \dots$$

Differentiate both sides of "$\frac{1}{1-x} = 1 + x + x^2 + x^3 + \dots + x^n + \dots$"

$$\left(\frac{1}{1-x}\right)' = (1 + x + x^2 + x^3 + \dots + x^n + \dots)'$$

$$\frac{1}{(1-x)^2} = 1 + 2x + 3x^2 + \dots + nx^{n-1} + \dots$$

Integrate both sides of "$\frac{1}{1-x} = 1 + x + x^2 + x^3 + \dots + x^n + \dots$"

$$\int \frac{1}{1-x}dx = \int (1 + x + x^2 + x^3 + \dots + x^n + \dots)\,dx$$

$$-\ln|1-x| = x + \frac{x^2}{2} + \frac{x^3}{3} + \dots + \frac{x^{n+1}}{n+1} + \dots + C$$

Plug $x = 0$ into the above equation, then we get $C = 0$.

$$-\ln|1-x| = x + \frac{x^2}{2} + \frac{x^3}{3} + \dots + \frac{x^{n+1}}{n+1} + \dots$$

Example 13 Find the Maclaurin series for $f(x) = \arctan x$.

Solution: Since

$$\frac{1}{1-x} = 1 + x + x^2 + x^3 + \dots + x^n + \dots$$

Let $x = -t^2$, we obtain

$$\frac{1}{1+t^2} = 1 - t^2 + t^4 - t^6 + \dots + (-1)^n \cdot t^{2n} + \dots$$

Then

$$\frac{1}{1+x^2} = 1 - x^2 + x^4 - x^6 + \dots + (-1)^n x^{2n} + \dots$$

$$\int \frac{1}{1+x^2}dx = \int (1 - x^2 + x^4 - x^6 + \dots + (-1)^n x^{2n} + \dots)\,dx$$

$$\arctan x = x - \frac{x^3}{3} + \frac{x^5}{5} - \frac{x^7}{7} + \dots + (-1)^n \frac{x^{2n+1}}{2n+1} + \dots + C$$

Plug $x = 0$ into the above equation, then we get $C = 0$.

$$\arctan x = x - \frac{x^3}{3} + \frac{x^5}{5} - \frac{x^7}{7} + \dots + (-1)^n \frac{x^{2n+1}}{2n+1} + \dots$$

Example 14 Find $f(x) = \dfrac{e^{(x+1)^2} - 1}{(x+1)^2}$ if $e^x = 1 + x + \dfrac{x^2}{2!} + \dfrac{x^3}{3!} + \dots + \dfrac{x^n}{n!} + \dots$.

Solution:

$$e^x = 1 + x + \frac{x^2}{2!} + \frac{x^3}{3!} + \dots + \frac{x^n}{n!} + \dots$$

$$e^{(x+1)^2} = 1 + (x+1)^2 + \frac{(x+1)^4}{2!} + \frac{(x+1)^6}{3!} + \dots + \frac{(x+1)^{2n}}{n!} + \dots$$

$$e^{(x+1)^2} - 1 = (x+1)^2 + \frac{(x+1)^4}{2!} + \frac{(x+1)^6}{3!} + \dots + \frac{(x+1)^{2n}}{n!} + \dots$$

$$\frac{e^{(x+1)^2} - 1}{(x+1)^2} = \frac{(x+1)^2 + \frac{(x+1)^4}{2!} + \frac{(x+1)^6}{3!} + \dots + \frac{(x+1)^{2n}}{n!} + \dots}{(x+1)^2}$$

$$\frac{e^{(x+1)^2} - 1}{(x+1)^2} = 1 + \frac{(x+1)^2}{2!} + \frac{(x+1)^4}{3!} + \dots + \frac{(x+1)^{2n-2}}{n!} + \dots$$

Example 15 What is the sum

$$1+\frac{1}{2!}+\ldots+\frac{1}{n!}+\ldots?$$

Solution: By the formula

$$e^x=1+x+\frac{x^2}{2!}+\ldots+\frac{x^n}{n!}+\ldots$$

Let $x=1$

$$e=1+1+\frac{1}{2!}+\ldots+\frac{1}{n!}+\ldots$$

$$1+\frac{1}{2!}+\ldots+\frac{1}{n!}=e-1$$

Example 16 Find the first three nonzero terms and the general term of the Maclaurin series representing $\int_0^x f(t)\,dt$ if $f(x)=\frac{x}{1+x^2}$.

Solution: Since

$$\frac{1}{1+x^2}=1-x^2+x^4-\ldots+(-1)^n x^{2n}+\ldots$$

$$\frac{x}{1+x^2}=x-x^3+x^5-\ldots+(-1)^n x^{2n+1}+\ldots$$

$$\int_0^x f(t)\,dt=\int_0^x[t-t^3+t^5-\ldots+(-1)^n t^{2n+1}+\ldots]\,dt$$

$$=\frac{x^2}{2}-\frac{x^4}{4}+\frac{x^6}{6}-\ldots+\frac{(-1)^n x^{2n+2}}{2n+2}-\ldots$$

The first three nonzero terms and the general term:

$$\frac{x^2}{2}-\frac{x^4}{4}+\frac{x^6}{6}-\ldots+\frac{(-1)^n x^{2n+2}}{2n+2}+\ldots$$

4. Lagrange Error Bound 拉格朗日误差限

Let $P_n(x)=\sum_{n=0}^{n}\frac{f^{(n)}(a)}{n!}(x-a)^n=f(a)+f'(a)(x-a)+\frac{f''(a)}{2!}(x-a)^2+\ldots+\frac{f^{(n)}(a)}{n!}(x-a)^n$

$$f(x)=\sum_{n=0}^{\infty}\frac{f^{(n)}(a)}{n!}(x-a)^n=P_n(x)+R_n(x)$$

So

$$R_n(x)=f(x)-P_n(x)\ (|x-a|<R)$$

$R_n(x)$ is called the Remainder of the Taylor series.

Lagrange Error（拉格朗日误差）

$$R_n(x)=\frac{f^{(n+1)}(\xi)}{(n+1)!}(x-a)^{n+1}(\xi \text{ is between } x \text{ and } a)$$

Lagrange Error Bound（拉格朗日误差限）

$$|R_n(x)|<\max\left|\frac{f^{(n+1)}(\xi)}{(n+1)!}(x-a)^{n+1}\right|(\xi \text{ is between } x \text{ and } a)$$

Example 17 Approximate sin(1.1) using a fifth degree Maclaurin polynomial and find the Lagrange error bound.

Solution: We know the fifth degree Maclaurin polynomial for x

$$\sin x\approx x-\frac{x^3}{3!}+\frac{x^5}{5!}$$

$$\sin(1.1)\approx 1.1-\frac{1.1^3}{3!}+\frac{1.1^5}{5}\approx 0.892$$

Lagrange remainder for $n=5$ is

$$R_5(x)=\frac{f^{(6)}(\xi)}{6!}x^6(\xi \text{ is between } x \text{ and } 0)$$

Lagrange error bound

$$|R_5(1.1)|<\max\left|\frac{f^{(6)}(\xi)}{6!}\times 1.1^6\right|(\xi \text{ is between } 1.1 \text{ and } 0)$$

Find the sixth derivative of x

$$\sin^{(6)}x=-\sin x$$

The function $y=-\sin x$ is decreasing on the interval $[0, 1.1]$, then $|-\sin 0|<|-\sin 1.1|$. So

$$|R_5(1.1)|<\max\left|\frac{f^{(6)}(\xi)}{6!}\times 1.1^6\right|=\frac{\sin^{(6)}(1.1)}{6!}\times 1.1^6\approx 0.002$$

【Practice Problems · 课后练习】

1. Find the sum of the series $1+\frac{1}{2}+\frac{1}{2^2}+\frac{1}{2^3}+\frac{1}{2^4}+\ldots+\frac{1}{2^n}+\ldots$

2. Does the series $\sum_{n=1}^{\infty}\frac{2^n}{n^2}$ converge or diverge?

3. Use the ratio test to determine the series $\sum_{n=1}^{\infty}\frac{3^n}{n!}$ converges.

4. Find the radius and interval of convergence of the power series.

   (a) $\sum_{n=1}^{\infty}\frac{x^n}{\sqrt{n}}$ (b) $\sum_{n=1}^{\infty}\frac{n!\,x^n}{e^n}$

5. Find the radius of convergence and interval of convergence of the power series $\sum_{n=1}^{\infty}\frac{4^n x^n}{(n+2)^2}$.

6. Find the first three nonzero terms of the Taylor series about $a=\frac{\pi}{3}$ generated by $f(x)=\sin x$.

7. Estimate $\ln(1.3)$ using a third degree Taylor polynomial about $a=0$ and find the error bound.

8. (a) Expand $f(x)=\frac{x}{(1-x)^2}$ as a power series.

   (b) Using part (a), find the sum of the series $\sum_{n=1}^{\infty}\frac{n}{2^n}$. Show all the work.

【Story·数学讲堂】

数学家泰勒

泰勒(Taylor Brook)，英国数学家。1685年8月18日生于英格兰德尔塞克斯郡的埃德蒙顿市；1731年12月29日卒于伦敦。泰勒出生于英格兰一个富有的家庭，有身上贵族血统。其父亲约翰来自肯特郡的比夫隆家庭。泰勒是家里的长子。进大学之前，泰勒一直在家里读书。泰勒全家，尤其是他的父亲，都爱好音乐和艺术，经常在家里招待艺术家，这对泰勒一生的工作有着极大的影响，这从他的两个主要科学研究课题：弦振动问题以及透视画法，就可以看出来。

1701年，泰勒进入剑桥大学的圣约翰学院学习。1709年，他获得法学硕士学位。1712年，他被选为英国皇家学会会员，同年进入促裁牛顿和莱布尼兹发明微积分优先权争论的委员会，两年后其获得法学博士学位。从1714年起担任皇家学会第一秘书，1718年以健康为由辞去这一职务。

由于工作及健康上的原因，泰勒曾几次访问法国并和法国数学家蒙莫尔多次通信讨论级数问题和概率论的问题。1708年，23岁的泰勒得到了“振动中心问题”的解，引起了人们的注意，在这个工作中他用了牛顿的瞬的记号。从1714年到1719年，是泰勒在数学上盛产的时期。他的两本著作：《正的和反的增量方法》以及《线性透视论》都出版于1715年，它们的第二版分别出于1717和1719年。从1712到1724年，他在《哲学会报》上共发表了13篇文章，其中有些是通信和评论。文章中还包含毛细管现象、磁学及温度计的实验记录。

在生命的后期，泰勒转向宗教和哲学的写作，他的第三本著作《哲学的沉思》在他死后由其外孙W·杨于1793年出版。

泰勒以微积分学中将函数展开成无穷级数的定理著称于世。这条定理大致可以叙述为：函数在一个点的邻域内的值可以用函数在该点的值及各阶导数值组成的无穷级数来表示。然而，在半个世纪里，数学家们并没有认识到泰勒定理的重大价值。这一重大价值是后来由拉格朗日发现的，他把这一定理刻画为微积分的基本定理。泰勒定理的严格证明是在定理诞生一个世纪之后，由柯西给出的。

（资料来源：http://wenwen.soso.com/z/q170431031.htm）

Chapter 13 Graphing Calculator 图形计算器使用指南

TI-Nspire CX CAS 彩屏图形计算器是德州仪器公司针对 AP 微积分、SAT 数学使用的一款图形计算器。此款图形计算器是 College Board 官方指定的 AP 考试图形计算器之一。详情请见：http://www.collegeboard.com/student/testing/ap/calculus_bc/calc.html? calcbc。

TI-Nspire CX CAS 图形计算器，中文彩屏，充电电池，128M 内存，触模板、内置鼠标，类 win 系统；可分屏显示、多元关联，有 CAS 功能，公式编辑器，集成方程、不等式、函数、三角、几何、算法、统计、概率、解析、向量、积分、导数等功能。

13.1 TI-Nspire CX CAS 面板介绍

1. 整体外观

注：此章节内容由德州仪器（上海）有限公司技术总监吴会勇老师和作者共同完成，感谢吴老师和德州仪器（上海）有限公司的大力支持！

2. 显示屏介绍

按开机键后，进入 home 状态，屏幕呈现典型的三分栏布局。左上屏是便签本，右上屏是文档管理，下方屏是七大功能模块，如下图所示。

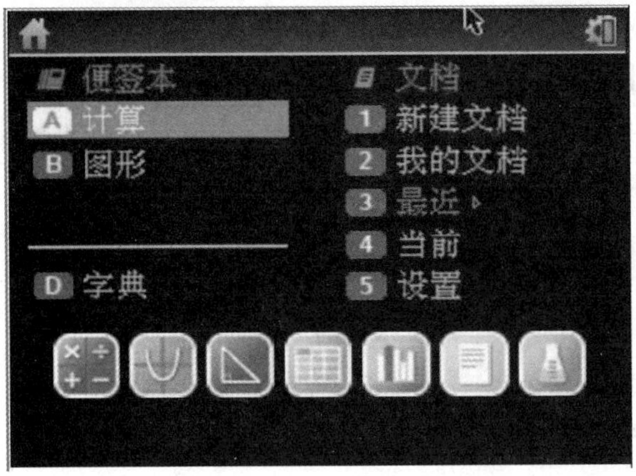

(1) 便签本

“按 A，选择计算；按 B，选择图形”。便签本里的内容不能保存，一般是打草稿临时调用。注意，字典一般需要用教师版软件进行安装。TI 这一款机器支持功能调用的快捷方式，只要某一个功能前面有数字或者字母，即可按这个数字或者字母直接调用该功能，当然，你也可以滑动触模板或者按方向键，当鼠标靠近某一个功能时，按回车键也可以调用。

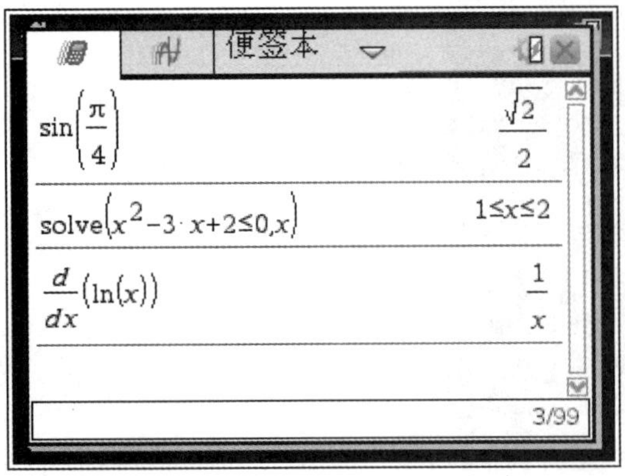

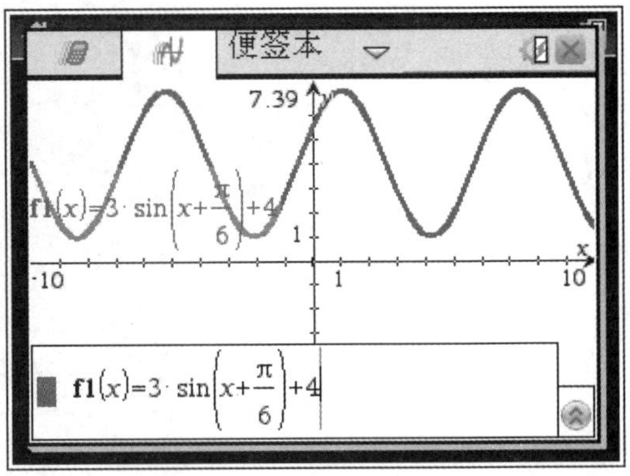

(2) 文档管理

在 home 状态下，“按 1，可以新建一个文档；按 2，打开我的文档；按 3，调用最近打开过的文档；按 4，调用当前打开的文档；按 5，可以进行更改语言、设置、查看机器状态等”，机器状态包含电池、软件版本等信息，本书中 TI 机器的版本选定为 3.2.3.1233。

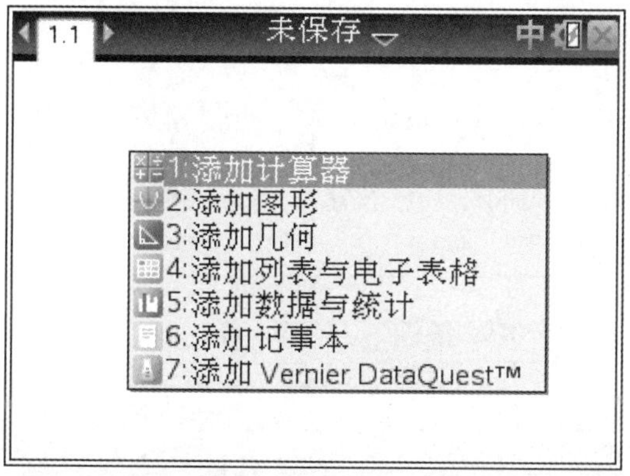

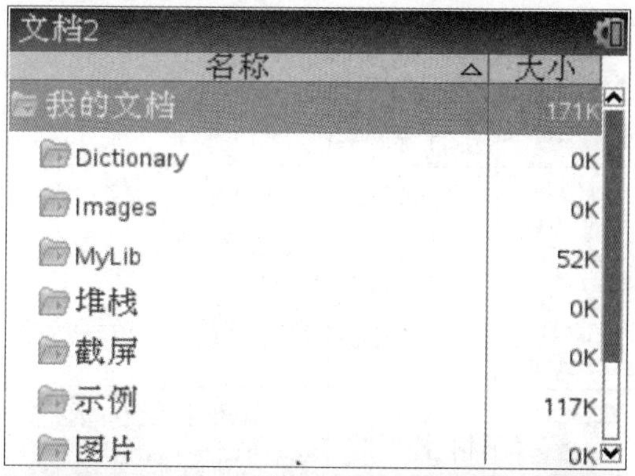

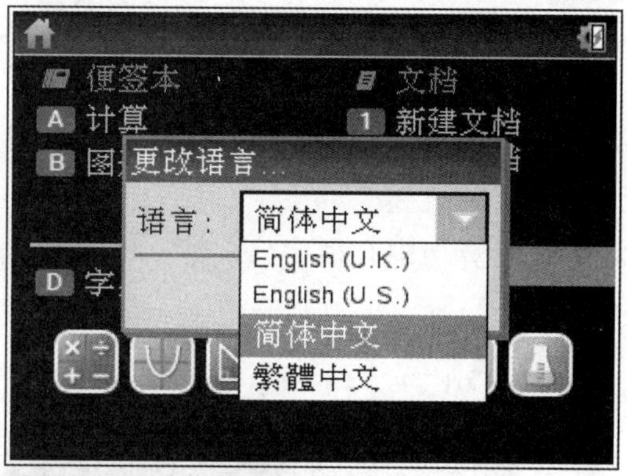

(3)七大功能模块

图标	模块	功能
	计算器	计算、方程、不等式、三角、微积分、导数、概率、统计、矩阵与向量、金融、函数与程序等功能。
	图 形	视图分：绘制、平面几何、三维绘图；图形输入/编辑分为：函数、等式、参数、极坐标、散点图、序列、微分方程；图象分析：零点、最值、交点、拐点、导数、积分；可方便进行曲线与曲线的位置关系等问题的研究；可测量、作图、变换；可制作动态图象。
	几 何	绘制平面几何图形，并对图形进行平移、缩放、旋转、对称等变换。度量几何图形的数量关系，动点动画，轨迹功能。

图标	模块	功能
	列表与电子表格	与 excel 兼容，进行数组输入，采集数据，统计回归分析。
	数据与统 计	统计图表：直方图、折线图、饼图，正态分布。与表格联动，根据采集的数据描点绘制轨迹。
	记事本	图文混排，数学字符、公式，电子备课。
	科学实验	利用维尼尔传感器连接图形计算器，采集数据，对数据作统计分析，进行科学实验。

3. **键盘介绍**

数学计算当中有很多公式等，此计算器能十分方便的输入各种式子和方程。常用键如下所示：

Ctrl + = （输入不等号）

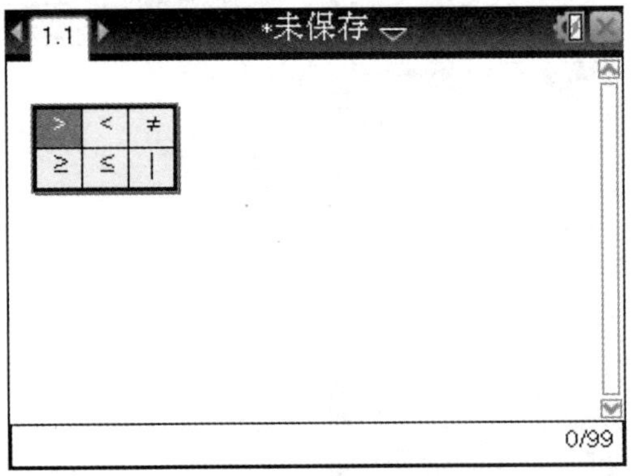

trig （输入三角函数）

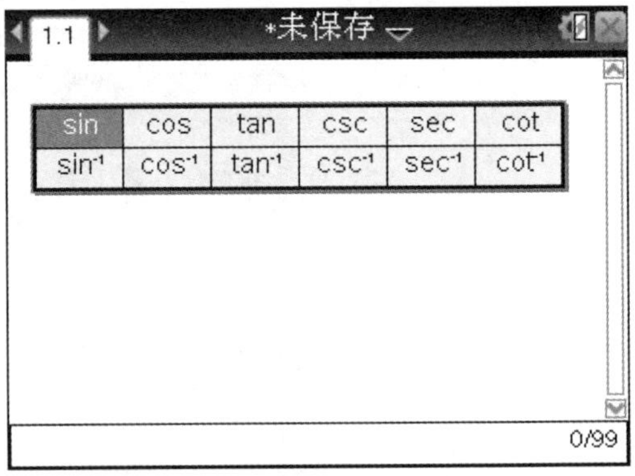

公式编辑器 （数字键 9 右边第一个键）

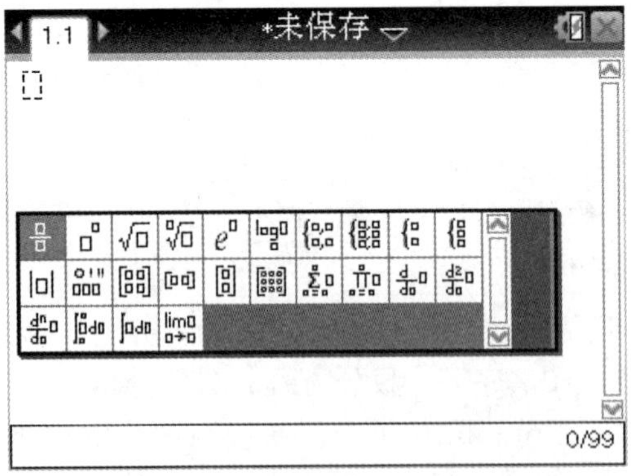

（第一排第六个为分段函数输入）

书本键（数字键 9 右边第二个键）

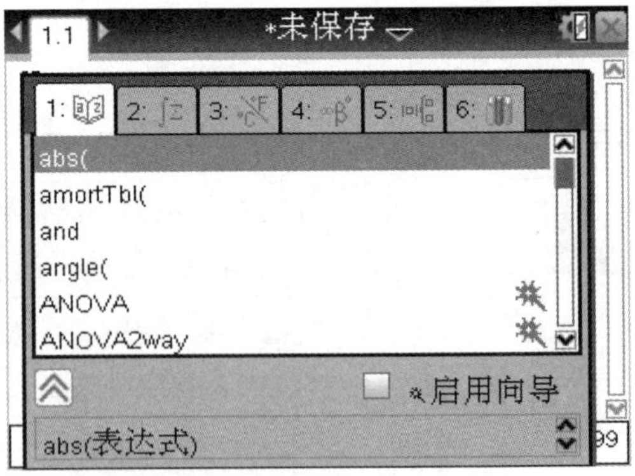

（此面板为所有运算功能的集合）

π（pi 键）

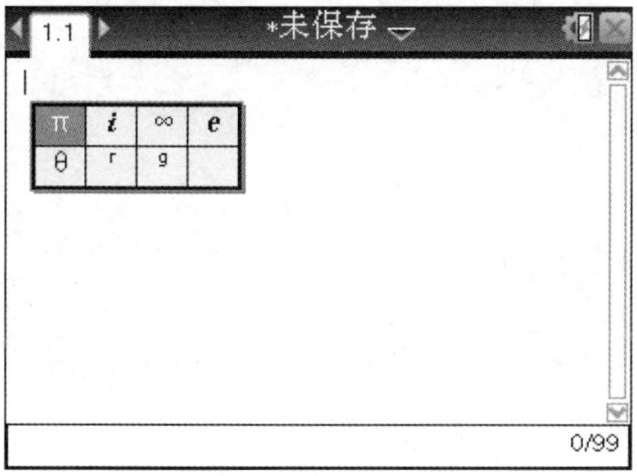

Ctrl ＋ 书本键

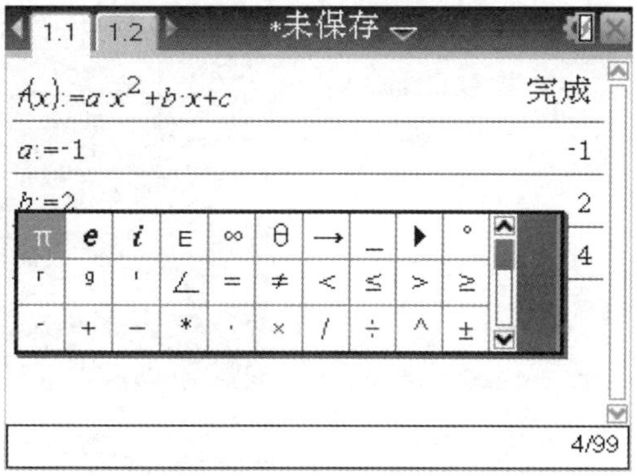

Ctrl ＋ enter（计算结果以小数输出）

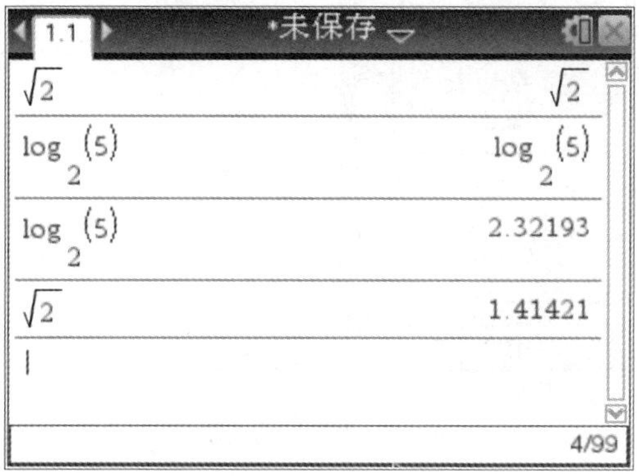

4. 图形计算器的设置

(1) 角度与弧度

按开机键，依次选择“5：设置，2：设置，1：常规”可设置角度和弧度。在三角函数计算中，角度和弧度都使用频繁，但在图形、几何模块功能下（选择“5：设置，2：设置，2：图形与几何”），一般将其设置为角度。

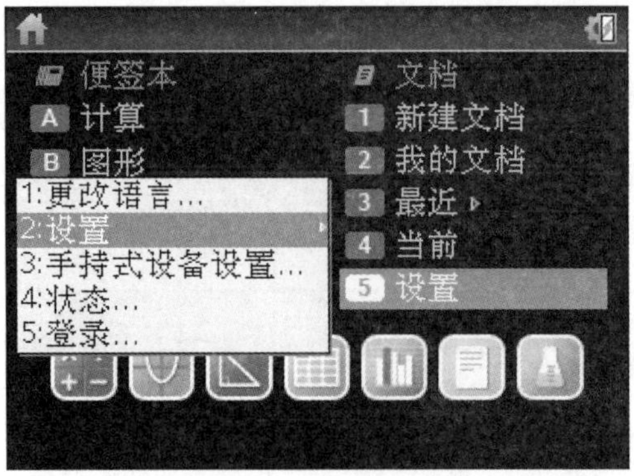

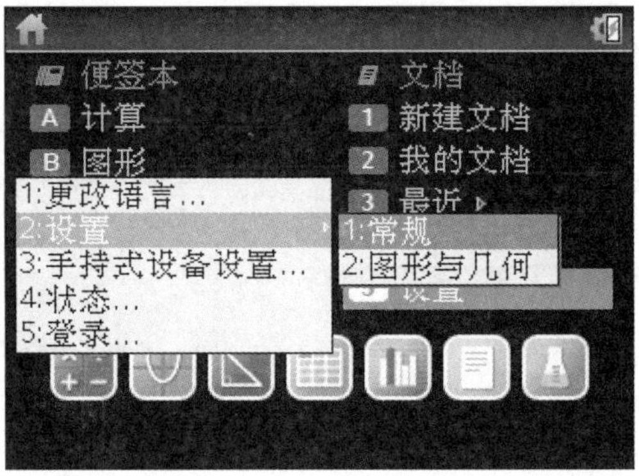

在常规设置中，找到角度选项，默认角度的单位是弧度制。

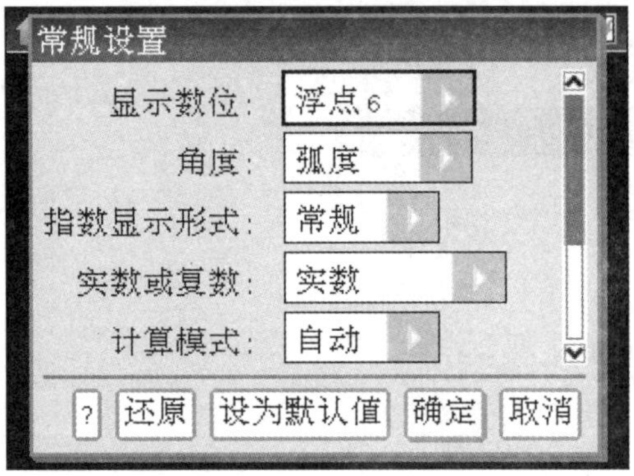

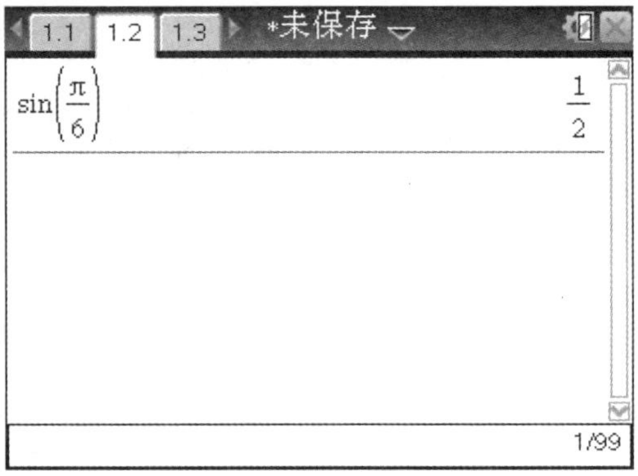

如果想修改为角度制，通过按方向键，选择单位为度数，再按[确认]即可。

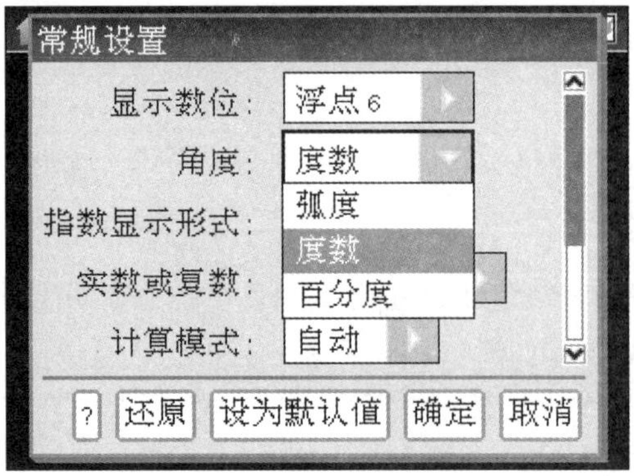

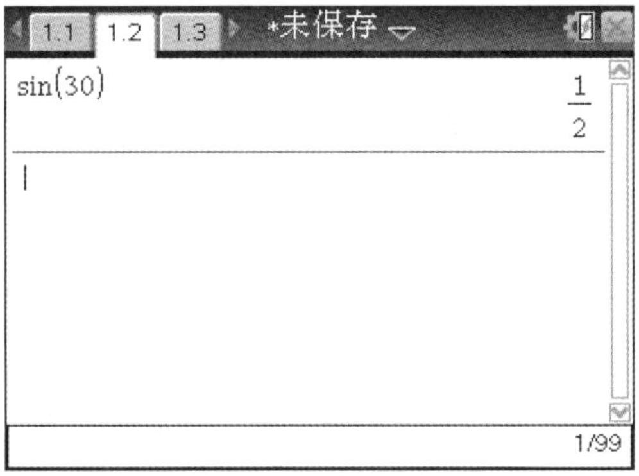

(2) 计算结果小数点后位数

依次选择“5：设置，2：设置，1：常规”，在显示数位处，按方向键，选择“浮点数位或者定点数位”。

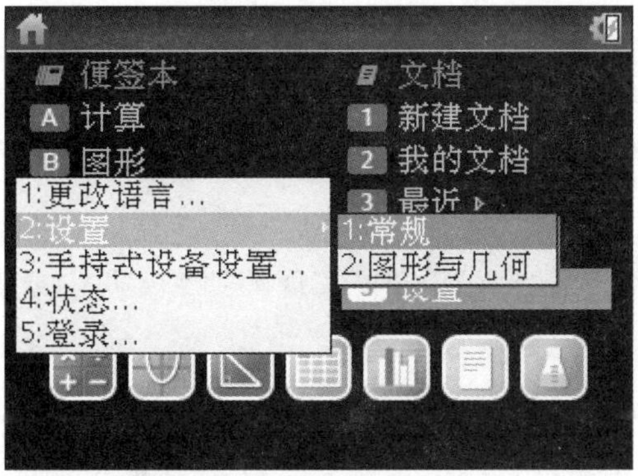

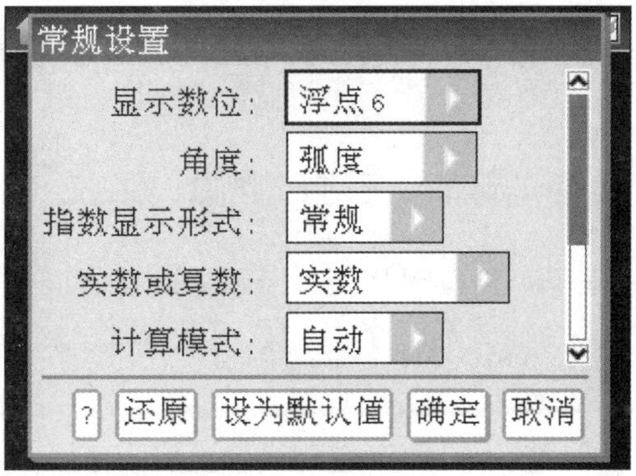

如要求小数点后 6 位，则选择“浮点 6”。AP 微积分考试中，要求在中间计算过程保留小数点后 6 位，最后结果保留 3 位，一般将显示数位设置为“浮点 6”。

(3) 坐标系

按ctrl + 文档，新建页面。选择“2：添加图形”。按菜单，选择“3：图形输入/编辑”，有函数、等式、参数、极坐标、散点图、序列、微分方程等选项，可以画直角坐标、参数方程、极坐标函数图像。

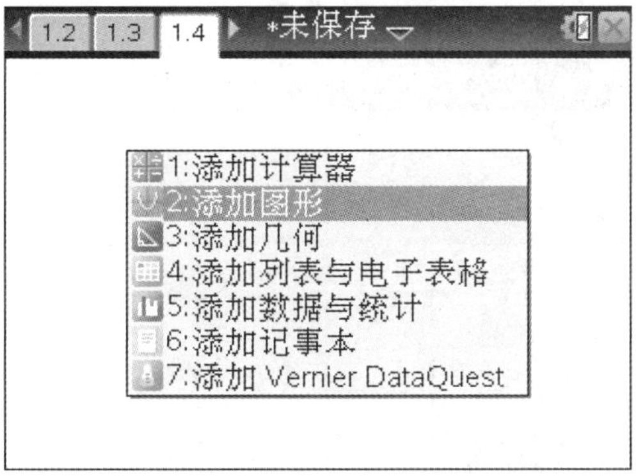

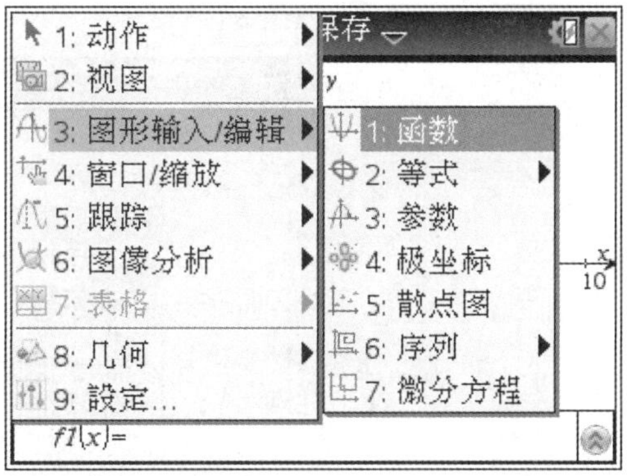

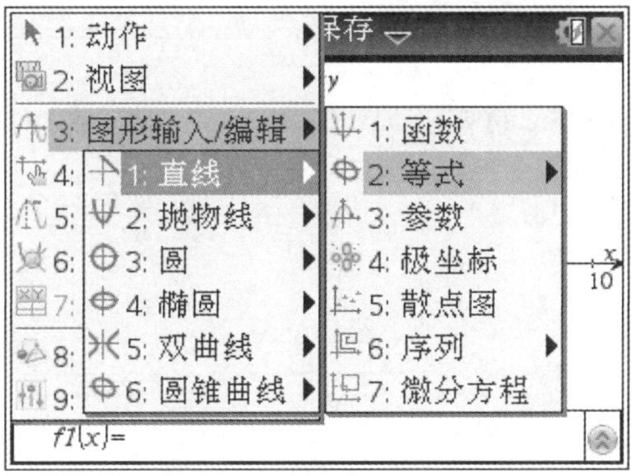

13.2 TI-Nspire CX CAS 页面的操作

1. 页面的翻页、添加、删除、保存

翻页：滑动触摸板，用鼠标选定页面的标签，比如1.2，即可实现翻到1.2页。或者用组合键：ctrl +►/◄(导航键)，实现多个页面的左右翻页。

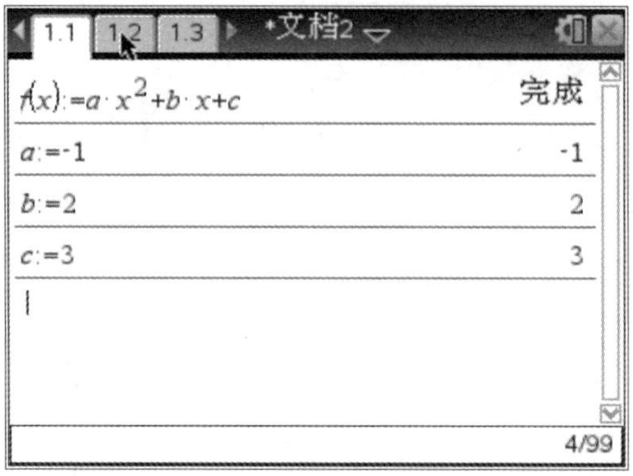

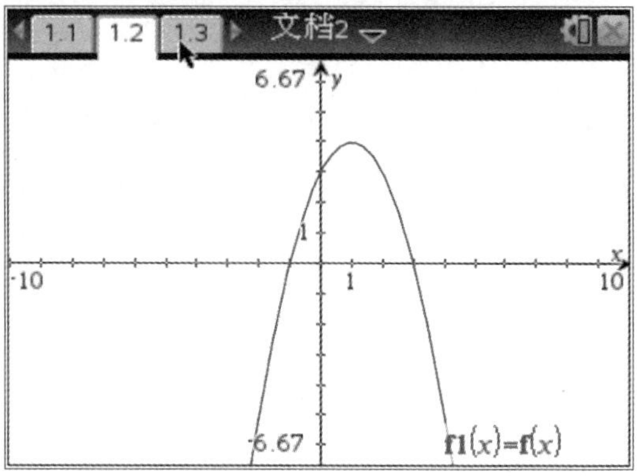

添加：ctrl + 文档，添加一个新的页面。

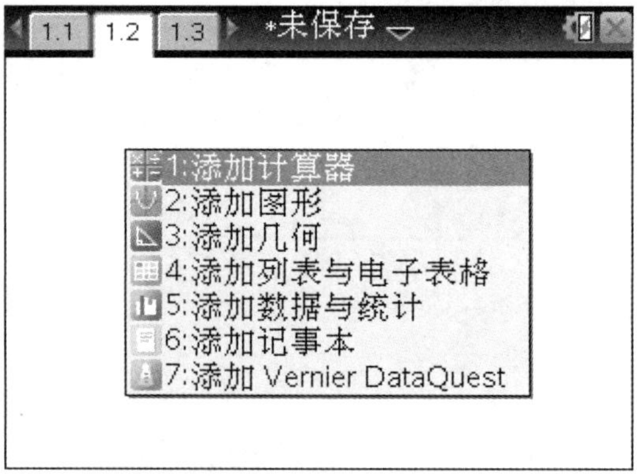

删除：先按文档，选择“5：页面布局，6：删除页面”，即可删除一个页面。

保存：先按文档，选择“1：文件，4：保存”，即可保存一个页面。

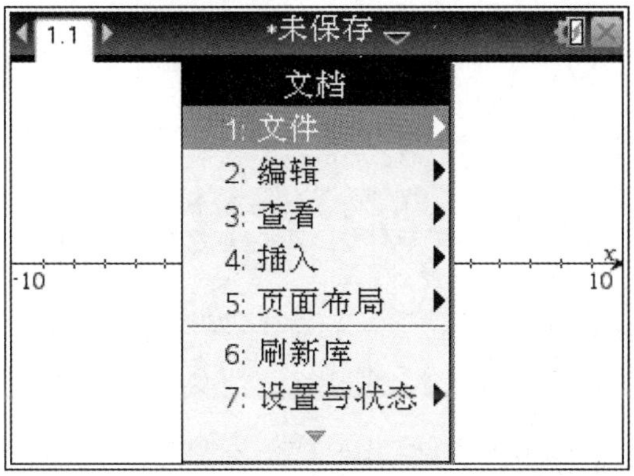

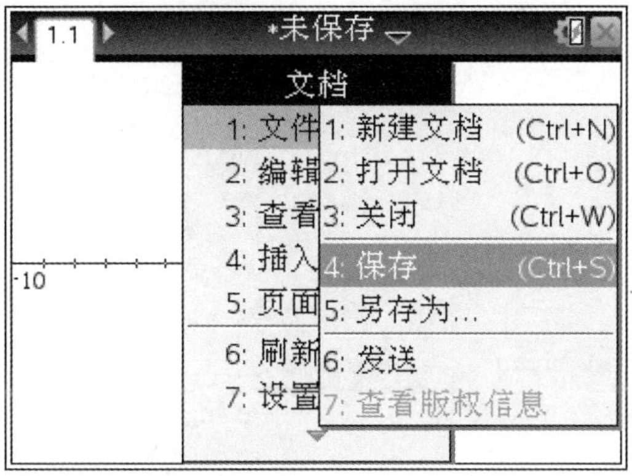

2. 代数计算——计算页面介绍

按 Ctrl + 文档，添加一个图形页面，再按 菜单，可以看到计算有 9 大功能。

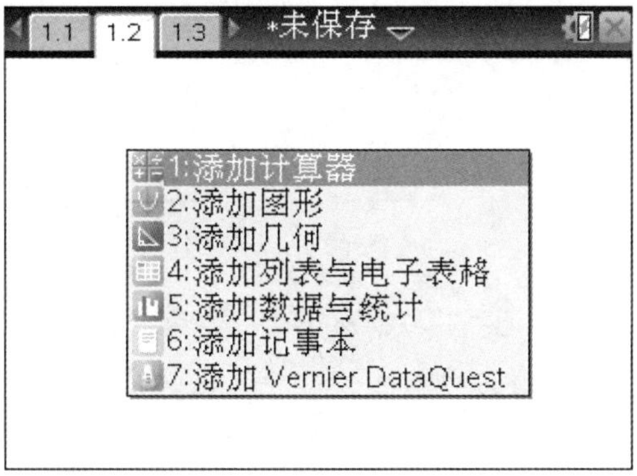

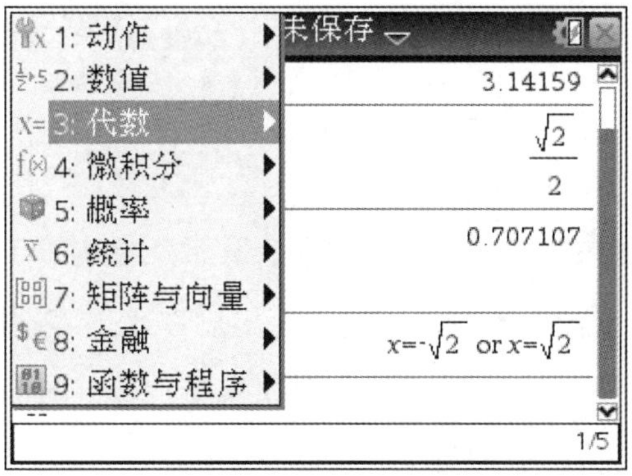

其中数值、代数、微积分等为常用功能，下图斜体部分均为 AP 微积分考试将用到的功能。

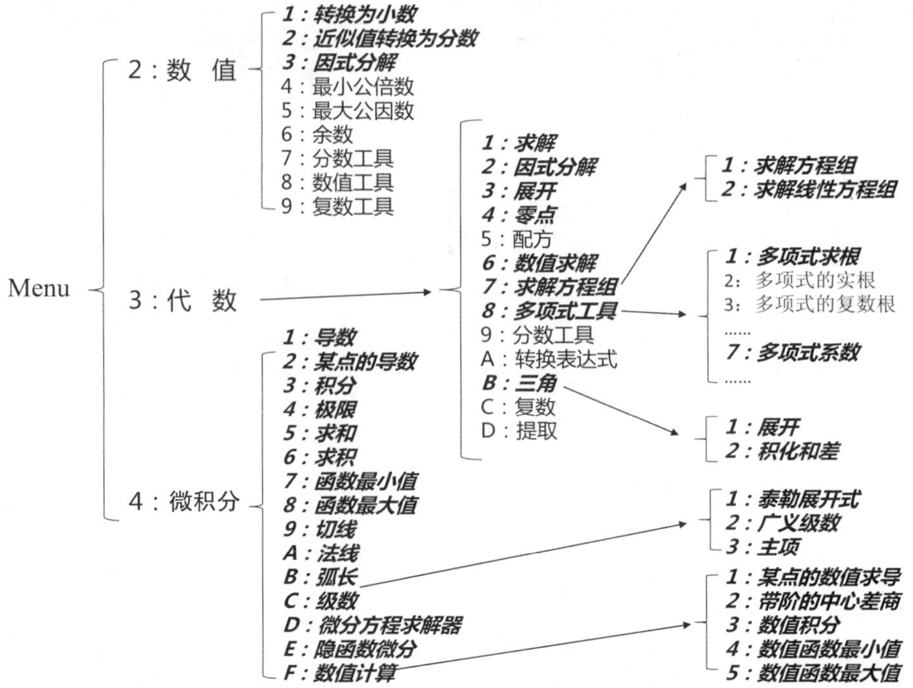

(1) 数值功能

数值共有 9 个分功能，下面介绍其中 3 个的用法。

功能 1：转换为小数。可以把一个无理数、分数或者一个方程的精确解转换成小数。

按键：光标在某无理数或者分数后面，按 菜单 ，依次选择“2：数值，1：转换成小数”，然后按回车即可。

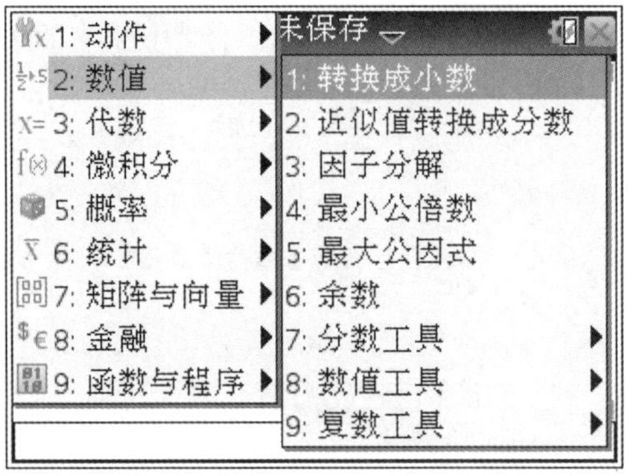

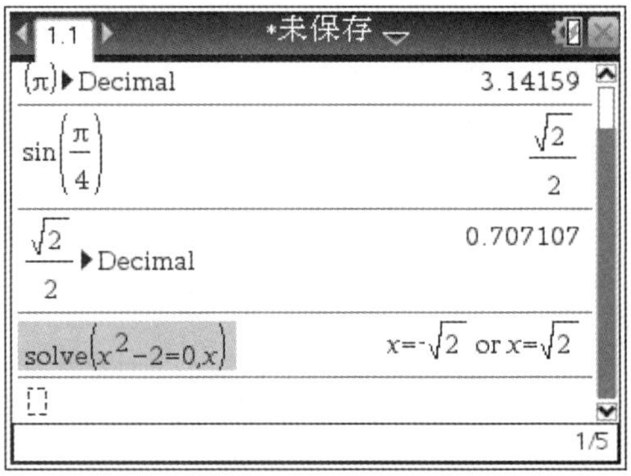

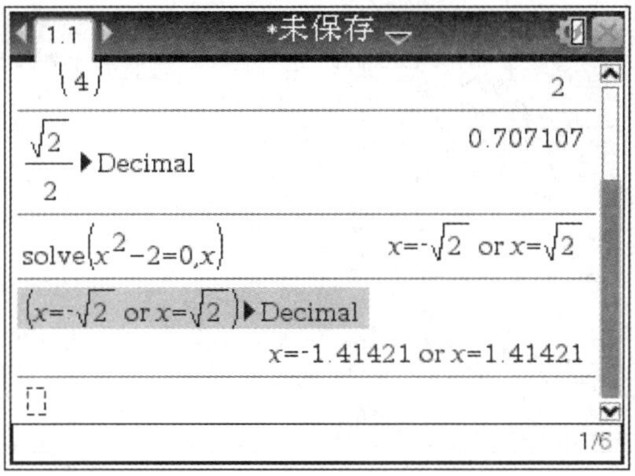

功能 2：近似值转换成分数。可以把小数转换成分数。

按键：光标在某无理数或者分数后面，按[菜单]，依次选择“2：数值，2：近似值转换成分数”，然后按回车即可。

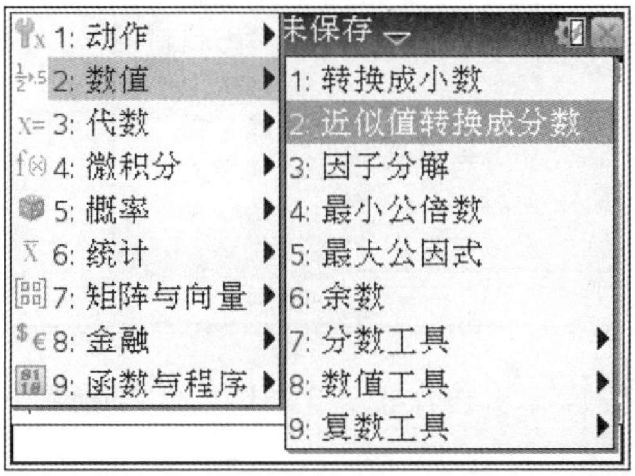

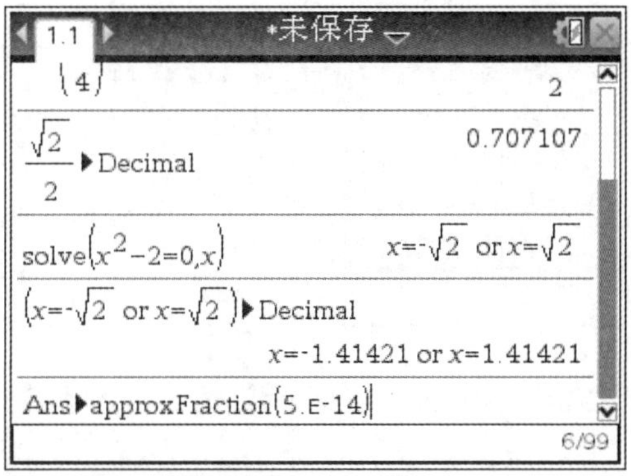

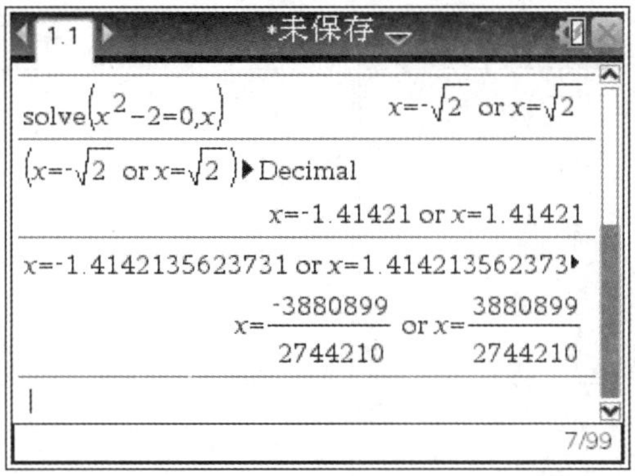

功能 3：因子分解。进行因数分解或者因式分解。

按键：按[菜单]，依次选择“2：数值，3：因子分解”，在函数命令 factor( ) 的括号里输入需要分解的数字或者式子，如果有多个字母，需要在式子的后面输入“,未知数”。

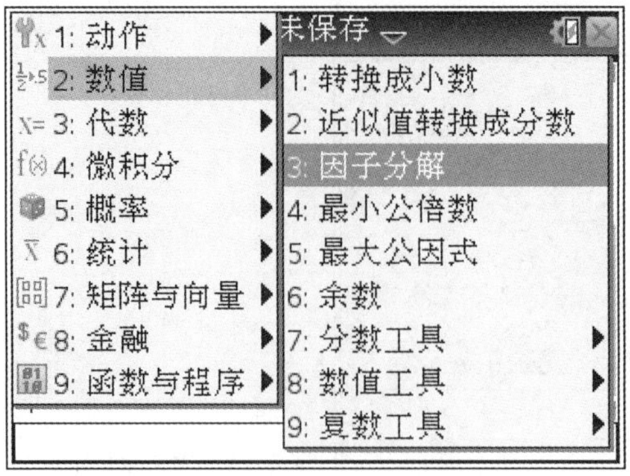

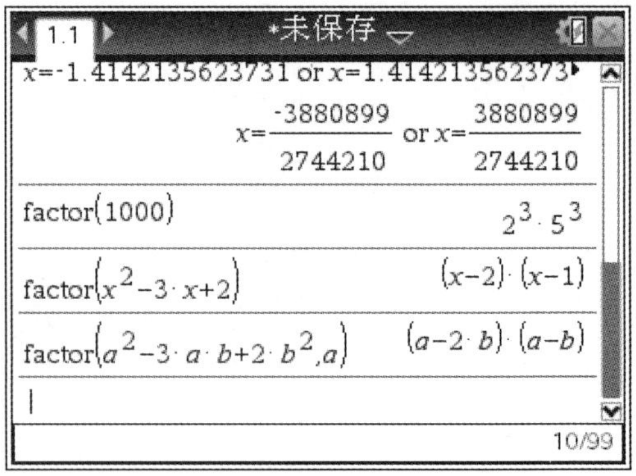

(2)代数功能

按菜单，选择3：代数，可以看到代数功能一共有13个小功能。

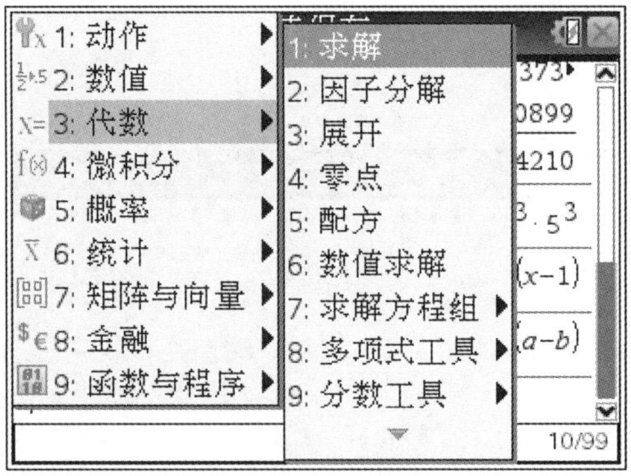

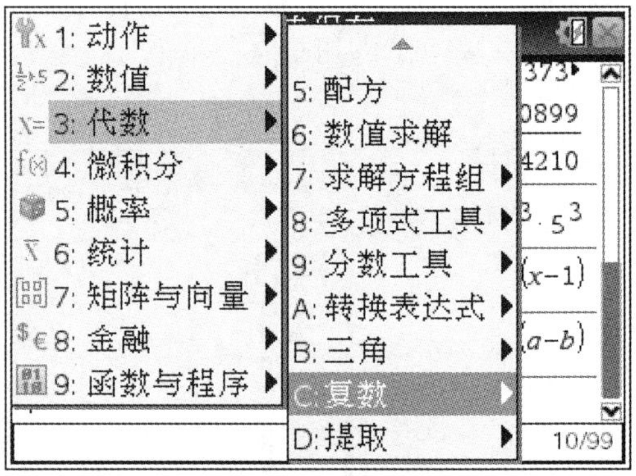

功能1：求解。可以解一元方程、不等式。按菜单，依次选择3：代数，1：求解，在函数命令的括号里输入方程或者不等式，方程后面输入"，未知数"，回车即可。

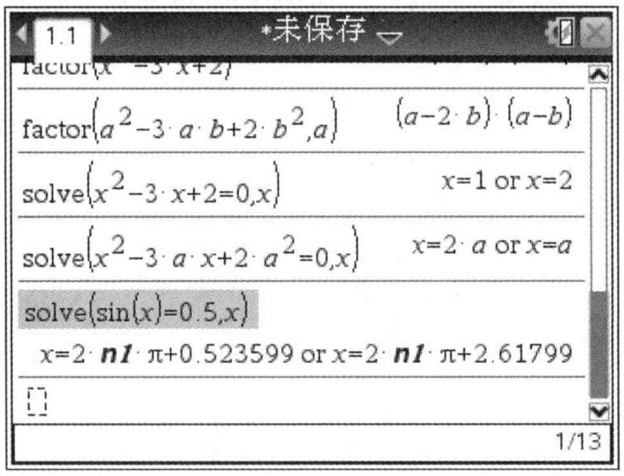

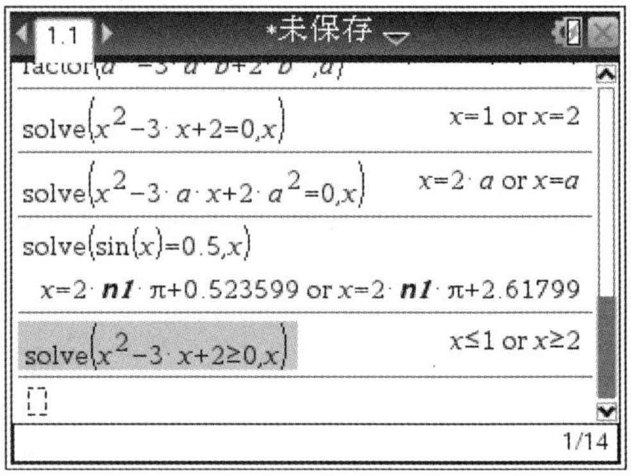

功能2：因子分解。可以因数分解、因式分解。用法略。

功能3：展开。可以实现多项式的乘法运算、式子的展开。

按键：按菜单，依次选择"3：代数，3：展开"，在函数命令的括号里输入要展开的式子或者方程，如果有多个字母，需要在式子后面输入"，未知数"，明确降序排列的字母(如x)，然后回车。

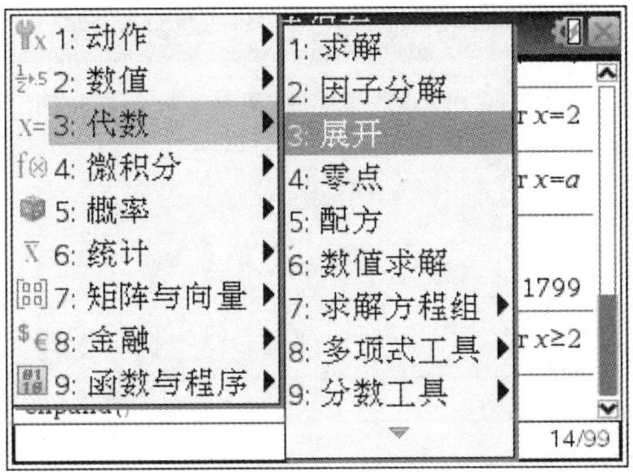

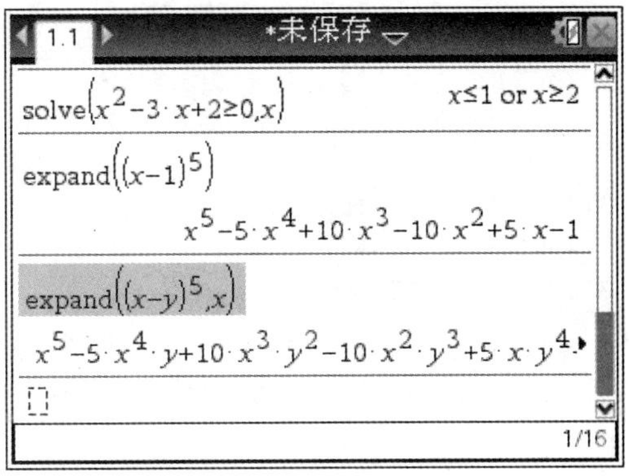

功能4：零点。可以求一个方程或函数的零点。

按键：按[菜单]，依次选择“3：代数，4：零点”，在函数命令的括号里输入要求零点的方程或函数，然后在式子的后面输入“，未知数”，然后回车。

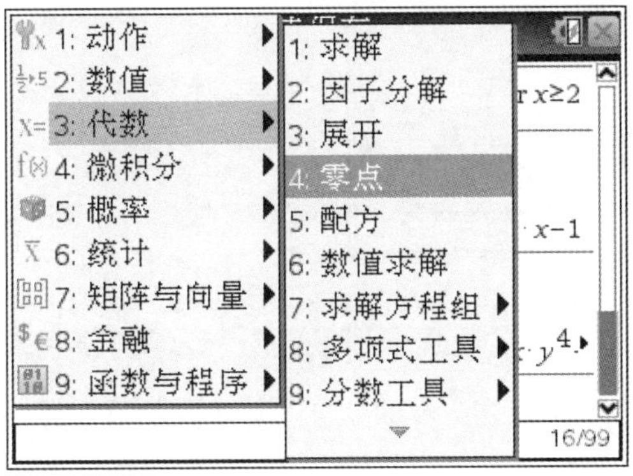

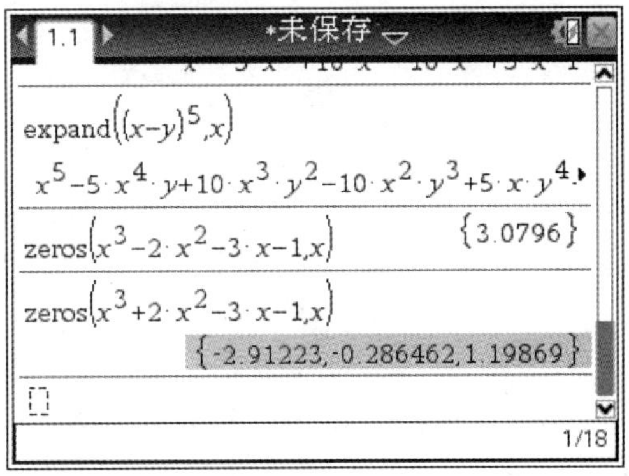

功能6：数值求解。求方程指定 x 值附近的零点。

按键：按[菜单]，依次选择“3：代数，6：数值求解”。方程的后面，输入“变量 = 估计值”。

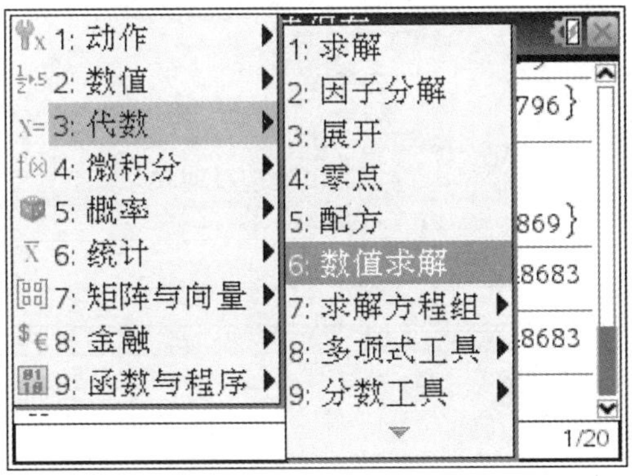

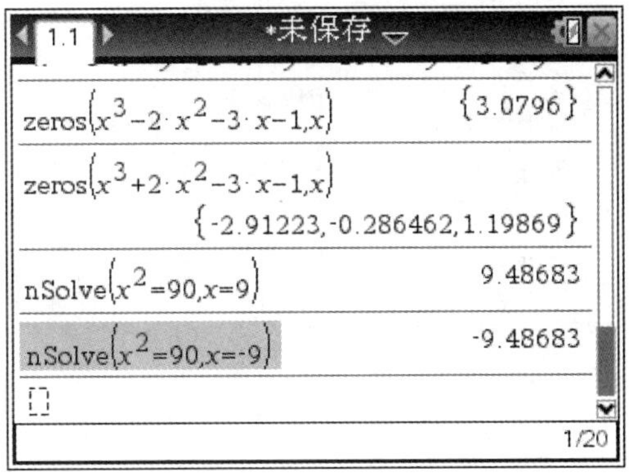

功能7：求解方程组。

按键：按[菜单]，依次选择“3：代数，7：求解方程组，1：求解方程组”，选择方程数，输入变量，回车，然后在方程里依次输入各个方程，回车求解。

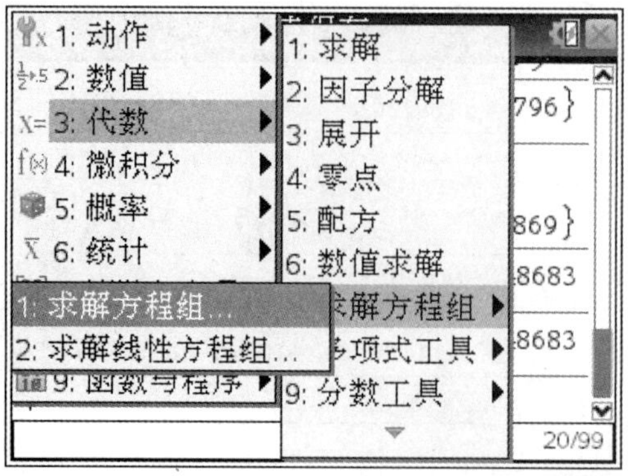

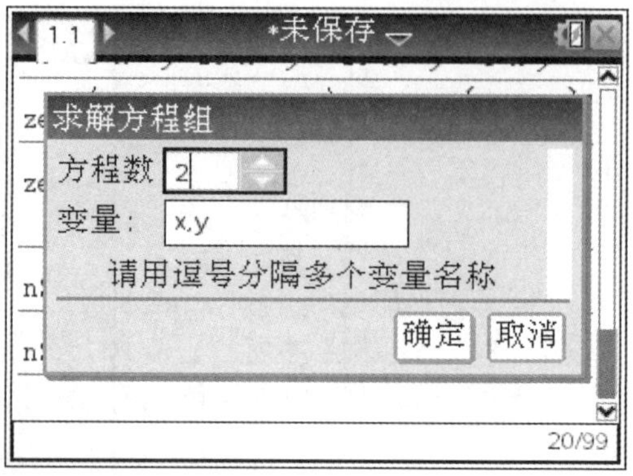

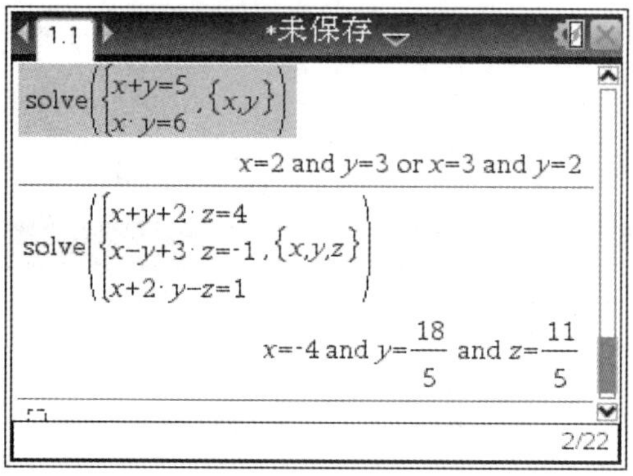

功能 8：多项式工具。包含 8 个小功能，第 1 个为多项式求根，第 2 个为多项式系数。

多项式求根的按键：按菜单，依次选择“3：代数，8：多项式工具，1：多项式求根”，如下图选择多项式的最高次数、根的情况，再输入各项系数，回车即可。

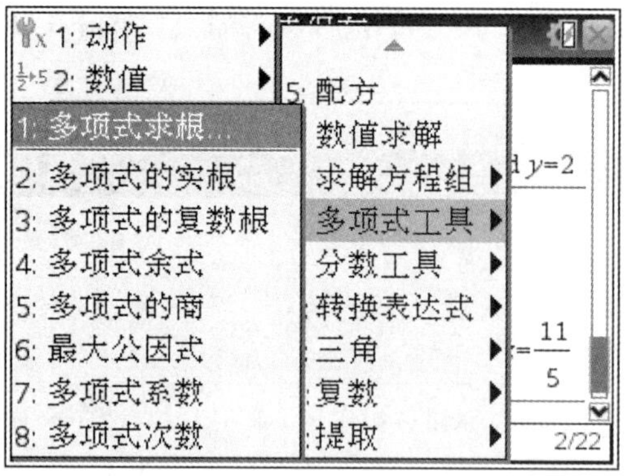

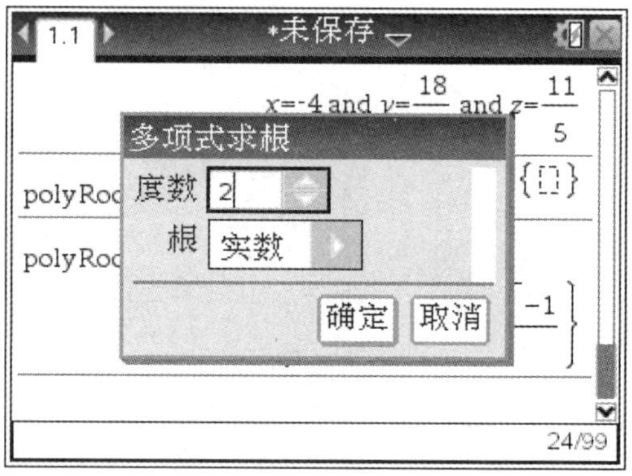

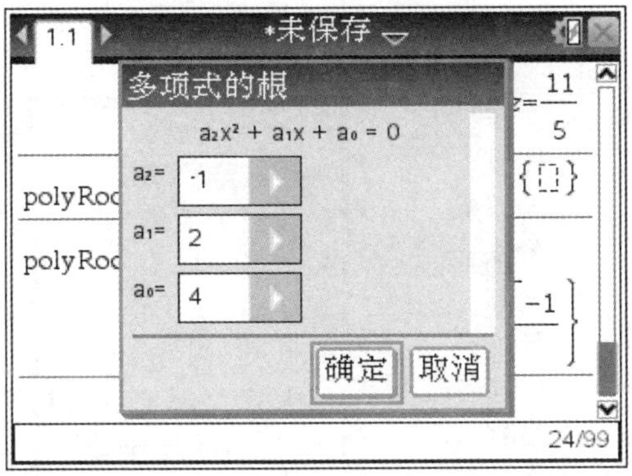

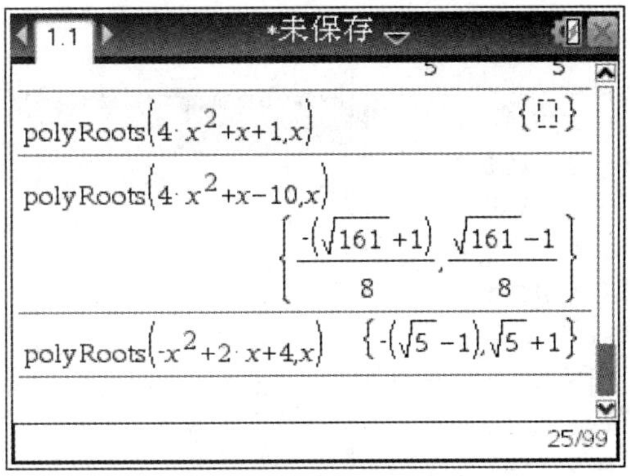

多项式系数的按键：按菜单，依次选择“3：代数，8：多项式工具，7：多项式系数”，输入多项式，有多个字母的需要输入“，未知数”，然后回车即可。结果以大括号，数组的形式给出。

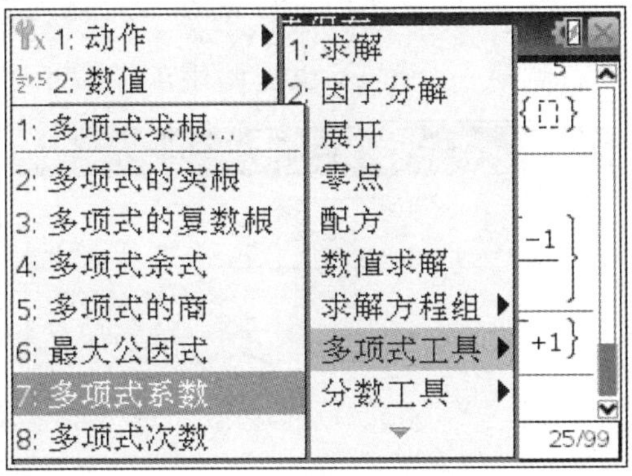

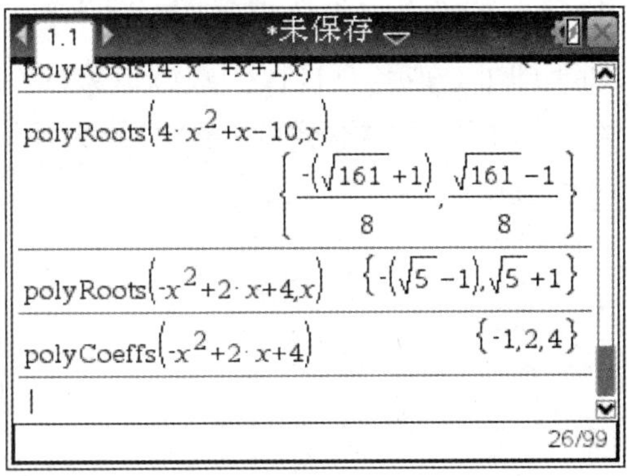

功能 B：三角。有两个小功能，展开和积化和差。

展开按键：按菜单，依次选择“3：代数，B：三角，1：展开”，输入三角表达式，回车即可。

积化和差按键：按菜单，依次选择“3：代数，B：三角，2：积化和差”，输入三角表达式，回车即可。具体如下图所示。

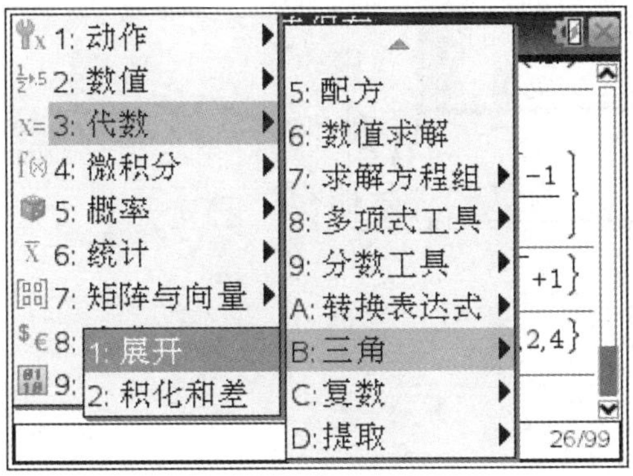

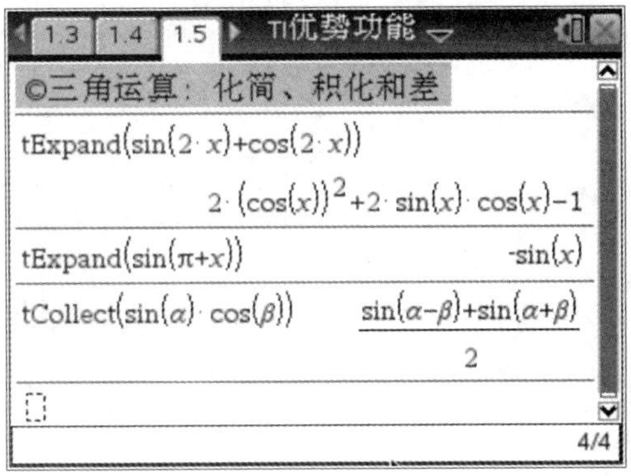

(3)微积分功能

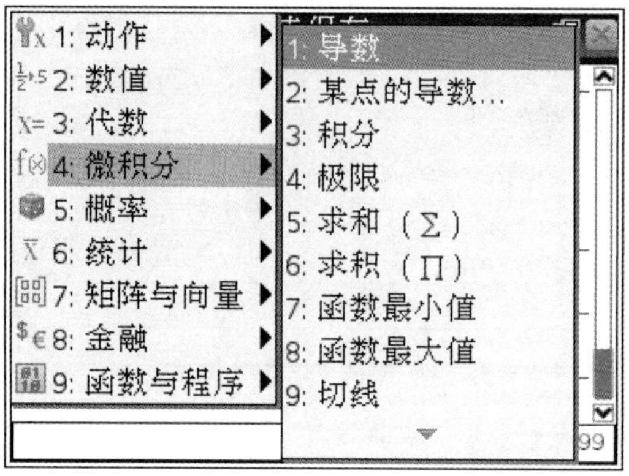

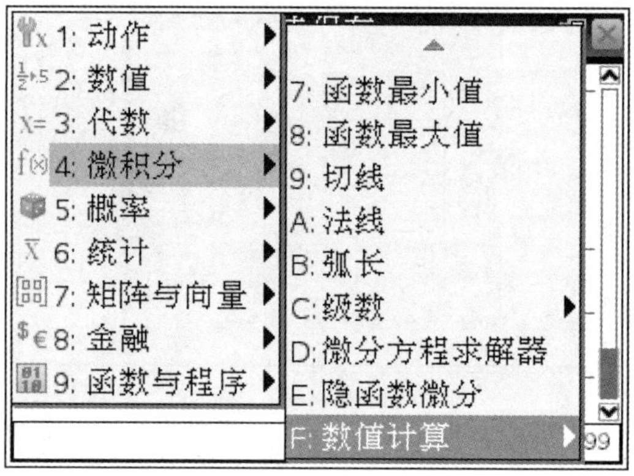

功能 1：导数。

按键：按[菜单]，依次选择“4：微积分，1：导数”，然后在函数命令的括号里输入表达式，回车即可。或者直接按公式编辑器(数字键 9 右侧第一个键)，也能调用求导命令。

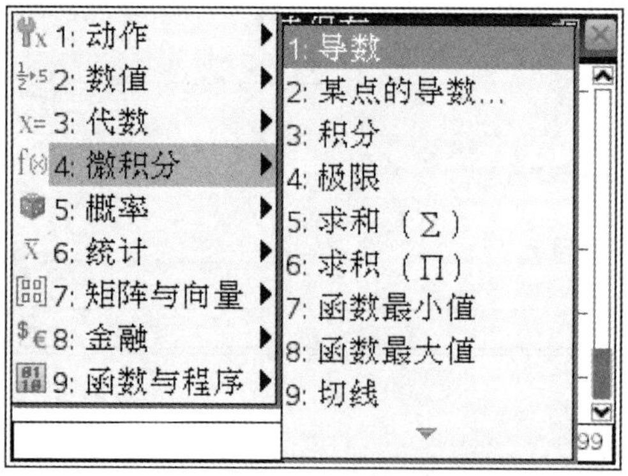

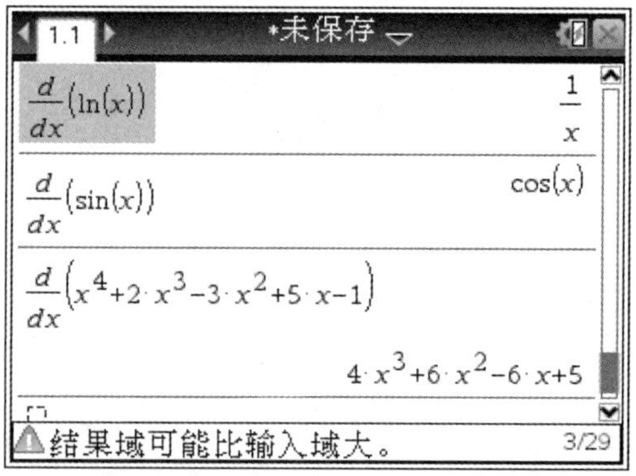

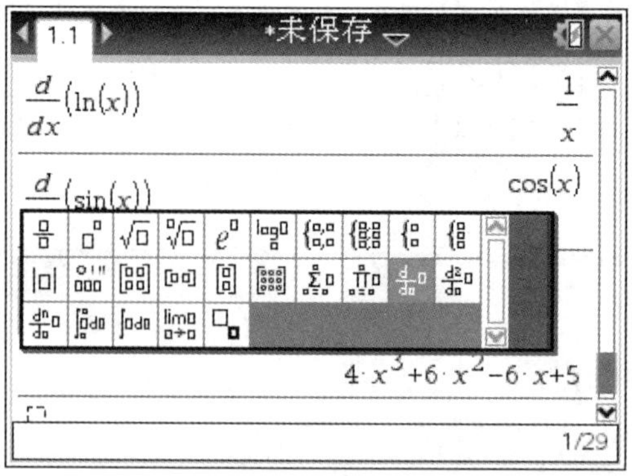

功能 2：某点的导数。求函数在某点的导数值。

按键：按[菜单]，依次选择“4：微积分，2：某点的导数”，在弹出的对话框里依次确定变量值、导数的阶数，回车确定，然后在函数命令的括号里输入函数表达式和变量的取值，回车即可。此外，也可直接从公式编辑器调用命令。

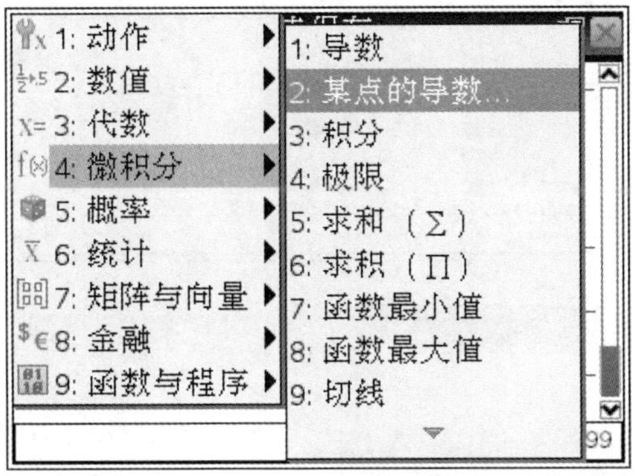

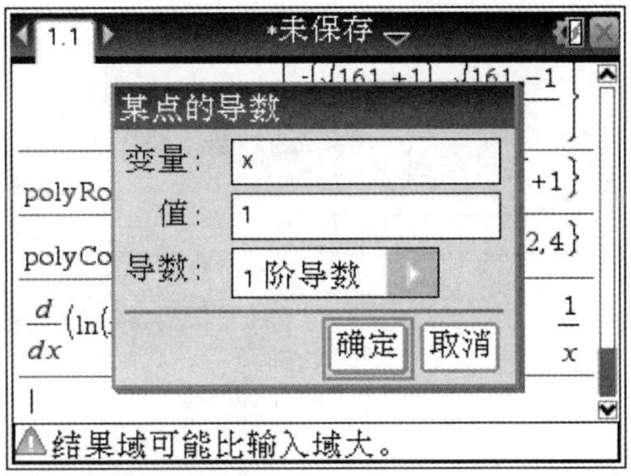

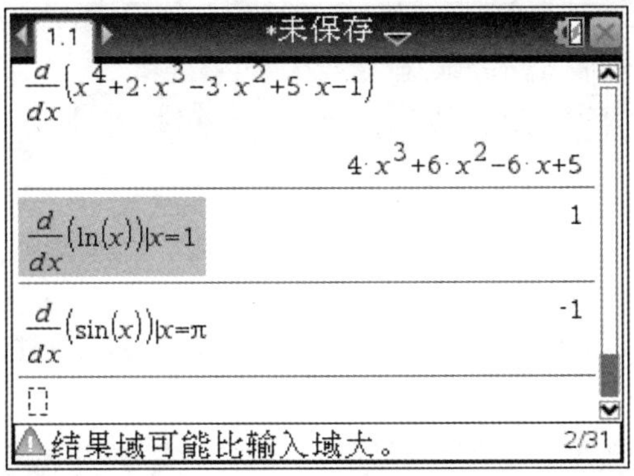

功能3：积分。求函数的定积分。

按键：按[菜单]，依次选择“4：微积分，3：积分”，然后分别在积分符号里，输入上下限、函数解析式、变量，回车即可。当然也可从公式编辑器调用定积分和不定积分的函数命令。

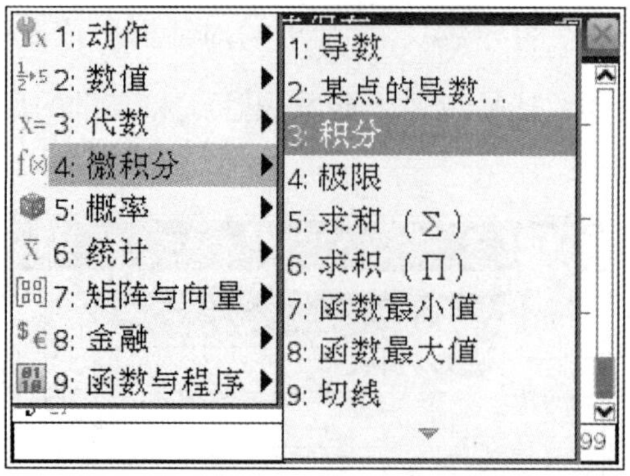

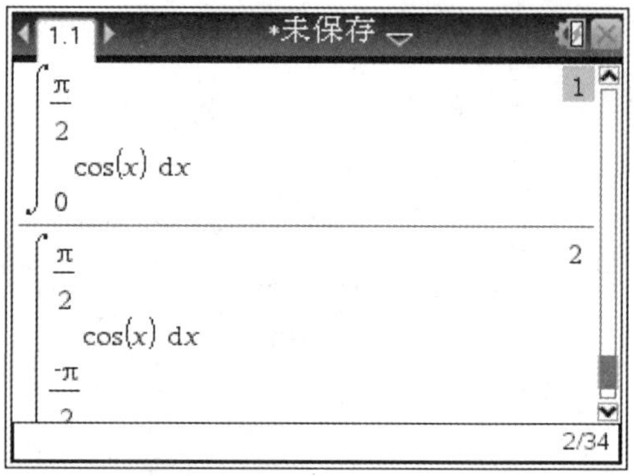

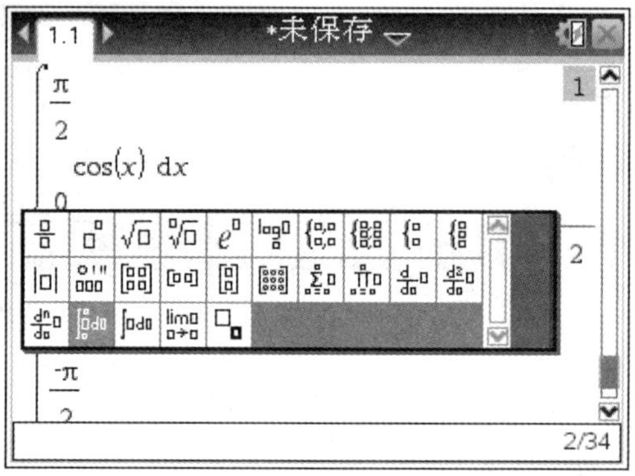

功能 4：极限。按键如下图所示，也可直接按公式编辑器调用极限命令。

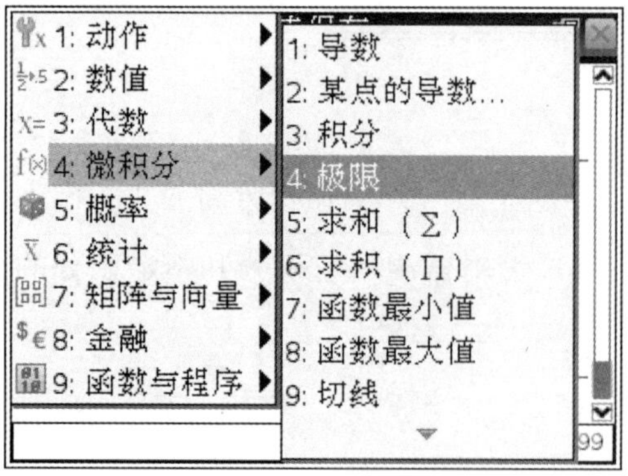

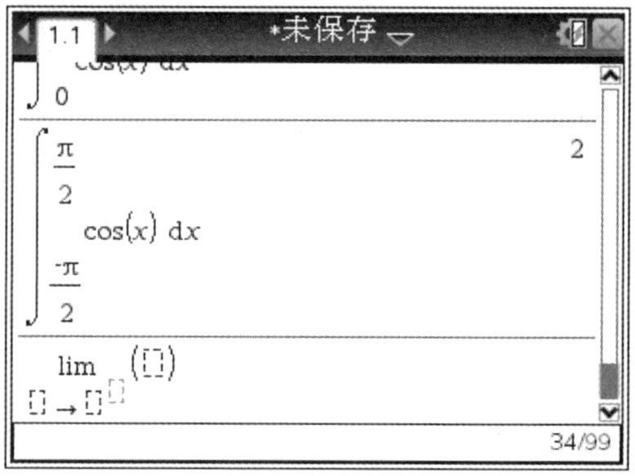

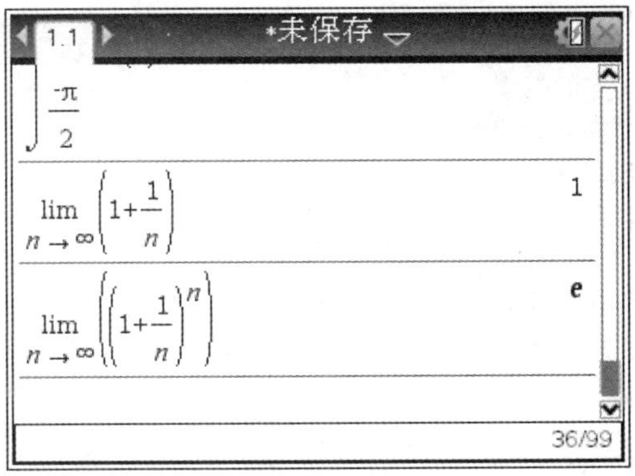

功能 5：求和。按键如下图所示，亦可直接按公式编辑器调用求和命令。

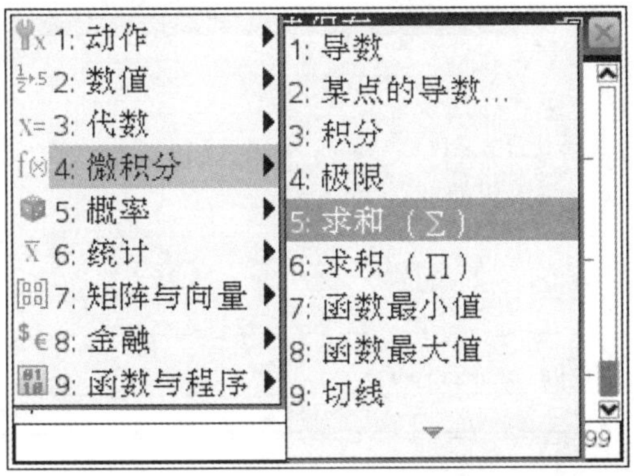

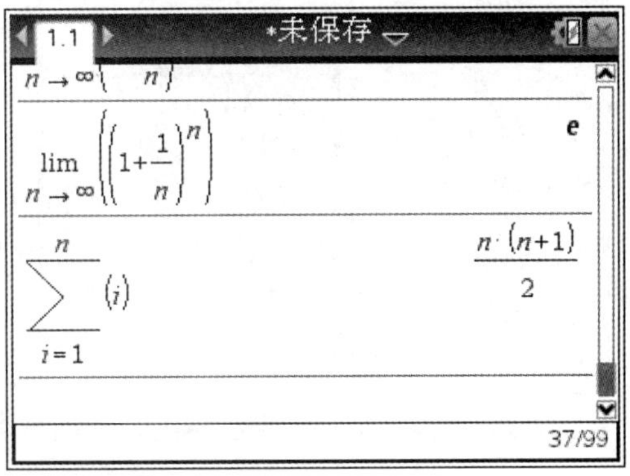

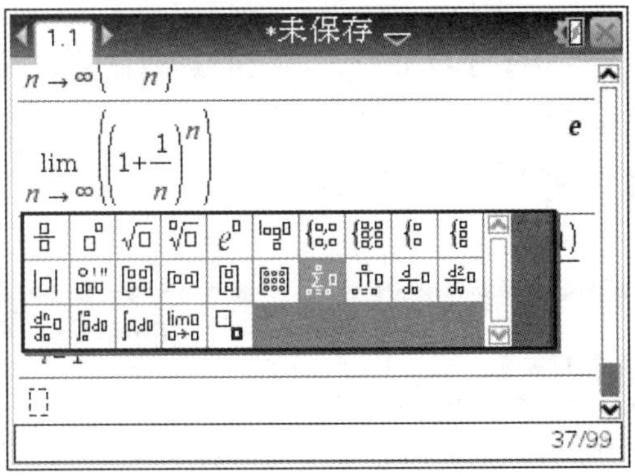

功能 6：求积。按键如下图所示，也可直接按公式编辑器调用求积命令。

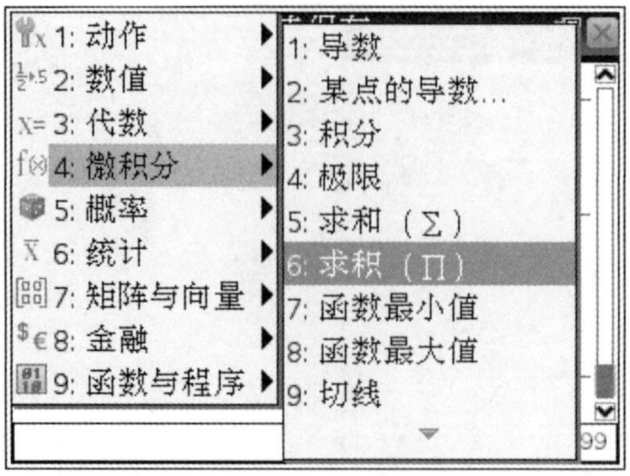

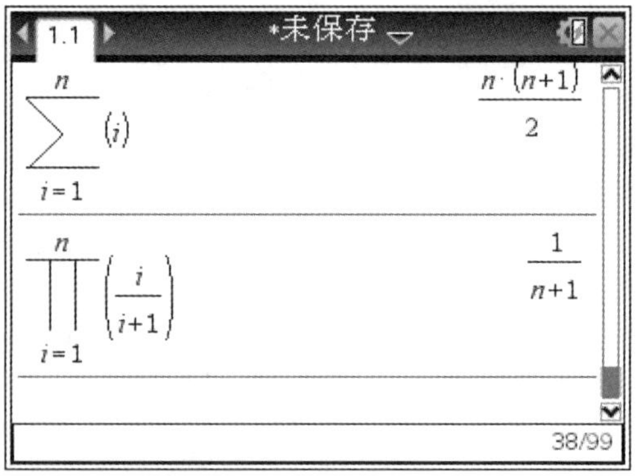

功能 7：函数最小值。按键如下图所示，式子后面需要输入“，未知数”。

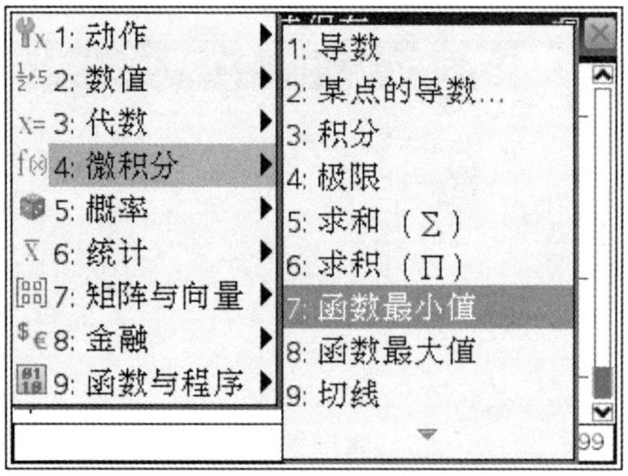

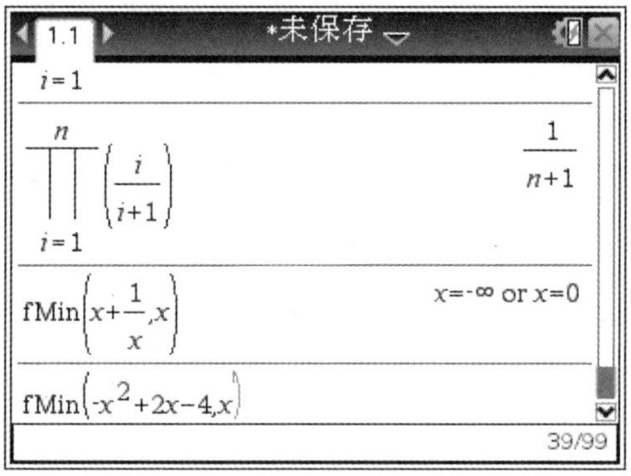

功能 8：函数最大值。用法与功能 7 类同。按键略。

功能 9：切线。按键略。需要注意的是，切线的函数命令，有三个参数需要输入。如下图，切线函数命令括号里参数的含义为：表达式、变量、变量的取值。同时从书本键（数字键 9 右侧第二个键）也可以调出此命令，下同。

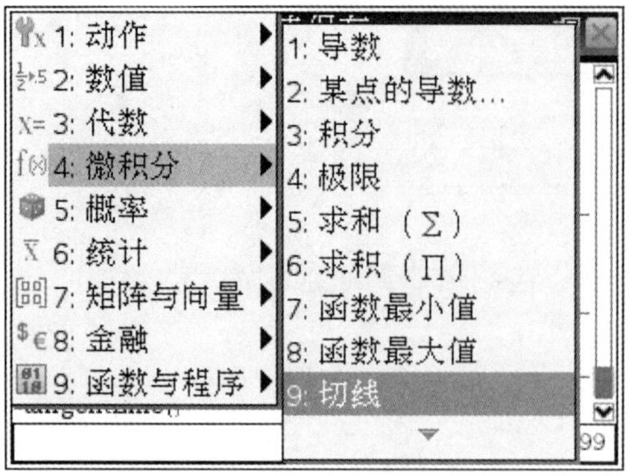

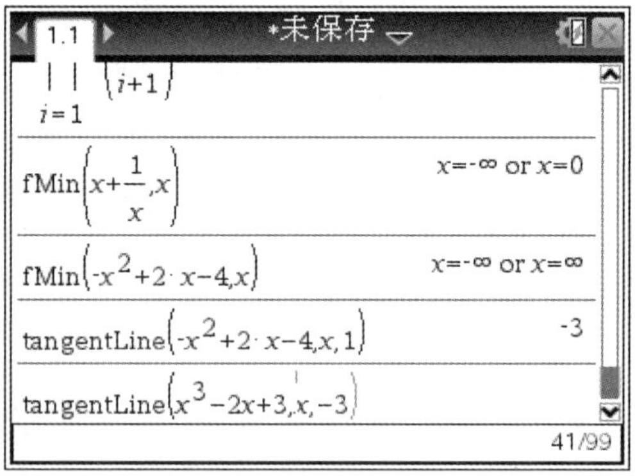

功能 A：法线。按键略。法线的命令，有三个参数。

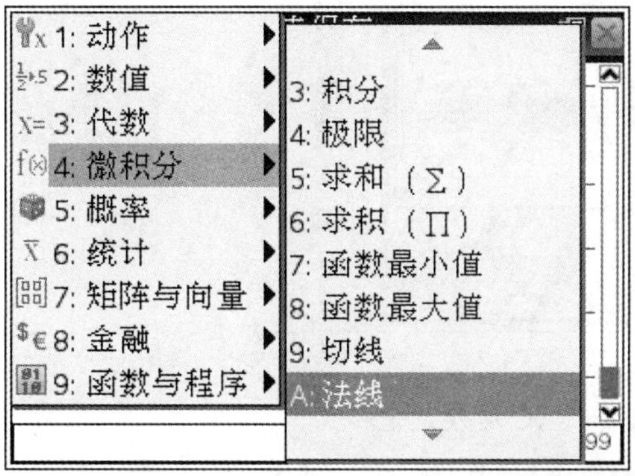

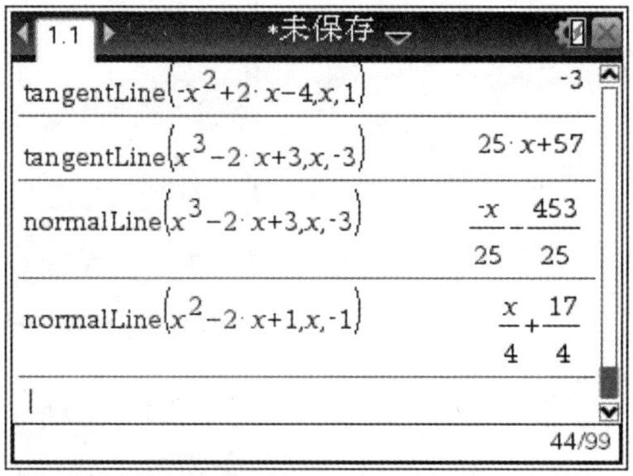

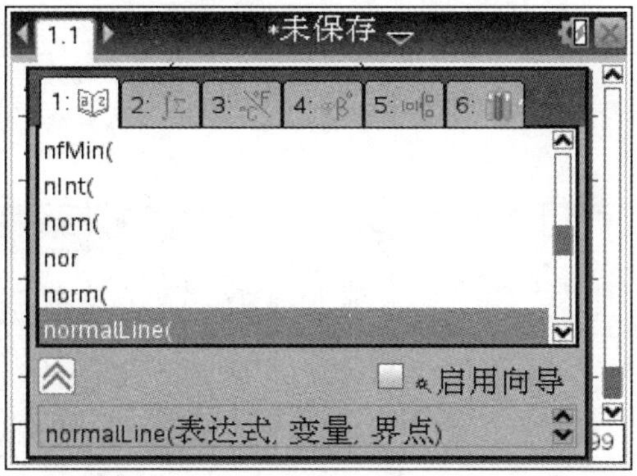

功能 B：弧长。按键略。弧长的命令，有四个参数：表达式、变量、起点、终点。

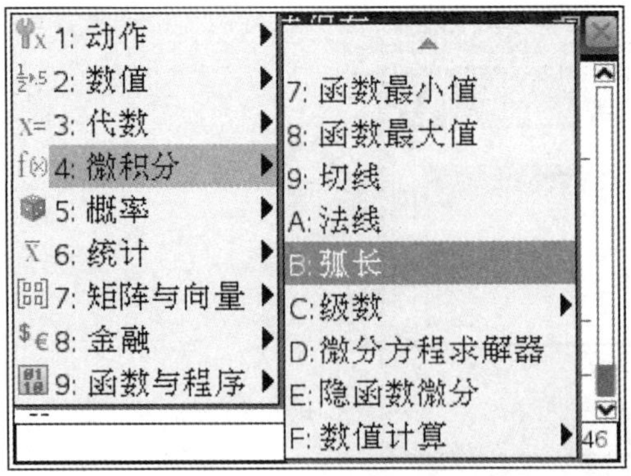

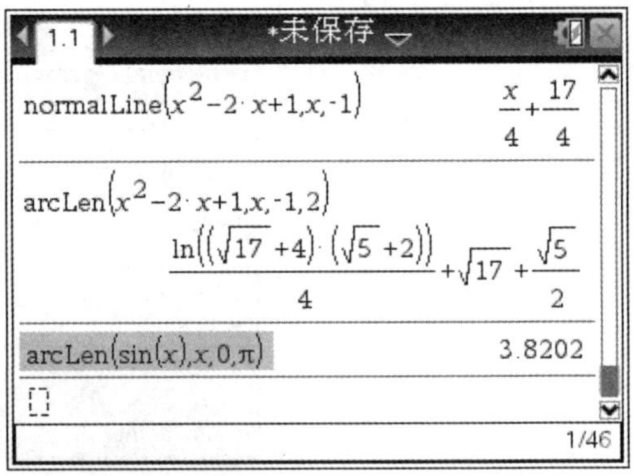

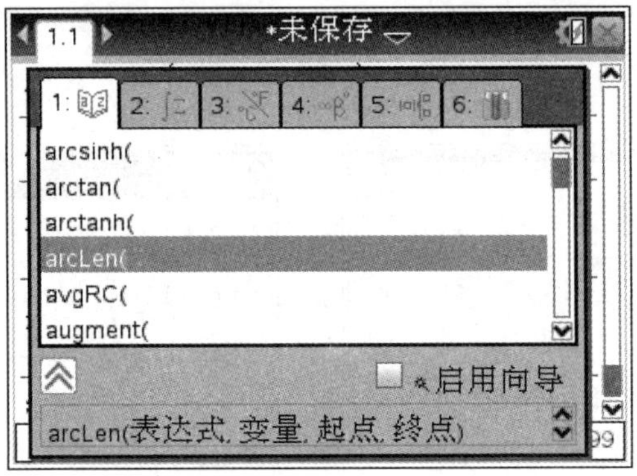

功能 C：级数。有三个小功能：泰勒展开式，广义级数，主项。

泰勒展开式按键：略。函数命令有四个参数：表达式、变量、幂次（用 x 的多少次幂近似展开）、a 值（在 $x=a$ 处展开。此处若不输入 a 值，则默认 a 为零，即得到麦克劳林级数，参见 chapter 12.5 节内容）。广义级数类同。

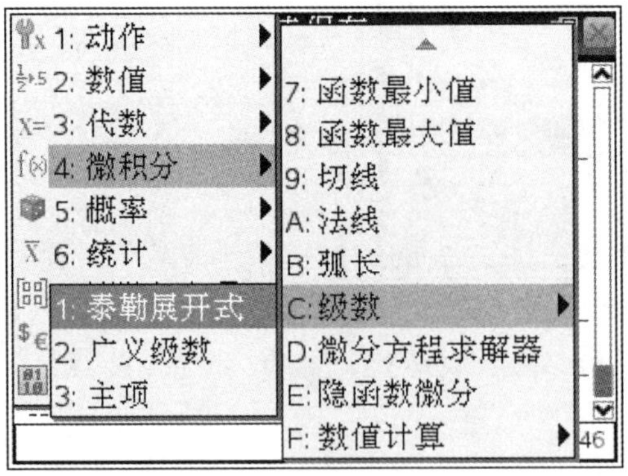

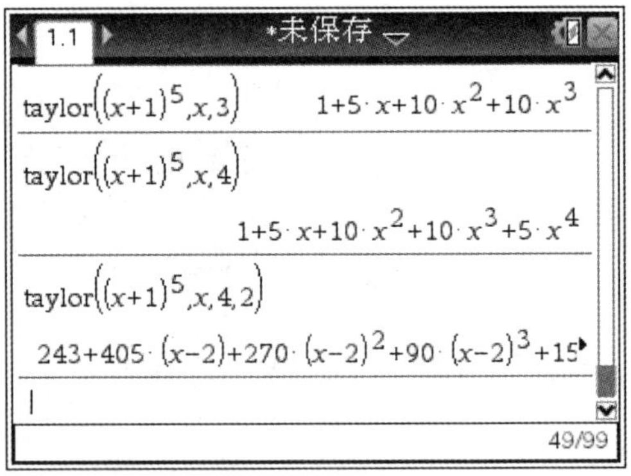

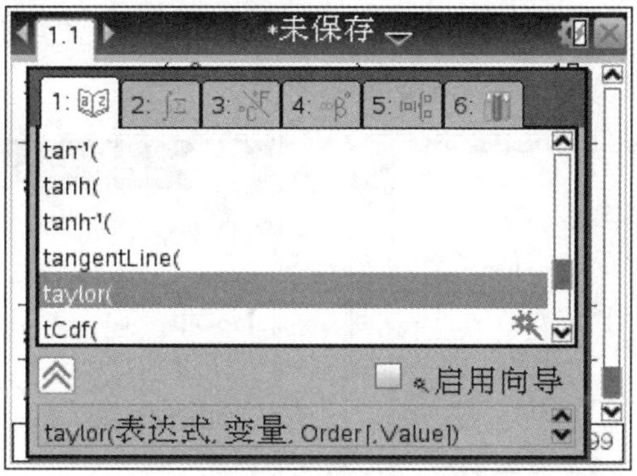

功能 D：微分方程求解器。函数命令有三个参数：微分方程、自变量、因变量。需要注意的是，一阶和二阶导数的符号，需调用符号“′”作为导数符号，如下图所示。

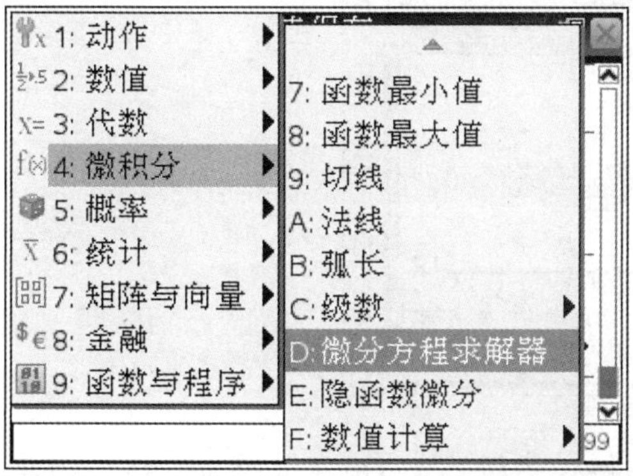

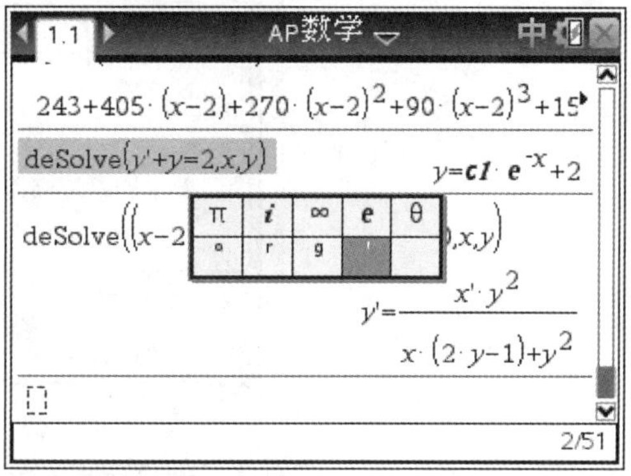

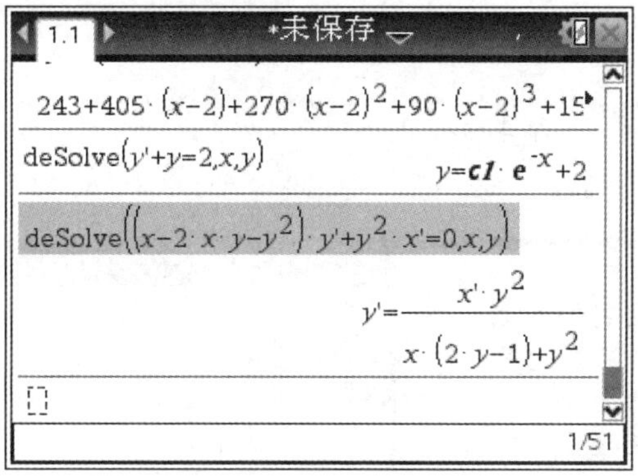

功能 E：隐函数微分。命令有四个参数：方程、自变量、因变量、阶数，其中第四个参数可以省略，若省略，则默认为求一阶导数，下同。

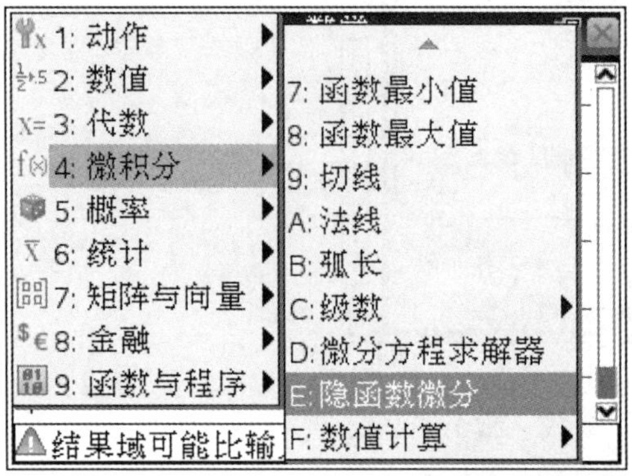

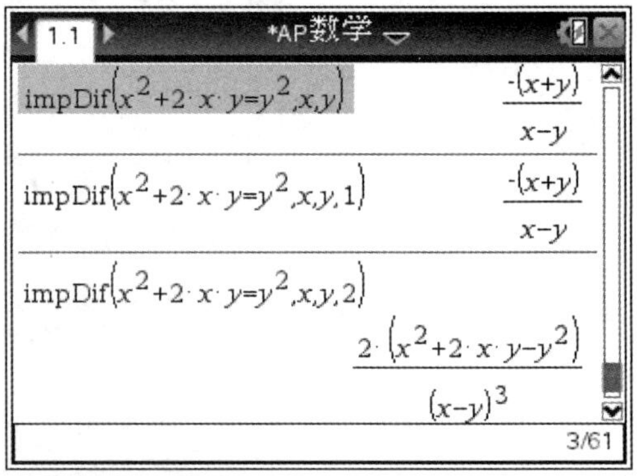

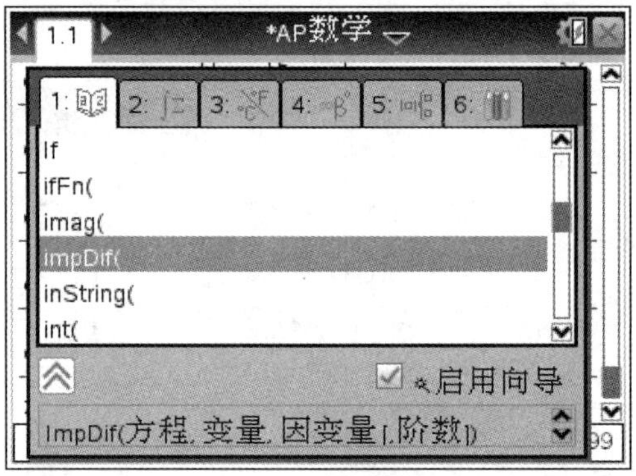

功能 F：数值计算。有 5 个小功能：某点的数值求导，带阶的中心差商，数值积分，数值函数最小值，数值函数最大值。

某点的数值求导按键：按菜单，依次选择“4：微积分，F：数值计算，1：某点的数值求导”，在命令的括号里输入参数：表达式、变量 = 要求值、阶数，其中阶数可以省略。

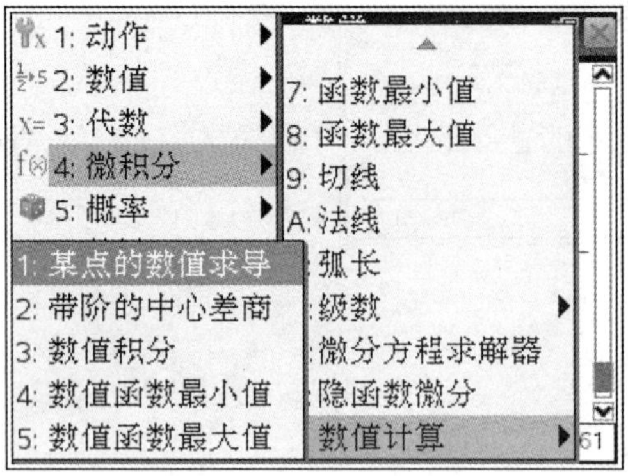

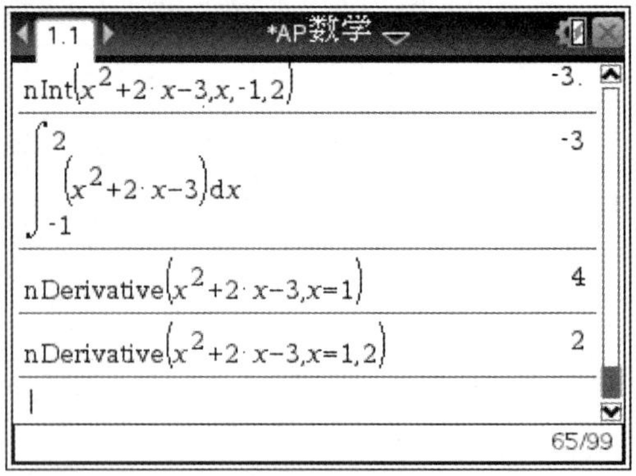

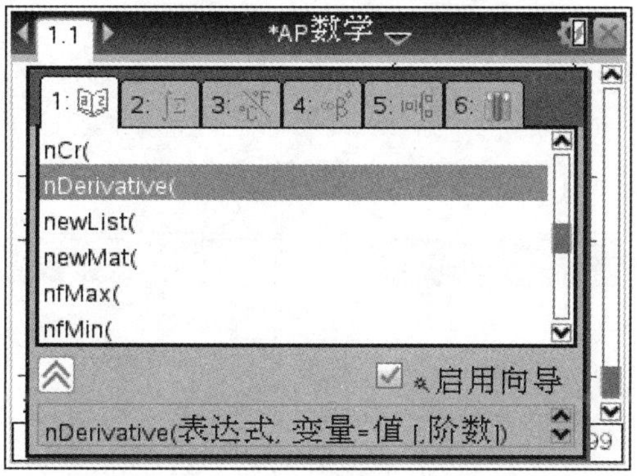

数值积分按键：按菜单，依次选择“4：微积分，F：数值计算，3：数值积分”，输入三个参数：表达式、变量、下限、上限，然后回车。可以验证，结果与之前讲过的定积分一样。

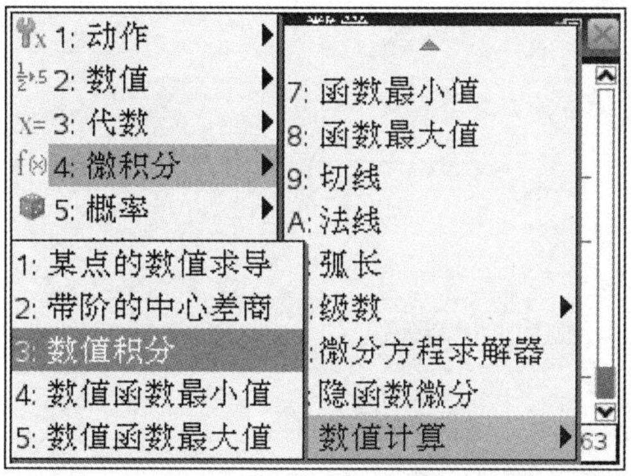

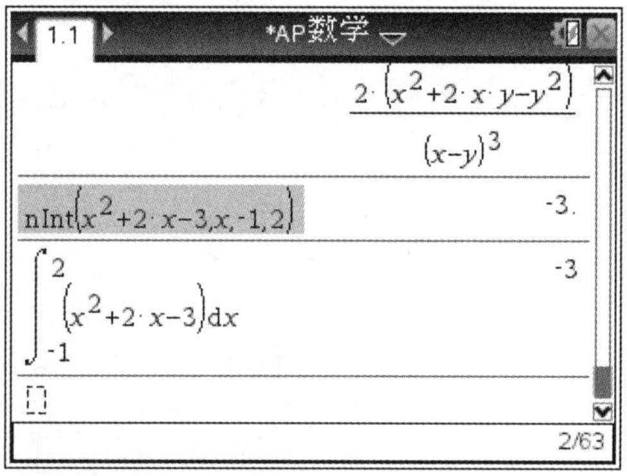

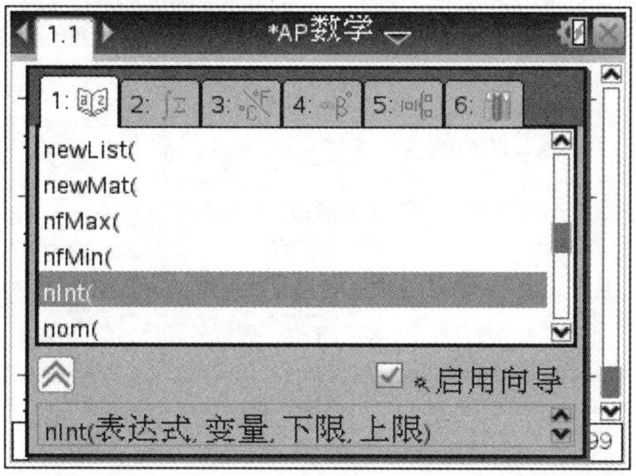

3. 函数图像——图形页面介绍

按[Ctrl] + [文档]，添加一个图形页面，再按[菜单]键，可以看到图形有 9 个大功能。

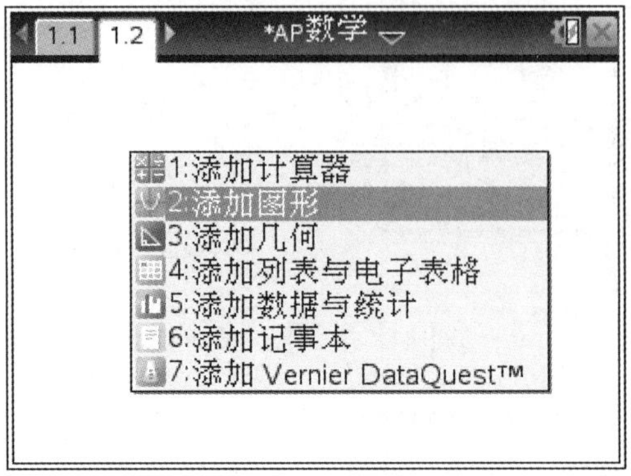

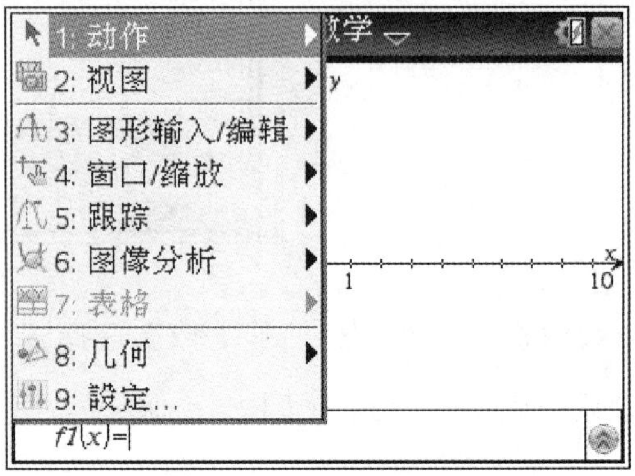

下图斜体部分为 AP 微积分考试将用到的功能。

- Menu
  - 1：动　作
    - ***1：指针***
    - 2：选择
    - 3：隐藏/显示
    - 4：属性
    - 5：全部删除
    - 6：文本
    - 7：坐标与方程
    - 8：计算
    - ***9：重新定义***
    - ***A：插入游标***
  - 3：图形类型
    - ***1：函数***
    - ***2：参数***
    - ***3：极坐标***
    - 4：散点图
    - 5：序列
    - ***6：微分方程（斜率场）***
  - 4：窗口/缩放
    - ***1：窗口设置***
    - 2：缩放-方框
    - ***3：缩放-放大***
    - ***4：缩放-缩小***
    - ***5：缩放-标准***
    - 6：缩放-象限1
    - 7：缩放-用户
    - ***8：缩放-三角函数***
    - 9：缩放-数据
    - ***A：缩放-适合窗口***
    - ***B：缩放-同刻度***
    - C：缩放小数
  - 6：图像分析
    - ***1：零点***
    - ***2：最小值***
    - ***3：最大值***
    - ***4：交点***
    - ***5：拐点***
    - ***6：dy/dx***
    - ***7：积分***

(1) 动作功能

功能 B：插入游标。新添加图形页面，按[菜单]键，选择“1：动作，B：插入游标”，回车，下图中变量 v1 自动变成蓝色，输入字母 a 以替换掉默认的变量名 v1，按回车确认，按 d 键退出当前状态。

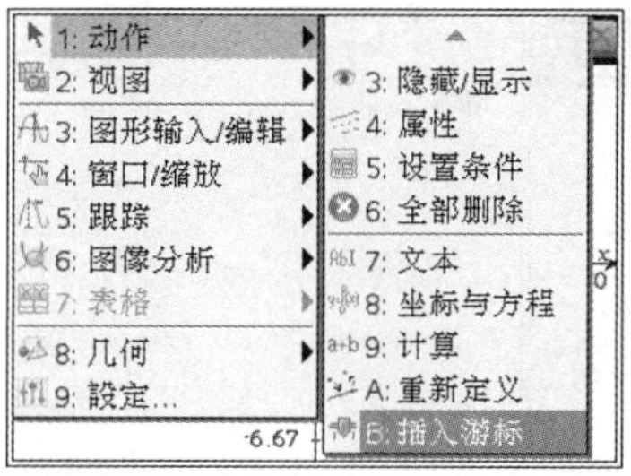

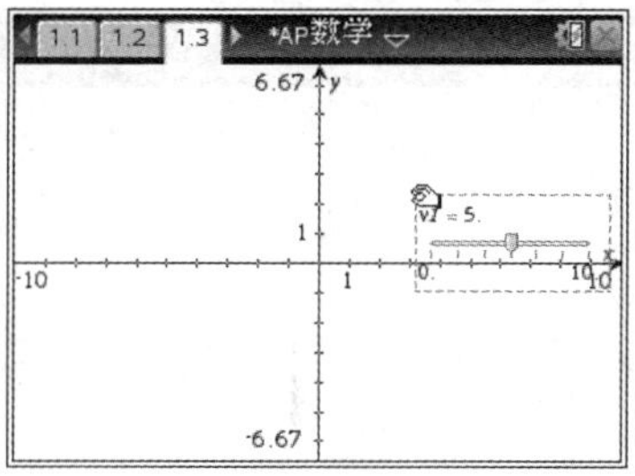

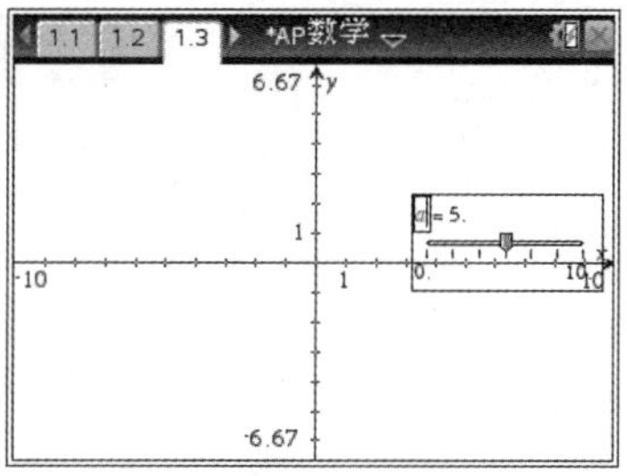

按[e]键(一次不行，就按两次)，在显示屏底部出现输入行，直接输入 a，再输入“ * sin(x)”，中间乘号不可省略，回车即可绘制出图像。注意，在同一个问题下，变量是全局变量，多元关联。当需要通过变化 a 改变函数图像时，只需要左右按方向键(导航键)或者用鼠标抓住游标的小滑块(多按一会)，直到指针变成闭合的小手，然后滑动触模板就能左右拖动游标来改变 a 的值。

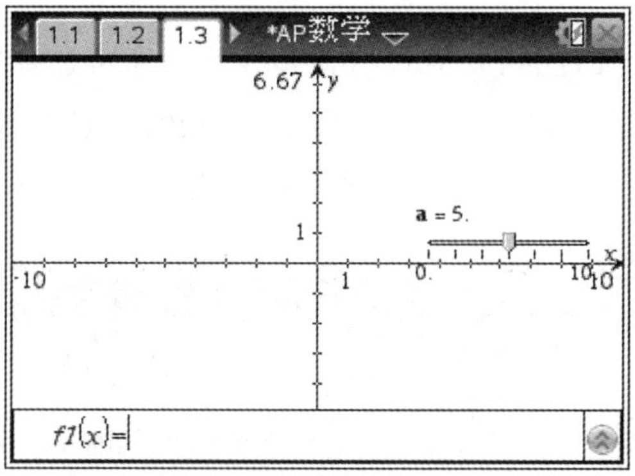

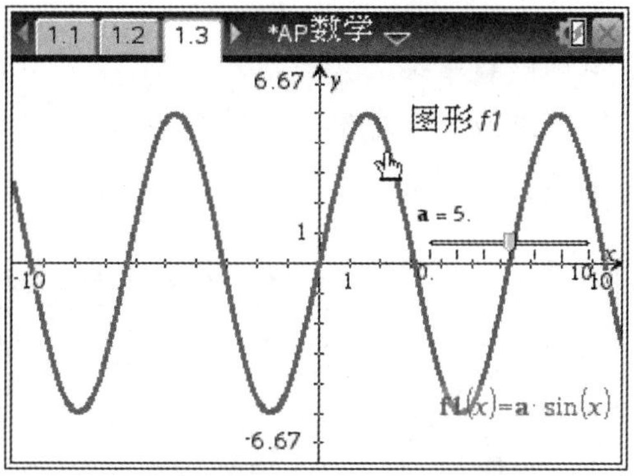

(2) 图形输入/编辑

一共有 7 个小功能：函数，等式，参数，极坐标，散点图，序列，微分方程。

功能 1：函数。在输入行里输入函数表达式，回车即可绘制出函数图像。

功能 2：等式。选择不同的等式模板，绘制直线，抛物线、圆、圆锥曲线等不同的曲线。

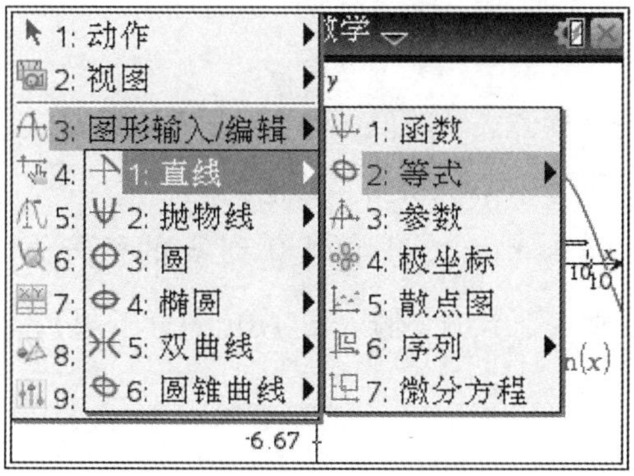

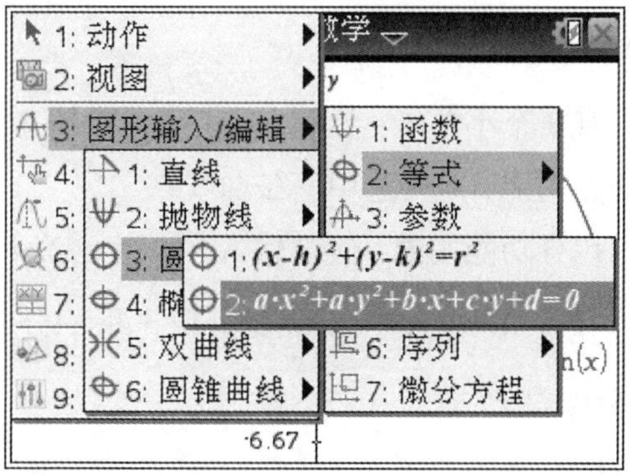

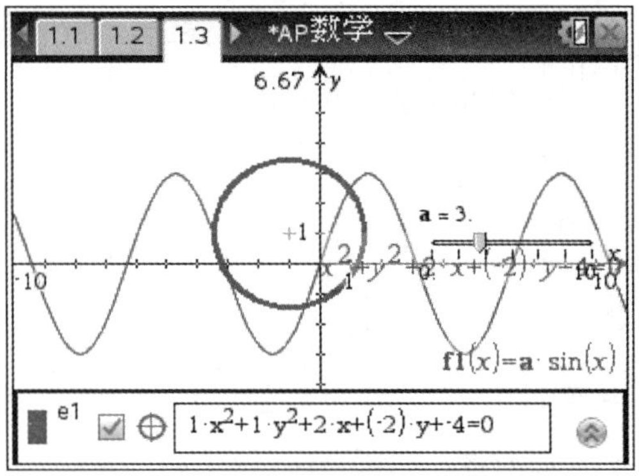

注：需要删除图形时，移动鼠标靠近这个图形，回车确认，当该图形闪动时，按键删除。

(3) 窗口/缩放

根据读者要求，按“4：窗口/缩放，1：窗口设置”可任意设置窗口大小。通常选择“5：缩放－标准或 A：缩放－适合窗口”自动调整合适窗口大小。“8：缩放－三角函数”可满足三角函数绘图需求；此外，可以通过在坐标轴上直接修改坐标轴的端点值来缩放图像。

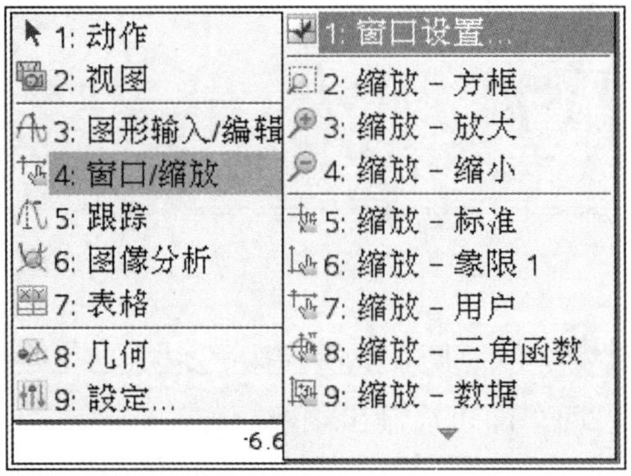

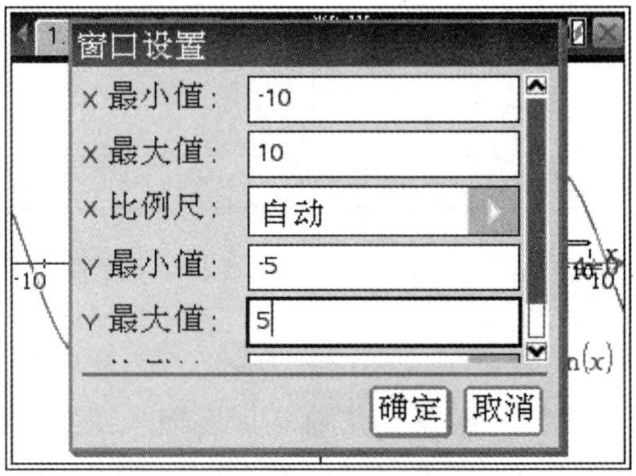

(4) 图像分析

有 8 个小功能：零点，最小值，最大值，交点，拐点，导数值，积分，分析圆锥曲线。其中交点功能，需要选中两条曲线来实现。下面以积分来举例讲解，其他类同。

积分功能按键：假设输入了一个三角函数 $y=3\sin(x)$，求它从 0 到 π 的积分值。按 菜单 键，依次选择“6：图像分析，7：积分”，当显示下界时，输入数字 0（积分下限），回车确认积分的下界。

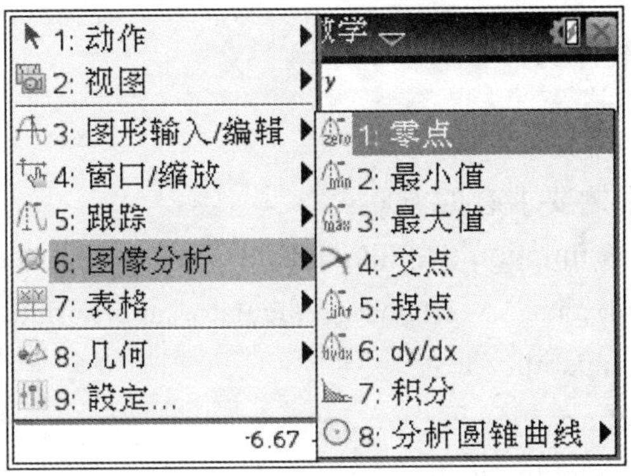

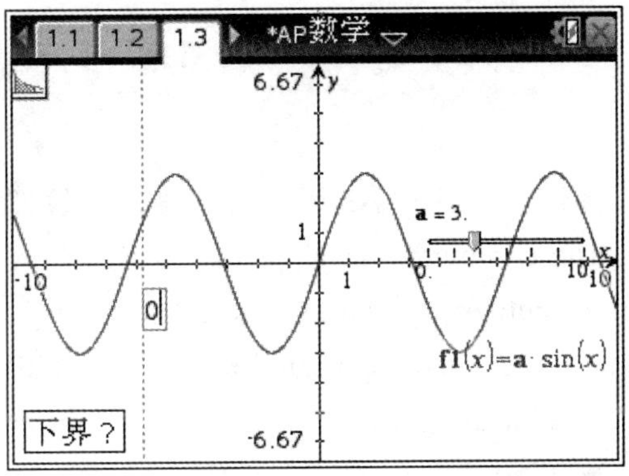

再挪动鼠标到右侧，接下来要确认积分的上界。注意，直接输入 π 是不行的，需要读者先输入一个数字，随便什么数字都行，然后把它删掉，保持光标在那个文本框，接着输入 0 + π，回车确认。

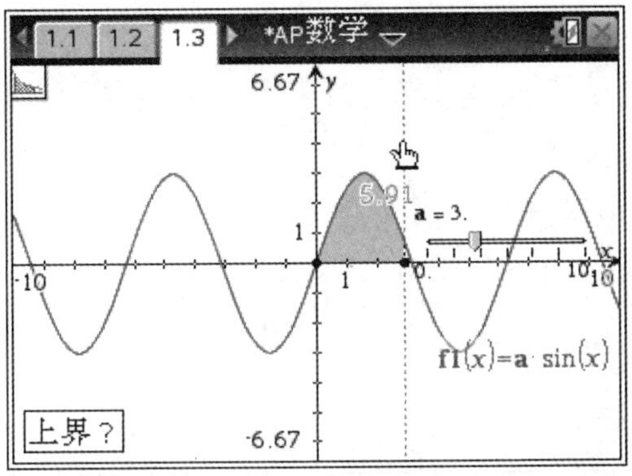

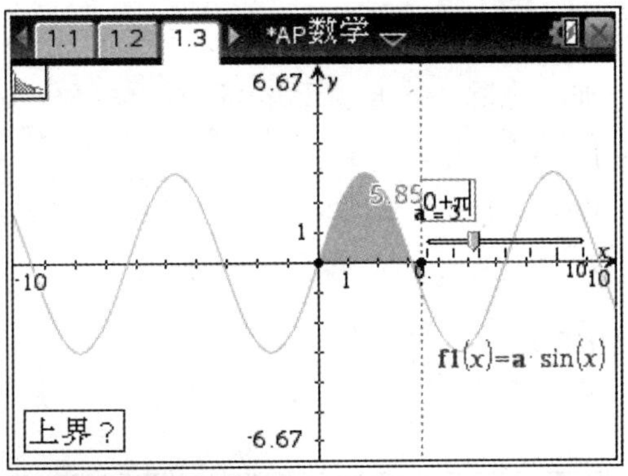

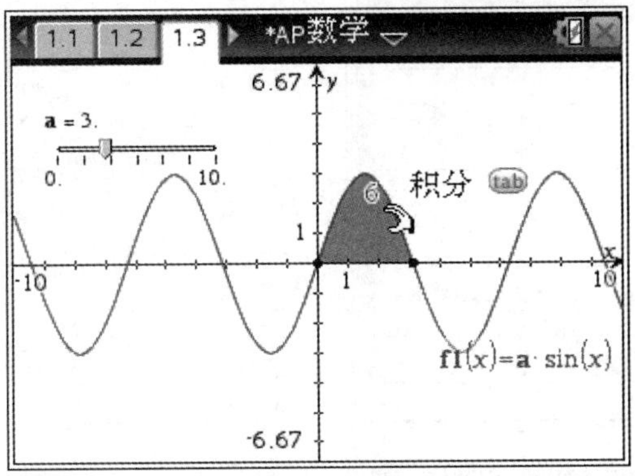

注：如果没有精确的上下界范围，比如求最小值，最大值之类的，则直接用鼠标选择大致的上下界，回车确认即可，无需输入数字。

13.3 TI-Nspire CX CAS 针对AP微积分考试的计算内容

考试说明针对 AP 微积分考试对计算器使用的要求有四方面：

The committee develops exams based on the assumption that all students have access to four basic calculator capabilities used extensively in calculus. A graphing calculator appropriate for use on the exams is expected to have the built-in capability to：

- ▶ Plot the graph of a function within an arbitrary viewing window
- ▶ Find the zeros of functions (solve equations numerically)
- ▶ Numerically calculate the derivative of a function
- ▶ Numerically calculate the value of a definite integral

下面针对这四个方面，外加常规计算给出相应的介绍和算例。

1. 常规计算

加减乘除、乘方、开方、阶乘、指数、对数、三角函数、反三角函数、极限(小数点后保留 6 位)。

$1.05+100.1=$	$\sqrt{2}=$	$\log_2 8=$	
$2-3.2=$	$2^3=$	$\ln(10.5)=$	$\arctan(3)=$
$0.8\times 2=$	$e^{\sqrt{2}}=$	$\cos(1)=$	$\lim\limits_{x\to 0}\dfrac{\sin(2x)}{x}=$
$1\div 2=$	$21!=$	$\sin(27°)=$	

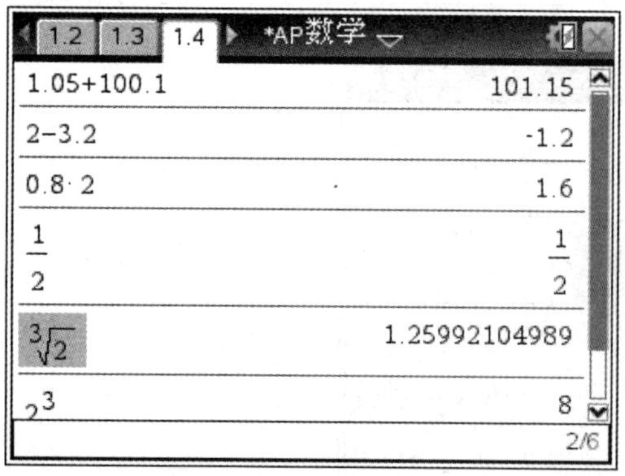

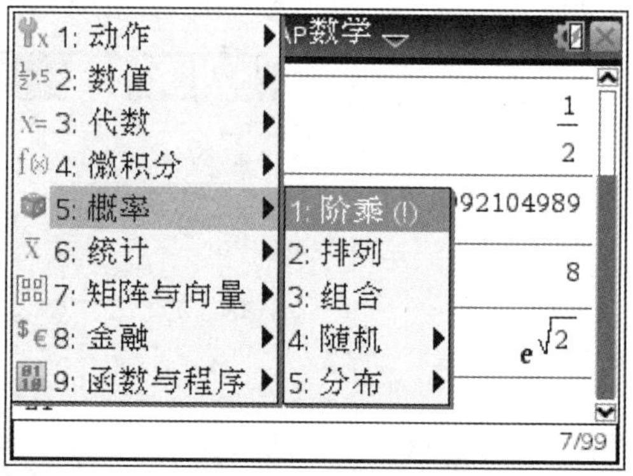

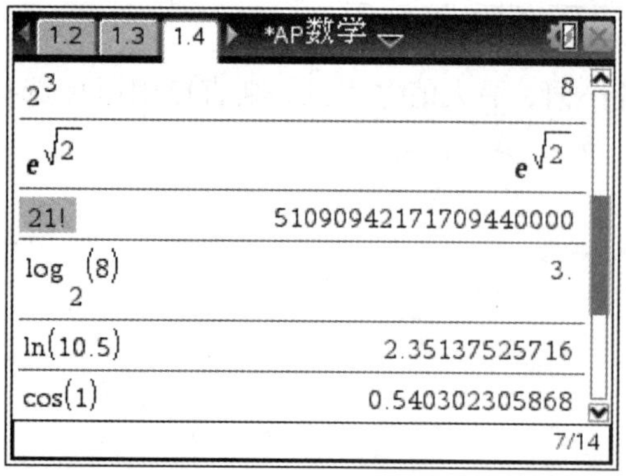

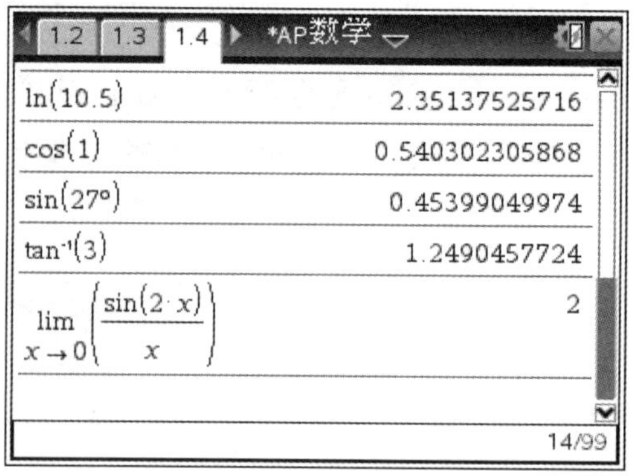

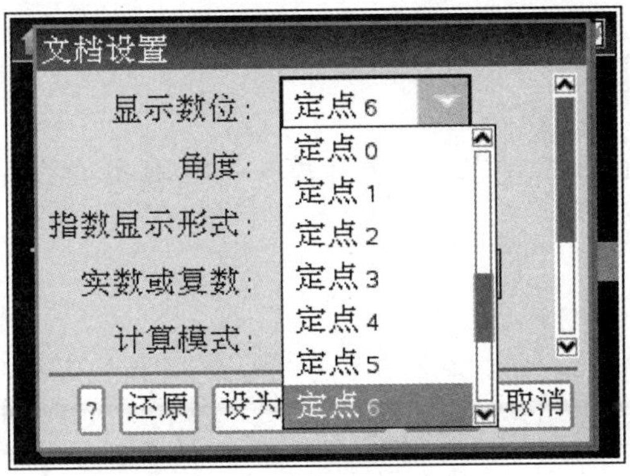

注：阶乘运算是从概率功能里调用。如果结果需要保留小数点后 6 位，则按开机键，回到 home，依次选择“5：设置，2：文档设置”，然后把显示数位调成定点（或浮点）6，回车即可。

2. 画函数图像

具体操作请见 chapter 13.2 中“3. 函数图像——图形页面介绍”。举例如下：

画多项式函数 $f(x)=2x^3-24x^2+90x+7$ 图像。

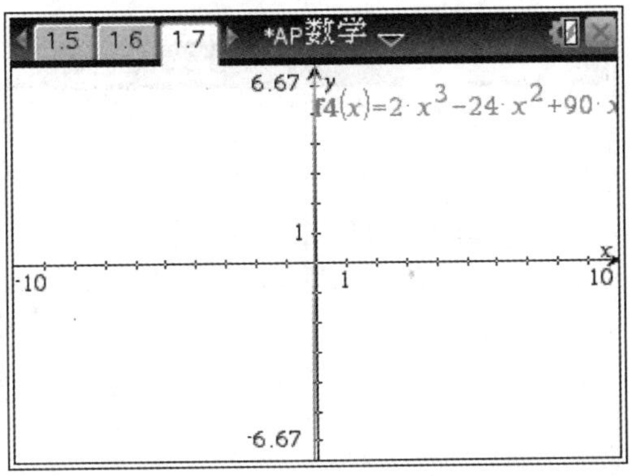

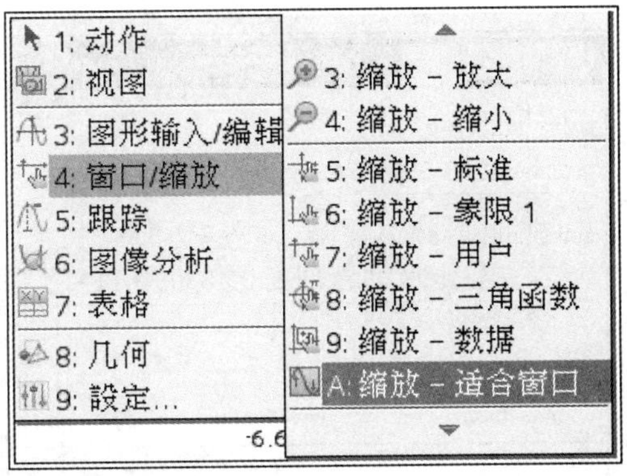

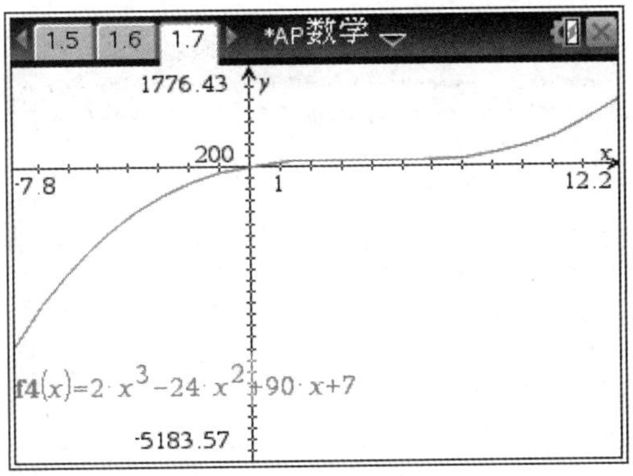

3. 函数求零点或方程求根

具体操作请见 chapter 13.2 中“2. 代数计算——计算页面介绍”和“3. 函数图像——图形页面介绍”。举例如下：

(1) 多项式求根　$x^3-4x^2-3x+2=0$。

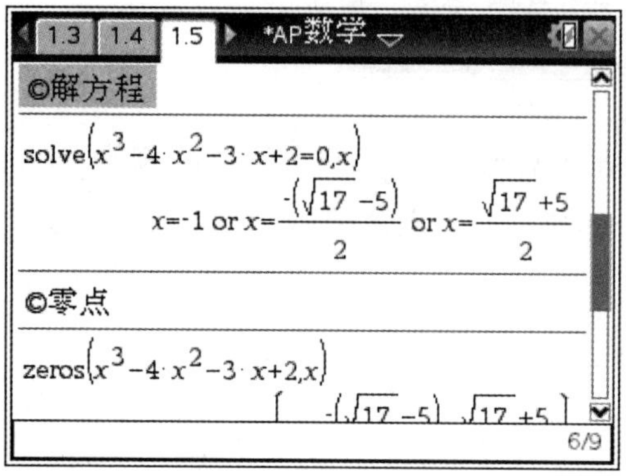

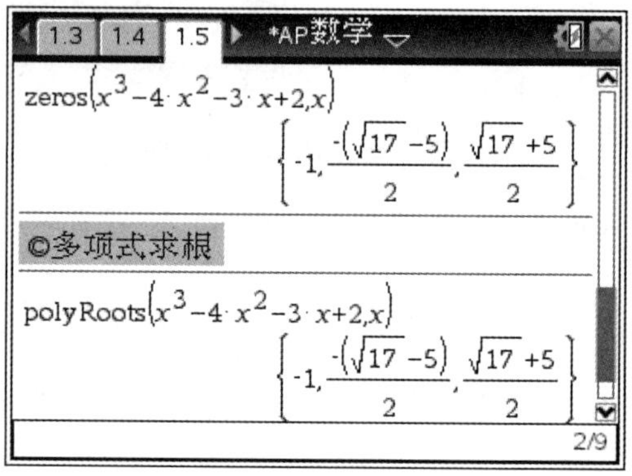

(2) 一般性方程求根　$\sin x=e^x$（多种方法求解，并对比结果）。

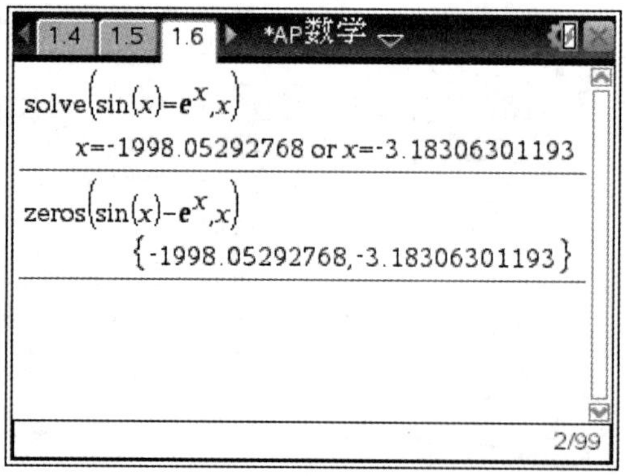

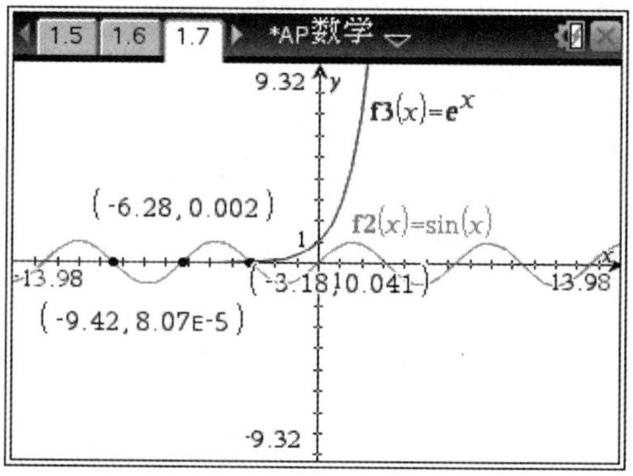

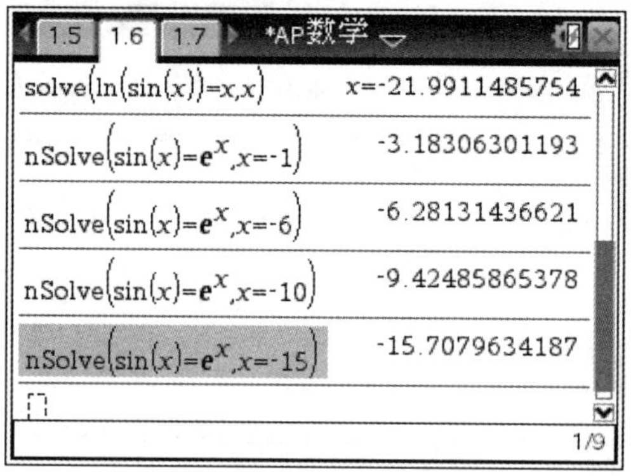

上述方程，通过绘制两个函数图像求几何交点，可以看到两图像有无穷多个交点。利用代数里的数值求解的方法，估计解的范围，可以求出多个解。

4. 求导

(1) 求导函数

求$\frac{d}{dx}(\sec x)$。

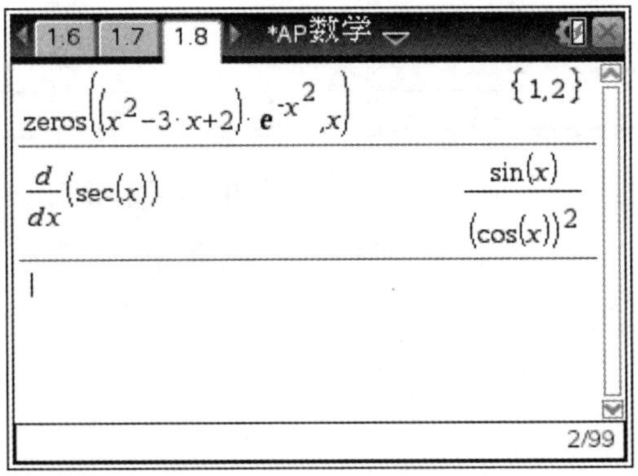

(2) 求某一点导数值

求参数方程$\begin{cases}x(t)=14\cos(t^2)\sin(e^t)\\ y(t)=1+2\sin(t^2)\end{cases}$在 $t=1$ 处的导数值$\left.\frac{dy}{dx}\right|_{t=1}$。

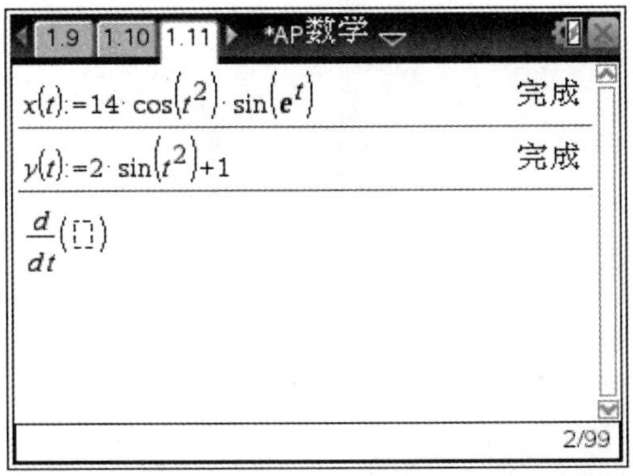

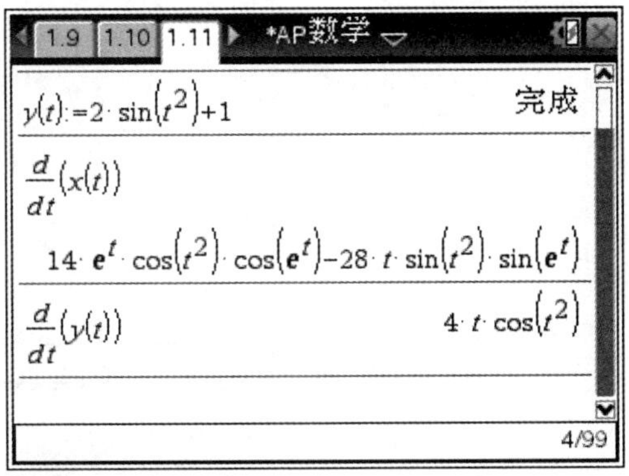

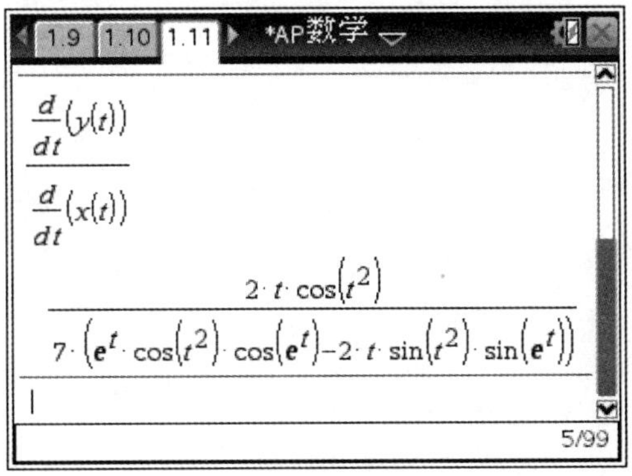

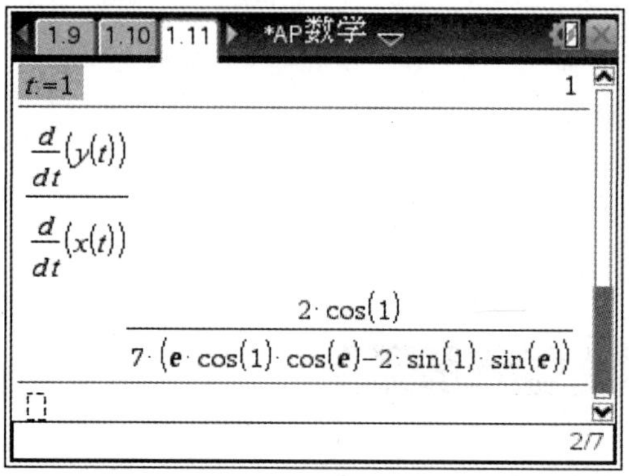

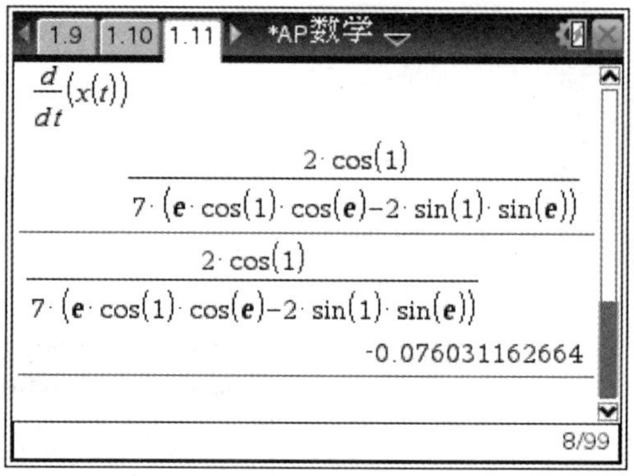

注：该题用到了变量赋值的功能，大大减少了输入量。赋值的按键是：按 ctrl + t(即公式编辑器，数字键 9 右边的第一个键)，可以输入赋值符号“：=”，给变量赋值。当然，不中间赋值，直接求导数也可以。

5. 求积分

(1) 求不定积分

求 $\int \ln(x)dx$（注意：计算器没有加 C，最后结果需自己手动加 C）。

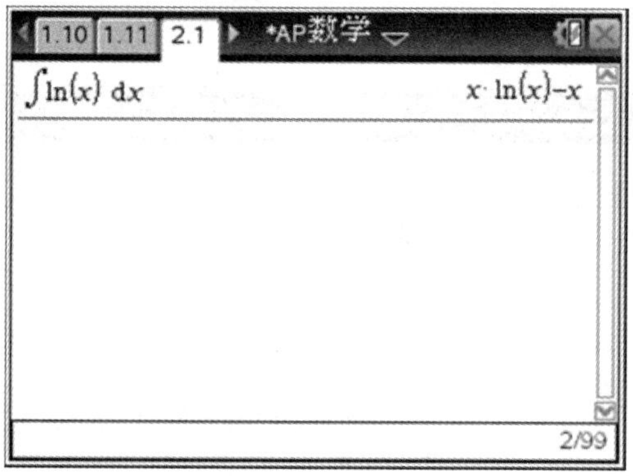

(2) 求定积分

求 $\int_0^2 (6+4\ln(3-x))dx$。

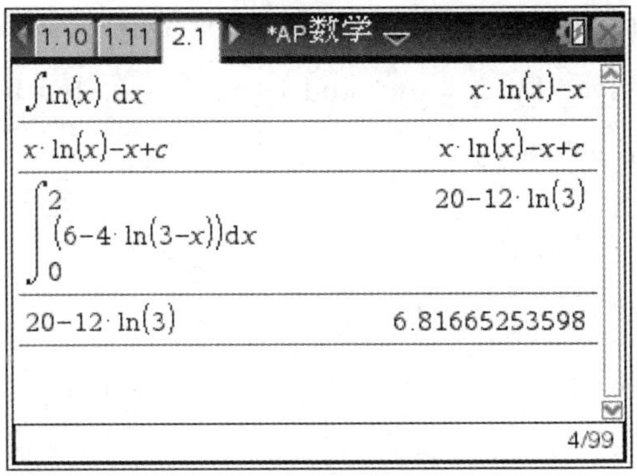

13.4 应用图形计算器示范求解官方样题

1. AB 部分样题

15. A particle travels along a straight line with a velocity of $v(t) = 3e^{(-t/2)}\sin(2t)$ meters per second. What is the total distance, in meters, traveled by the particle during the time interval $0 \le t \le 2$ seconds?

(A) 0.835

(B) 1.850

(C) 2.055

(D) 2.261

(E) 7.025

Answer: D

$\int_0^2 |v(t)|dt = \int_0^2 |3e^{(-t/2)}\sin(2t)|dt = 2.261$（绝对值函数可直接求积分）。

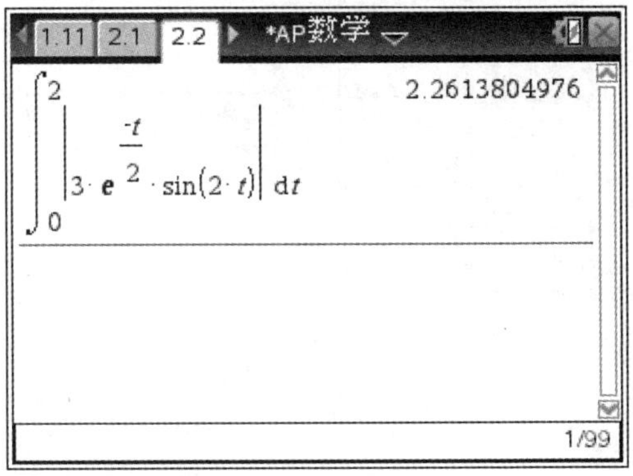

注：第 13.4 节的样题均来自 College Board 官方网站。

19. Two particles start at the origin and move along the x-axis. For $0 \le t \le 10$, their respective position functions are given by $x_1 = \sin t$ and $x_2 = e^{-2t} - 1$. For how many values of t do the particles have the same velocity?

(A) None

(B) One

(C) Two

(D) Three

(E) Four

Answer: D

先画 $y = \sin t$ 与 $y = e^{-2t} - 1$ 的函数图像，然后画出它们的导函数图像，看 $0 \le t \le 10$ 范围内的交点个数即可。另外，也可以先手动求出两个导数，然后直接画导数图像，看交点。

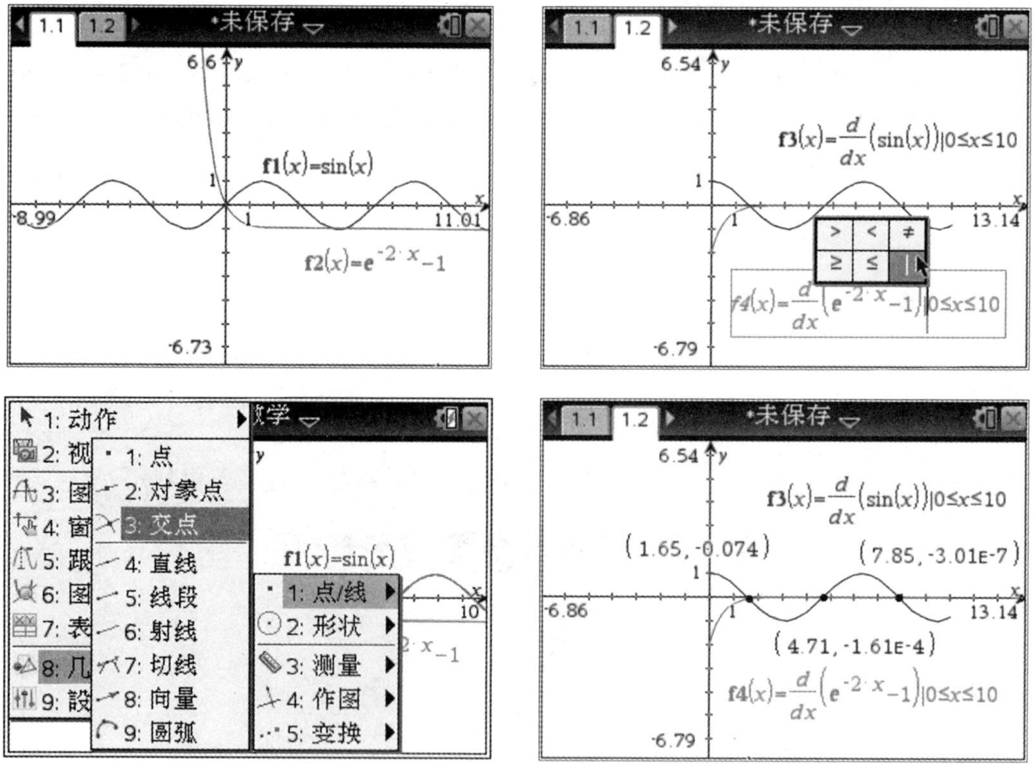

23. Oil is leaking from a tanker at the rate of $R(t) = 2,000e^{-0.2t}$ gallons per hour, where t is measured in hours. How much oil leaks out of the tanker from time $t = 0$ to $t = 10$?

(A) 54 gallons

(B) 271 gallons

(C) 865 gallons

(D) 8,647 gallons

(E) 14,778 gallons

Answer: D

此题直接求积分 $\int_0^{10} R(t)\,dt = 8647$。

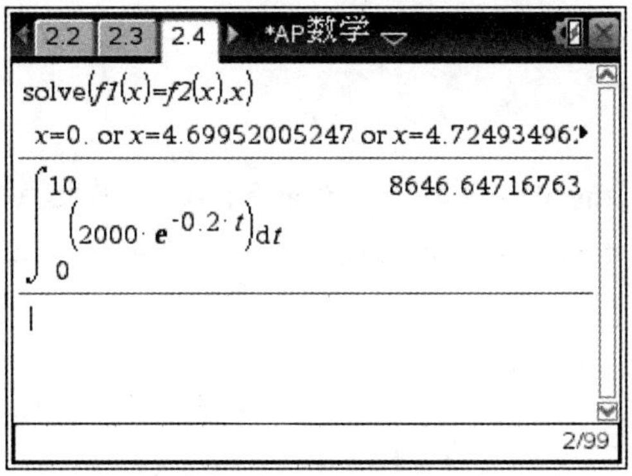

24. If $f'(x) = \sin\left(\frac{\pi e^x}{2}\right)$ and $f(0) = 1$, then $f(2) =$

(A) −1.819

(B) −0.843

(C) −0.819

(D) 0.157

(E) 1.157

Answer: E

根据微积分第二基础理论，得 $f(2)=f(0)+\int_0^2 \sin\left(\frac{\pi e^x}{2}\right)=1.157$。

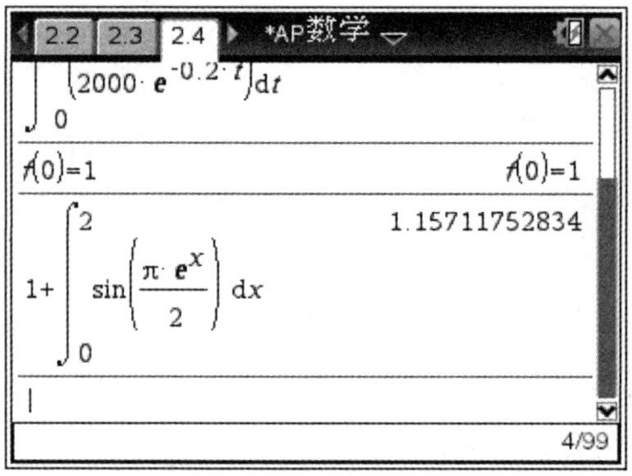

2. BC 部分样题

20. A particle moves along the x-axis so that at any time $t \geq 0$ its velocity is given by $v(t)=\ln(t+1)-2t+1$. The total distance traveled by the particle from $t=0$ to $t=2$ is

(A) 0.667

(B) 0.704

(C) 1.540

(D) 2.667

(E) 2.901

Answer：C

此题直接求积分 $\int_0^2 |v(t)|dt=1.540$。

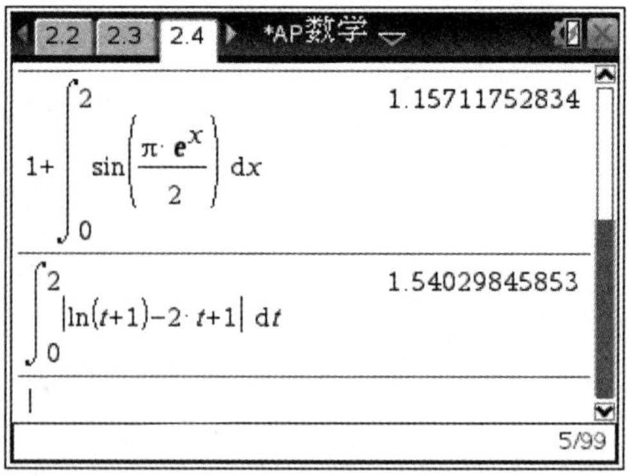

21. If the function f is defined by $f(x) = \sqrt{x^3 + 2}$ and g is an antideriative of f such that $g(3) = 5$, then $g(1) =$

(A) -3.268

(B) -1.585

(C) 1.732

(D) 6.585

(E) 11.585

Answer: B

根据微积分第二基础理论，得 $g(1) = g(3) + \int_3^1 \sqrt{x^3 + 2} = -1.585$。

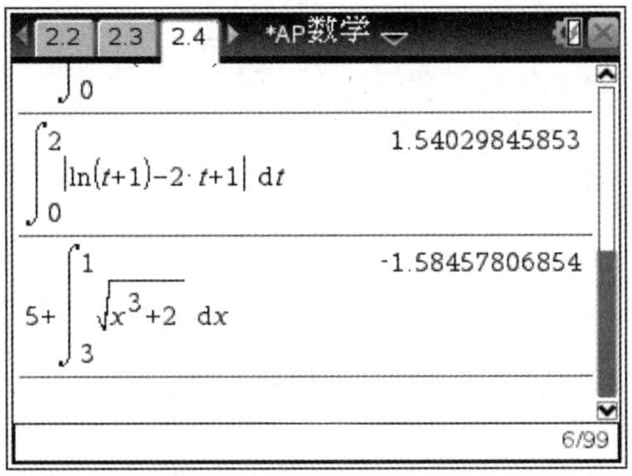

22. Let g be the function given by $g(x) = \int_1^x 100(t^2 - 3t + 2)e^{-t^2}dt$.

Which of the following statements about g must be true?

I. g is increasing on $(1,2)$.

II. g is increasing on $(2,3)$.

III. $g(3) > 0$.

(A) I only

(B) II only

(C) III only

(D) II and III only

(E) I, II, and III

Answer: B

画 $g(x)$ 图像，从图显然可以看出 $g(3) < 0$，$g(x)$ 在 $(2,3)$ 是递增的。

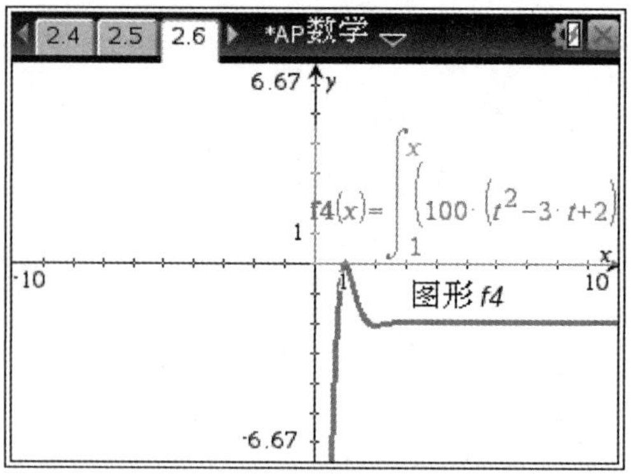

24. Let g be the function given by $g(t)=100+20\sin\left(\frac{\pi t}{2}\right)+10\cos\left(\frac{\pi t}{6}\right)$

For $0\leq t\leq 8$, g is decreasing most rapidly when $t=$

(A) 0.949

(B) 2.017

(C) 3.106

(D) 5.965

(E) 8.000

Answer：B

先求 $g'(t)$，然后画 $g'(t)$ 的图像。g 减小最快，即求 g' 的最小值。从 $g'(t)$ 图像可以看出，$g'(t)$ 的最小值出现在 $1<t<3$ 之间，故此题选 B。

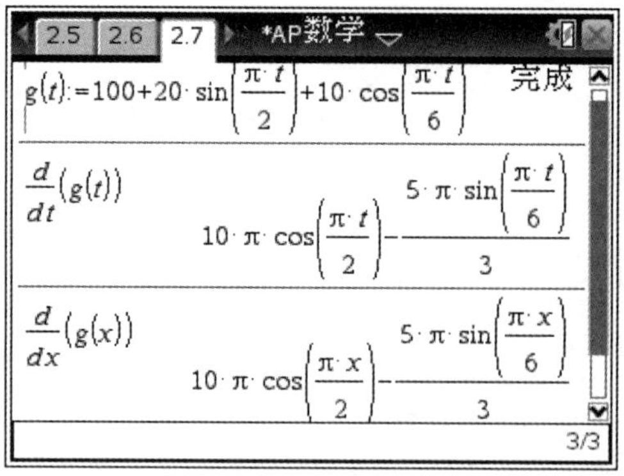

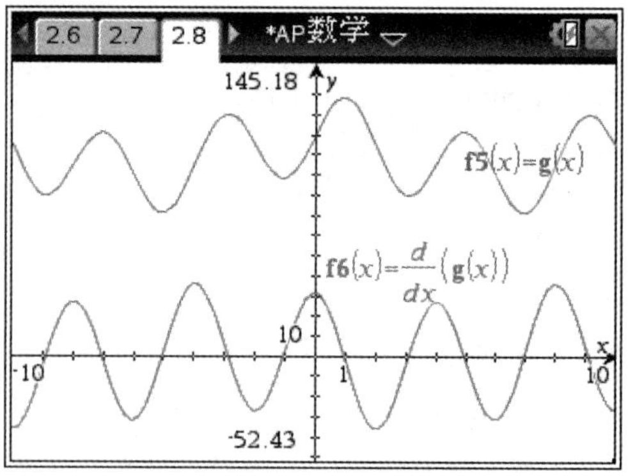

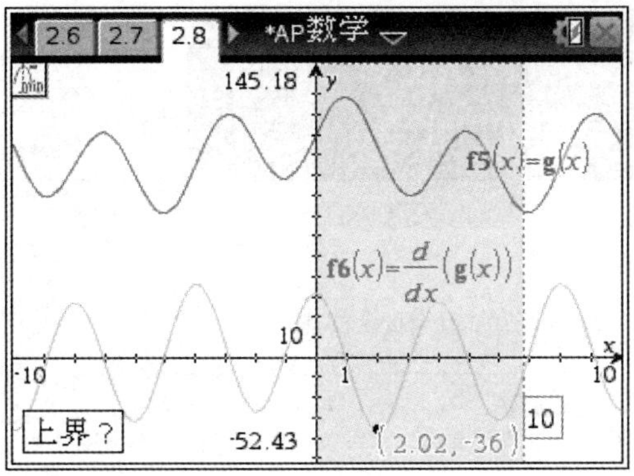

2.6 2.7 2.8 *AP数学
145.18
f5(x)=g(x)
f6(x)=d/dx(g(x))
10
-10
1
10
上界？
-52.43
(2.02, -36)
10

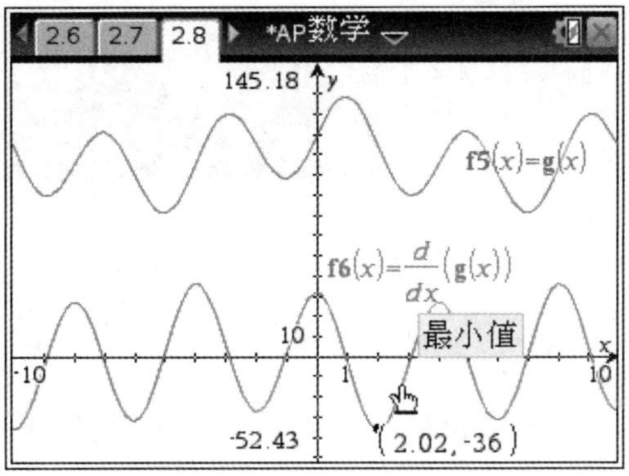

2.6 2.7 2.8 *AP数学
145.18
f5(x)=g(x)
f6(x)=d/dx(g(x))
10
最小值
-10
1
10
-52.43
(2.02, -36)

Chapter 14 AP Calculus BC Practice Test
AP Calculus BC模拟试卷

说明：请严格按照实际考试时间进行模拟，考试时间共195分钟。

Multiple-Choice section	总计45题/105分钟	每个选择题答对得1分，不答得0分，答错不扣分，卷面得分乘以系数1.2为最后得分。如果所有题都对，则得54分，占总分的50%。
A部分：无计算器	28题，55分钟	
B部分：有计算器	17题，50分钟	
Free-Response section	总计6题/90分钟	每题9分，共54分，占总分的50%。
A部分：有计算器	2题，30分钟	
B部分：无计算器	4题，60分钟	

SECTION I

Multiple-Choice Questions

Calculus BC

SECTION Ⅰ, PART A

Time—55 minutes

Number of questions—28

A calculator may not be used on this part of the exam.

Directions: Solve each of the following problems, using the available space for scratch work. After examining the form of the choices, decide which is the best of the choices given and place the letter of your choice in the corresponding box on the student answer sheet. Do not spend too much time on any one problem.

In this exam:

(1) Unless otherwise specified, the domain of a function f is assumed to be the set of all real numbers x for which $f(x)$ is a real number.

(2) The inverse of a trigonometric function f may be indicated using the inverse notation f^{-1} or with the prefix "arc" (e.g., $\sin^{-1}x = \arcsin x$).

1. Given $3y^2 - 4e^{(-2x)} - xy = 4$, then $\frac{dy}{dx} =$

(A) $\frac{-4e^{(-2x)} - y}{6y - x}$

(B) $\frac{-8e^{(-2x)}}{6y + x}$

(C) $\frac{8e^{(-2x)}}{6y + x}$

(D) $-\frac{8e^{(-2x)} - y}{6y - x}$

(E) $\frac{8e^{(-2x)} - y}{6y - x}$

---

2. $\frac{d^{2012} cos(-x)}{dx^{2012}} =$

(A) $\cos x$ (B) $-\cos x$ (C) $\sin x$ (D) $-\sin x$ (E) $\sec^2 x$

---

3. $\lim_{x \to 0} \left(\frac{\cot 5x}{\csc 3x} + 1 \right) =$

(A) $\frac{5}{3}$ (B) $-\frac{2}{3}$ (C) $\frac{8}{5}$ (D) 1 (E) 0

---

4. What are all the values of x for which the series $\sum_{n=1}^{\infty} \frac{x^n}{n}$ converges?

(A) $-1 \le x \le 1$

(B) $-1 < x < 1$

(C) $-1 < x \le 1$

(D) $-1 \le x < 1$

(E) All real x

5. $\int_1^9 \frac{5}{\sqrt{x}}dx =$

(A) 90 (B) 89 (C) 30 (D) 20 (E) 10

6. The function is defined by the formula $g(x) = \int_0^x e^{2t}dt$. What is the slope of the tangent line at $x = 1$?

(A) e^2 (B) $2e^2$ (C) $\frac{e^2}{2}$ (D) $\frac{e^2 - 1}{2}$ (E) $e^2 - 1$

7. The solution to the differential equation $\frac{dy}{dx} = 10xy$ with the initial condition $y(0) = 2$ is

(A) $\ln(5x^2 + 2)$

(B) $e^{5x^2} + 2$

(C) $e^{5x^2} + 1$

(D) $2\ln(5x^2)$

(E) $2e^{5x^2}$

8. Determine if the function $f(x) = x\sqrt{6 - x}$ satisfies the hypothesis of the MVT on the interval $[0,6]$, and if does, find all numbers c satisfying the conclusion of that theorem.

(A) $c = 2, 3$

(B) $c = 4, 5$

(C) $c = 5$

(D) $c = 3$

(E) $c = 4$

9. If $f(x) = x + \frac{x^2}{2!} + \frac{x^3}{3!} + ... \frac{x^n}{n!} + ...$ and $F(x) = \int f(x)\,dx$ and $F(0) = 1$, then $F(x) =$

(A) e^x

(B) $e^x + 1$

(C) $e^x + x$

(D) $e^x - x$

(E) $e^x - x + 1$

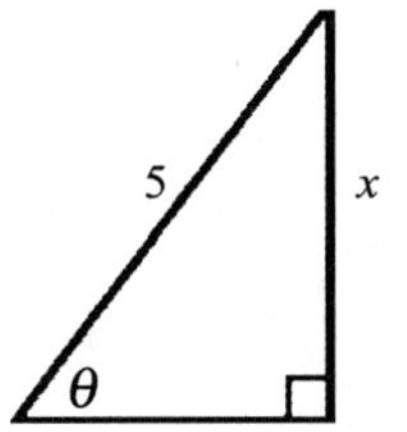

10. In the right-triangle shown above, the angle θ is increasing at a constant rate of 2 radians per hour. At what rate is the side length of x increasing when $x = 4$ feet?

(A) 8 ft/hour

(B) 4 ft/hour

(C) 10 ft/hour

(D) 6 ft/hour

(E) 2 ft/hour

---

11. Which of the following integrals gives the length of the graph of $y = \tan x$ between $x = a$ and $x = b$, where $0 < a < b < \frac{\pi}{2}$?

(A) $\int_a^b \sqrt{x^2 + \tan^2 x}\,dx$

(B) $\int_a^b \sqrt{x + \tan x}\,dx$

(C) $\int_a^b \sqrt{1 + \sec^2 x}\,dx$

(D) $\int_a^b \sqrt{1 + \tan^2 x}\,dx$

(E) $\int_a^b \sqrt{1 + \sec^4 x}\,dx$

12. The base of a solid S is the region enclosed by the graph of $y = \sqrt{\ln x}$, the line $x = e$, and the x-axis. If the cross section of S perpendicular to the x-axis are squares, then the volume of S is

(A) $\frac{1}{2}$

(B) $\frac{2}{3}$

(C) 1

(D) 2

(E) $\frac{1}{3}(e^3 - 1)$

---

13. A circle, centered at $(0, -3)$, has a radius of 3. What is the polar representation of the circle?

(A) $r = -6\sin\theta - \cos\theta$

(B) $r = -3\sin\theta - 3\cos\theta$

(C) $r\sin\theta = -3$

(D) $r = -6\sin\theta$

(E) $r = -6\cos\theta$

---

14. $\int_0^1 \frac{1}{\sqrt{4 - x^2}}dx =$

(A) 0

(B) 4

(C) $\frac{\pi}{6}$

(D) $\frac{\pi}{3}$

(E) Divergence

x	2.0	2.5	3.0
$f'(x)$	0.4	0.6	0.8
$f(x)$	5		

15. Suppose a continuous function f and its derivative f' have values that are given in the above table. What is the approximation for $f(3)$ if Euler's method is used with a step of 0.5, starting at $x=2$?

(A) 4.5 (B) 5.3 (C) 5.4 (D) 5.5 (E) 5.8

16. $\int \frac{x}{12-7x+x^2}dx =$

(A) $3\ln(|x-3|)-4\ln(|x-4|)+C$

(B) $\frac{1}{2}\ln((x-4)(x-3))+C$

(C) $3\ln(|x-4|)-4\ln(|x-3|)+C$

(D) $\frac{1}{2}\ln(|(x-4)(x-3)|)+C$

(E) $4\ln(|x-4|)-3\ln(|x-3|)+C$

17. The position of a particle in the xy-plane is given by $x=t^2+1$ and $y=\ln(2t+3)$ for all $t \geq 0$. The acceleration vector of the particle is

(A) $\left(2, \frac{4}{(2t+3)^2}\right)$

(B) $\left(2, \frac{2}{(2t+3)^2}\right)$

(C) $\left(2, -\frac{4}{(2t+3)^2}\right)$

(D) $\left(2t, \frac{2}{2t+3}\right)$

(E) $\left(2t, -\frac{4}{(2t+3)^2}\right)$

18. Suppose a function f is approximated with a fourth-degree Taylor polynomial about $x = 1$. If the maximum value of the fifth derivative between $x = 1$ and $x = 3$ is 0.015, that is, $|f^{(5)}(x)| <$ 0.015, then the maximum error incurred using this approximation to compute $f(3)$ is

(A) 4.000×10^{-2}

(B) 4.000×10^{-3}

(C) 2.667×10^{-1}

(D) 2.667×10^{-2}

(E) 2.667×10^{-3}

19. If $y = x\sin(-x)$, then $\frac{d^2y}{dx^2} =$

(A) $x\sin x - 2\cos x$

(B) $-\sin x - x\cos x$

(C) $\sin x + x\cos x$

(D) $3\sin x + x\cos x$

(E) $\cos x + x\sin x$

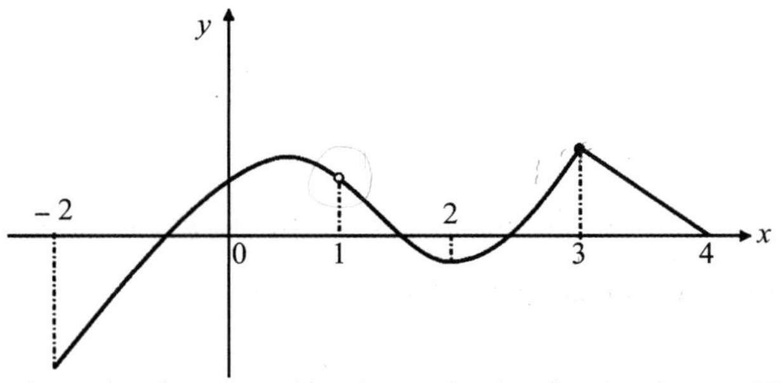

20. The graph of the piecewise function f is shown in the figure above. Which of the following statements is true?

(A) f has a limit at $x = 1$.

(B) f has an absolute minimum value at $x = 2$.

(C) f is not continuous at $x = 3$.

(D) f is differentiable at $x = 3$.

(E) f is continuous on the interval $[-2, 4]$.

21. The average value of $f(x) = x^2 + 3x - 1$ on $[-1, 2]$ equals

(A) 3

(B) 2

(C) 1.5

(D) 1

(E) None of above

22. If $f(x) = xe^{2x}$, which of the following statements is correct?

(A) Absolute maximum at $\left(-\frac{1}{2}, -\frac{e}{2}\right)$

(B) Absolute maximum at $\left(-\frac{1}{2}, -\frac{1}{2e}\right)$

(C) Absolute minimum at $\left(-\frac{1}{2}, -\frac{e}{2}\right)$

(D) Absolute minimum at $\left(-\frac{1}{2}, -\frac{1}{2e}\right)$

(E) None of above

23. If $f(x) = 2 + |x - 3|$ for all x, then the value of the derivative $f(x)$ at $x = 3$ is

(A) -1

(B) 0

(C) 1

(D) 2

(E) Nonexistent

24. Which of the following series is absolutely convergent?

Ⅰ. $\sum_{n=1}^{\infty} \frac{(-1)^n(n+1)}{n\sqrt{n}}$

Ⅱ. $\sum_{n=1}^{\infty} (-1)^n e^{-n}$

Ⅲ. $\sum_{n=1}^{\infty} (-1)^n \frac{n^2}{2^n}$

(A) None

(B) Ⅱ only

(C) Ⅲ only

(D) Ⅰ and Ⅱ only

(E) Ⅱ and Ⅲ only

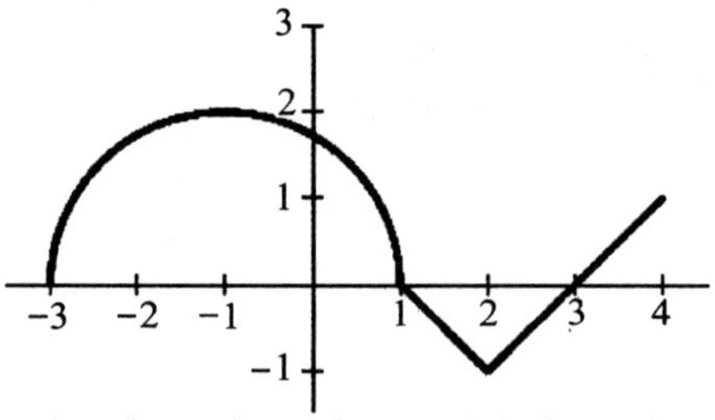

25. The above graph of a function f consists of a semicircle and two line segments. Let $g(x) = \int_1^x f(t)\,dt$, which of the following is true?

(A) $g(1) = 1$

(B) $g(2) = \frac{1}{2}$

(C) $g(-1) = \pi$

(D) The slope of the tangent line of function f at $x = 1$ is -1.

(E) The function g has one relative minimum value on the interval $[-1, 4]$.

26. Which of the following is the coefficient of x^4 in the Maclaurin polynomial generated by $\dfrac{1}{(1+x)^2}$?

(A) -5

(B) 5

(C) -1

(D) 1

(E) 0

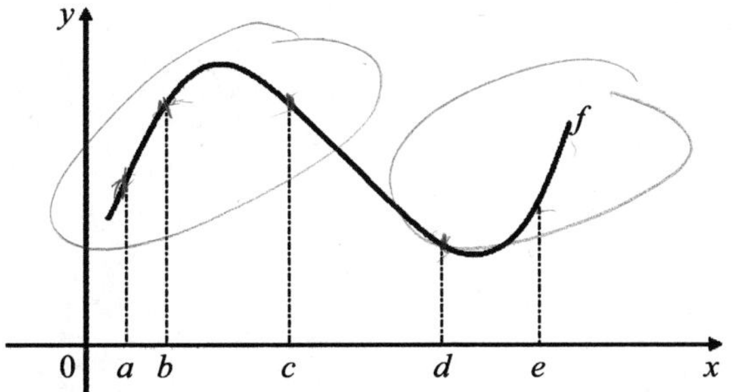

27. The figure above shows the graph of the polynomial function f. Which of the following statements is false?

(A) $f''(a) < f(a)$

(B) $f''(b) < f'(b)$

(C) $f'(c) < f(c)$

(D) $f'(d) < f(d)$

(E) $f''(e) < f'(e)$

28. Suppose g is the inverse function of a differentiable function f and $G(x) = \frac{1}{g(x)}$. If $f(3) = 7$ and $f'(3) = \frac{1}{9}$, then $G'(7) = ?$

(A) -5

(B) 4

(C) 6

(D) -1

(E) -4

END OF PART A OF SECTION I

IF YOU FINISH BEFORE TIME IS CALLED, YOU MAY CHECK YOUR WORK ON PART A ONLY.

DO NOT GO ON TO PART B UNTIL YOU ARE TOLD TO DO SO.

Calculus BC

SECTION Ⅰ, PART B

Time—50 minutes

Number of questions—17

A graphing calculator is required for some questions on this part of the exam.

Directions: Solve each of the following problems, using the available space for scratch work. After examining the form of the choices, decide which is the best of the choices given and place the letter of your choice in the corresponding box on the student answer sheet. Do not spend too much time on any one problem.

In this exam:

(1) The exact numerical value of the correct answer does not always appear among the choices given. When this happens, select from among the choices the number that best approximates the exact numerical values.

(2) Unless otherwise specified, the domain of a function f is assumed to be the set of all real numbers x for which $f(x)$ is a real number.

(3) The inverse of a trigonometric function f may be indicated using the inverse notation f^{-1} or with the prefix "arc" (e.g., $\sin^{-1}x = \arcsin x$).

76. $\lim_{x\to 1}\frac{\int_1^x e^{t^2}\,dt}{x^2-1}=$

(A) 0

(B) 1

(C) $-\frac{e}{2}$

(D) $\frac{e}{2}$

(E) e

177. The function f is differentiable and $f(x)=\tan x$. If $df(x)=0.01$ at $x=1$, then $dx=$?

(A) 1.000×10^{-3}

(B) 2.919×10^{-3}

(C) 5.403×10^{-3}

(D) 7.081×10^{-3}

(E) 2.916×10^{-3}

78. If $5x^3+40=\int_c^x f(t)\,dt$, what's the value of c?

(A) 40 (B) 0 (C) 15 (D) -2 (E) -5

79. What are the coordinates of the inflection point on the graph of $y=(x+1)\arctan x$?

(A) $(-1, 0)$

(B) $(0, 0)$

(C) $(0, 1)$

(D) $(1, \frac{\pi}{4})$

(E) $(1, \frac{\pi}{2})$

80. $\lim_{h\to 0}\dfrac{8\left(\frac{1}{2}\right)^{8}-8\left(\frac{1}{2}+h\right)^{8}}{h}=?$

(A) 0

(B) 1

(C) $\frac{1}{2}$

(D) $-\frac{1}{2}$

(E) Cannot be determined from the information given

81. A particle moves along the x-axis so that any time $t \geq 0$, its acceleration is given by $a(t) = \cos(2t)$. If the position of the particle is $x(\pi) = 4$ and the velocity of the particle is $v(\pi) = 0$ at time $t = \pi$, what is the particle's position at time $t = 2\pi$?

(A) 4.5 (B) 4.25 (C) 4 (D) 3.75 (E) 5.25

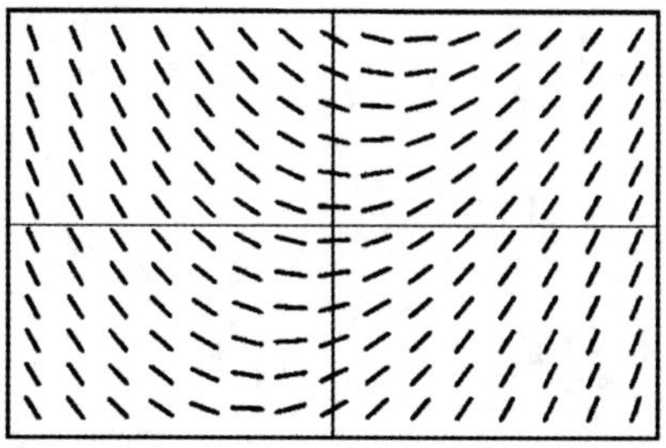

82. Which of the following differential equations would produce the slope field shown above?

(A) $\frac{dy}{dx} = y - 3x$

(B) $\frac{dy}{dx} = y - \frac{x}{3}$

(C) $\frac{dy}{dx} = y + \frac{x}{3}$

(D) $\frac{dy}{dx} = \frac{y}{3} + x$

(E) $\frac{dy}{dx} = -\frac{y}{3} + x$

83. Which of the following is equal to the area of the region inside the polar curve $r=2\cos\theta$ and outside the polar curve $r=\cos\theta$?

(A) $3\int_0^{\frac{\pi}{2}} \cos^2\theta d\theta$

(B) $3\int_0^{\pi} \cos^2\theta d\theta$

(C) $\frac{3}{2}\int_0^{\frac{\pi}{2}} \cos^2\theta d\theta$

(D) $3\int_0^{\frac{\pi}{2}} \cos\theta d\theta$

(E) $3\int_0^{\pi} \cos\theta d\theta$

84. Which of the following is an expression of Maclaurin series for $f(x) = \sin^2 x$?

(A) $f(x) = x^2 - \left(\frac{x^3}{3!}\right)^2 + \left(\frac{x^5}{5!}\right)^2 - \cdots + \left((-1)^{n+1}\frac{x^{2n-1}}{(2n-1)!}\right)^2 + \cdots$

(B) $f(x) = 1 - 2x^2 + \frac{2x^4}{3} - \cdots + (-1)^{n+1}\frac{(2x)^{2n-2}}{(2n-2)!} + \cdots$

(C) $f(x) = 2x^2 - \frac{2x^4}{3} + \cdots + (-1)^{n+2}\frac{(2x)^{2n-2}}{(2n-2)!} + \cdots$

(D) $f(x) = x^2 - \frac{x^4}{3} + \cdots + (-1)^{n+2}\frac{(2x)^{2n-2}}{2(2n-2)!} + \cdots$

(E) $f(x) = 1 - x^2 + \frac{x^4}{3} + \cdots + (-1)^{n+1}\frac{(2x)^{2n-2}}{2(2n-2)!} + \cdots$

85. A population of animals is modeled by a function P that satisfies the logistic differential equation $\frac{dP}{dt} = 0.01P(100 - P)$, where t is measured in years and P is measured in millions. Which of the following equations is the solution of P as a function of t if $P(0) = 50$?

(A) $P(t) = \frac{1}{1 + e^{-t}}$

(B) $P(t) = \frac{100}{1 + e^{-t}}$

(C) $P(t) = \frac{1}{1 + 2e^{-0.01t}}$

(D) $P(t) = \frac{100}{1 + 2e^{-0.01t}}$

(E) $P(t) = \frac{100}{1 + e^{-0.01t}}$

86. What is the value of $\frac{3}{10} + \frac{3}{100} + \frac{3}{1000} + \cdots + \frac{3}{10^n} + \cdots$?

(A) 0

(B) $\frac{1}{3}$

(C) 1

(D) 3

(E) The series diverges.

87. If $\int x^2 \cos x dx = h(x) - \int 2x \sin x dx$, then $h(x) = ?$

(A) $2\sin x + 2x\cos x + C$

(B) $x^2 \sin x + C$

(C) $2x\cos x - x^2 \sin x + C$

(D) $4\cos x - 2x\sin x + C$

(E) $(2 - x^2)\cos x - 4\sin x + C$

88. The rate at which customers arrive at a counter to be served by the function F defined by $F(t) = 12 + 6\cos\left(\frac{t}{\pi}\right)$ for $0 \leq t \leq 60$, where $F(t)$ is measured in customers per minute and t is measured in minutes. To the nearest whole number, how many customers arrive at the counter over the 60-minute period?

(A) 720 (B) 725 (C) 732 (D) 744 (E) 756

---

89. Let R be the region enclosed by the graphs of $y = e^{-x}$, $y = \sin(-3x)$ and the y-axis. Which of the following gives the approximate area of the region R?

(A) 1.139 (B) 1.334 (C) 1.869 (D) 2.114 (E) 2.340

---

t (sec)	0	3	6	9	12	15
$a(t)$ (ft/sec^2)	4	8	6	9	10	10

90. The data for the acceleration $a(t)$ of a car from 0 to 15 seconds are given in the above table. If the velocity at $t = 0$ is 5 ft/sec, which of the following gives the approximate velocity at $t = 15$ using the Trapezoidal Rule?

(A) 47 ft/sec (B) 52 ft/sec (C) 120 ft/sec (D) 125 ft/sec (E) 141 ft/sec

91. Which of the following is the solution to the differential equation $\frac{dy}{dx} = y \sec^2 x$, where $y(0) = -1$?

(A) $y = e^{\tan x}$

(B) $y = -e^{\tan x}$

(C) $y = e^{-\tan x}$

(D) $y = e^{\tan x} + 1$

(E) $y = e^{\tan x} - 1$

---

92. Let S be the region enclosed by the graphs of $y = \sin x$ and $y = \cos x$ for $\pi \leq x \leq \frac{5\pi}{4}$. What is the volume of the solid generated when S is revolved about the line $y = 2$?

(A) $\pi \int_{\pi}^{\frac{5\pi}{4}} (\sin x - \cos x)^2 dx$

(B) $\pi \int_{\pi}^{\frac{5\pi}{4}} (\sin x - \cos x - 2)^2 dx$

(C) $\pi \int_{\pi}^{\frac{5\pi}{4}} [(\sin x - 2)^2 - (\cos x - 2)^2] dx$

(D) $\pi \int_{\pi}^{\frac{5\pi}{4}} [(\cos x - 2)^2 - (\sin x - 2)^2] dx$

(E) $\pi \int_{\pi}^{\frac{5\pi}{4}} [(\sin x + 2)^2 - (\cos x + 2)^2] dx$

END OF SECTION I

IF YOU FINISH BEFORE TIME IS CALLED, YOU MAY
CHECK YOUR WORK ON PART B ONLY.
DO NOT GO ON TO SECTION II UNTIL YOU ARE TOLD TO DO SO.

SECTION Ⅱ

Free-Response Questions

Calculus BC

SECTION Ⅱ, PART A

Time—30 minutes

Number of questions—2

A graphing calculator is required for some problems or parts of problems.

---

1. An object moving along a curve in the xy-plane has position $\langle x(t), y(t) \rangle$ at time t with $\frac{dy}{dt} = 2 + \sin(e^t)$. The derivative of $\frac{dx}{dt}$ is not explicitly given. At $t = 3$, the object is at the point $(4, 5)$.

   (a) Find the y-coordinate of the position at time $t = 1$.

   (b) At time $t = 3$, the value of $\frac{dy}{dx}$ is -1.8. Find the value of $\frac{dx}{dt}$ when $t = 3$.

   (c) Find the speed of the object at $t = 3$.

2. Let S be the region in the first quadrant bounded by the graphs of $y = e^{-x^2}$ and $y = 2x^2$ and the y-axis.

(a) Find the area of the region S.

(b) Find the volume of the solid generated when the region S is rotated about the x-axis.

(c) The region S is the base of a solid for which each cross section perpendicular to the x-axis is a semi-circle with diameter in the xy-plane. Find the volume of this solid.

Calculus BC

SECTION Ⅱ , PART B

Time—60 minutes

Number of questions—4

No calculator is allowed for these problems.

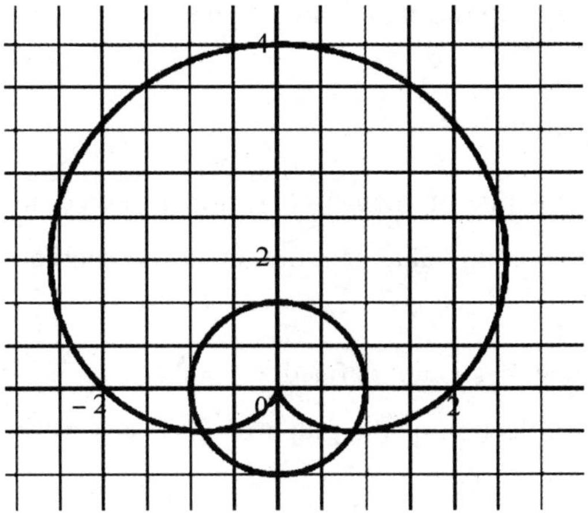

3. The graphs of the polar curves $r_1 = 2 + 2\sin\theta$ and $r_2 = 1$ for $0 \le \theta \le 2\pi$ are shown above:

   (a) Write an integral expression for the area inside r_1 and outside r_2.

   (b) Write expressions for $\dfrac{dx}{d\theta}$ and $\dfrac{dy}{d\theta}$ in terms of θ for the r_1 curve.

   (c) Write an equation in terms of x and y for the line tangent to the graph of the polar curve r_1 at the point where $\theta = 0$.

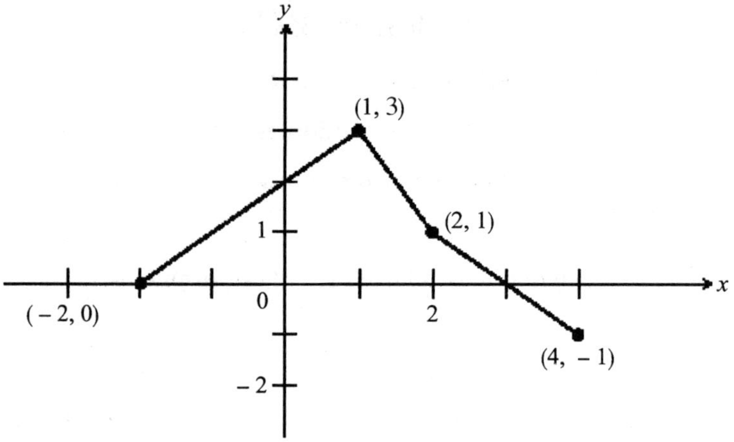

4. The graph of the function f, consisting of three segments, is shown above. Let $g(x) = \int_1^x f(t)\,dt$.

(a) Find $g(1)$ and $g'(1)$.

(b) Find the instantaneous rate of change of g, which respect to x, at $x = 2$.

(c) Find the absolute minimum value of g on the closed interval $[-2, 4]$. Justify your answer.

(d) The second derivative of g is not defined at $x = 1$ and $x = 2$. Which of these values are x-coordinates of points of inflection of the graph of g? Justify your answer.

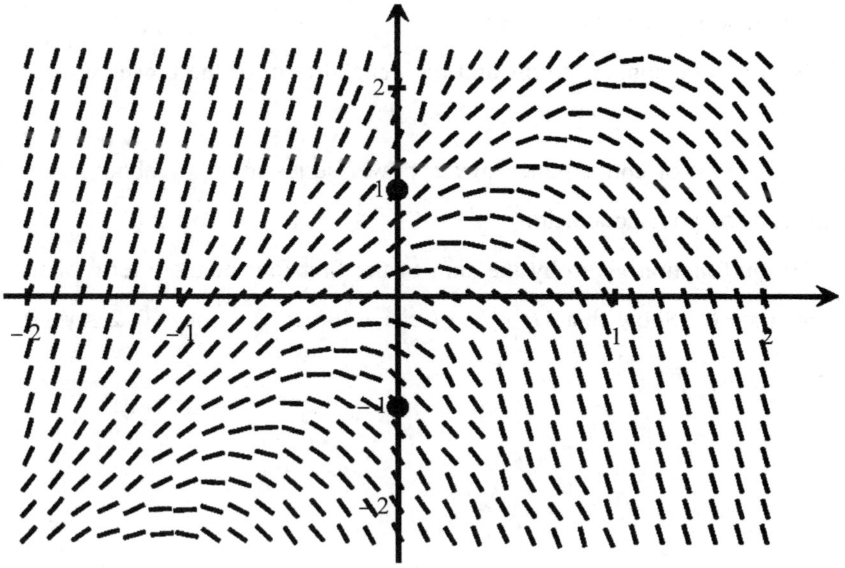

5. Consider the differential equation $\frac{dy}{dx} = 2y - 4x$.

(a) The slope field for the differential equation is shown above. Sketch the solution curve that passes through the point (0, 1) and sketch the solution curve that passes through the point (0, -1).

(b) There is a value of b for which $y = 2x + b$ is a solution to the differential equation. Find this value of b. Justify your answer.

(c) Let g be the function that satisfies the given differential equation with the initial condition $g(0) = 0$. It appears from the slope field that g has a local maximum at the point (0, 0). Using the differential equation, prove analytical that this is so.

(d) Write the second-degree Taylor polynomial for g about $a = 0$.

6. Let f be the function given by $f(x) = e^{-2x^2}$

(a) Find the first four nonzero terms and the general term of the power series for $f(x)$ about $x = 0$.

(b) Find the interval of convergence of the power series for $f(x)$ about $x = 0$. Show the analysis that leads to your conclusion.

(c) Let g be the function given by the sum of the first four nonzero term of the power series for $f(x)$ about $x = 0$. Show that $|f(x) - g(x)| < 1.8 \times 10^{-6}$ for $-0.2 \leq x \leq 0.2$.

STOP

END OF EXAM

Chapter 15 Answers 参考答案

15.1 课后习题参考答案

Chapter 2 Functions

1. Only $g(x)$ has the inverse function.

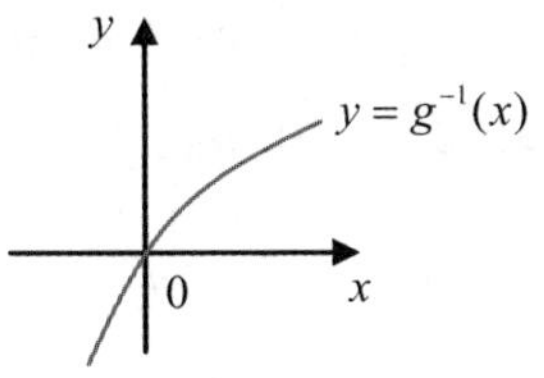

2.

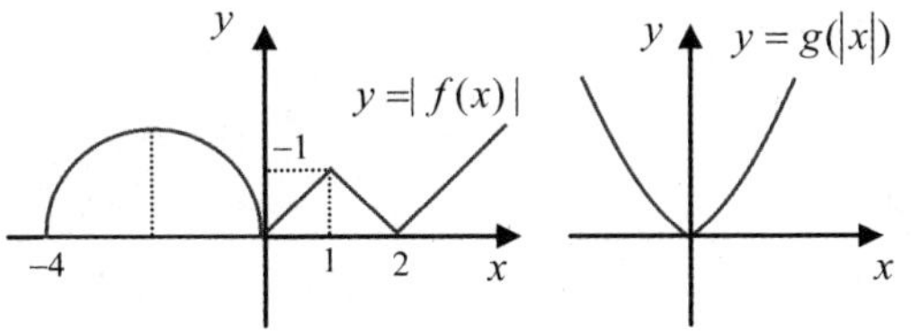

3. $x\leq 0, (x+2)^2+y^2=4 \Rightarrow y=\sqrt{-x^2-4x}$

$x>0, y=|x-1|-1$

$$f(x)=\begin{cases}\sqrt{-x^2-4x} & (x\leq 0)\\ |x-1|-1 & (x>0)\end{cases}$$

4.

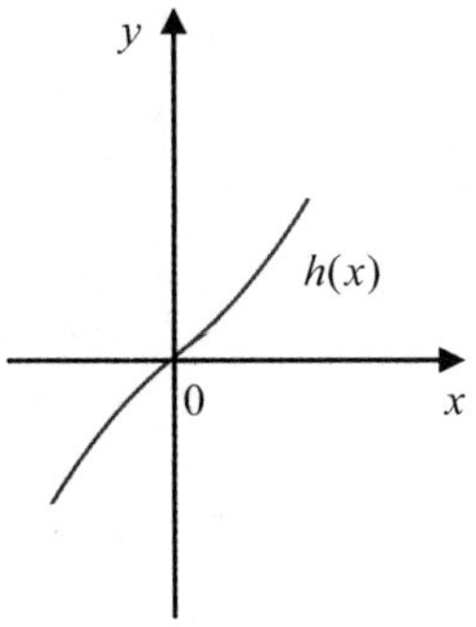

5. $f(x)=2^x$

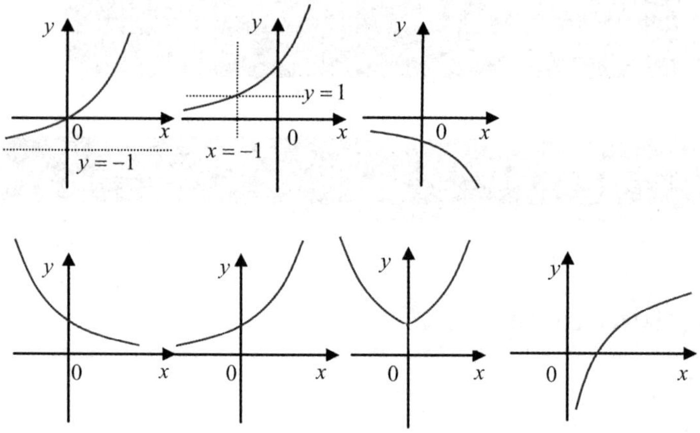

6. $\cos 2x-\cos^2 x=2\sin x \Rightarrow \cos^2 x-\sin^2 x-\cos^2 x=2\sin x \Rightarrow \sin^2 x+2\sin x=0$

$\Rightarrow \sin x(\sin x+2)=0 \Rightarrow \sin x=0 \Rightarrow x=0,\pi$;

7. $m(x)=2x^3+5x-2$, Let $m^{-1}(6)=a \Rightarrow 6=2a^3+5a-2 \Rightarrow a=1.087$;

8. ignore;

9. $f\circ g=f[g(x)]=\ln(x^2-9)$

$g\circ f=g[f(x)]=(\ln x)^2-9$

$f\circ f=f[f(x)]=\ln(\ln x)$

$g\circ g=g[g(x)]=(x^2-9)^2-9$;

10. a) $e^{2\ln 3}=e^{\ln 3^2}=e^{\ln 9}=9$

b) $\log_{10}25+\log_{10}4=\log_{10}100=\log_{10}10^2=2$

c) $\arcsin\frac{1}{2}=\frac{\pi}{6}$, $\tan(\arcsin\frac{1}{2})=\tan\frac{\pi}{6}=\frac{\sqrt{3}}{3}$

d) Let $\cos^{-1}\frac{4}{5}=\theta$, then $\cos\theta=\frac{4}{5}$

$\sin\left(\cos^{-1}(\frac{4}{5})\right)=\sin\theta=\frac{3}{5}$.

Chapter 3 Limit and Continuity

1. $+\infty$;

2. $\lim\limits_{x\to\infty}\dfrac{1-4x^3+6x^4}{2x^5-3x^3+12}=\lim\limits_{x\to\infty}\dfrac{\dfrac{1}{x^5}-\dfrac{4}{x^2}+\dfrac{6}{x}}{2-\dfrac{3}{x^2}+\dfrac{12}{x^5}}=0$;

3. $\lim\limits_{x\to0}\dfrac{\tan 2x}{\sin 5x}=\lim\limits_{x\to0}\left(\dfrac{\sin 2x}{\sin 5x}\cdot\dfrac{1}{\cos 2x}\right)=\lim\limits_{x\to0}\left(\dfrac{\sin 2x}{\sin 5x}\right)\cdot\lim\limits_{x\to0}\left(\dfrac{1}{\cos 2x}\right)=1\times\dfrac{2}{5}=\dfrac{2}{5}$;

4. $\lim\limits_{x\to0}\dfrac{1-\cos x}{x\sin x}=\lim\limits_{x\to0}\left(\dfrac{1-\cos x}{x\sin x}\cdot\dfrac{1+\cos x}{1+\cos x}\right)=\lim\limits_{x\to0}\left(\dfrac{1-\cos^2 x}{x\sin x}\cdot\dfrac{1}{1+\cos x}\right)=\lim\limits_{x\to0}\left(\dfrac{\sin x}{x}\cdot\dfrac{1}{1+\cos x}\right)=\dfrac{1}{2}$;

or $\lim\limits_{x\to0}\dfrac{1-\cos x}{x\sin x}=\lim\limits_{x\to0}\dfrac{2\sin^2\dfrac{x}{2}}{2x\sin\dfrac{x}{2}\cos\dfrac{x}{2}}=\lim\limits_{x\to0}\dfrac{\sin\dfrac{x}{2}}{x\cos\dfrac{x}{2}}=\dfrac{1}{2}\lim\limits_{x\to0}\dfrac{\sin\dfrac{x}{2}}{\dfrac{x}{2}}\cdot\lim\limits_{x\to0}\dfrac{1}{\cos\dfrac{x}{2}}=\dfrac{1}{2}$;

5. 0;

6. $\lim\limits_{x\to0}\dfrac{\sin x}{x^3+3x}=\lim\limits_{x\to0}\dfrac{\sin x}{x(x^2+3)}=\left(\lim\limits_{x\to0}\dfrac{\sin x}{x}\right)\cdot\left(\lim\limits_{x\to0}\dfrac{1}{x^2+3}\right)=\dfrac{1}{3}$;

7. not exist;

8. *A*

$\lim\limits_{x\to0}\dfrac{1-2x^2+2x}{x^2-3x+2}=\lim\limits_{x\to0}\dfrac{1-0+0}{0-0+2}=\dfrac{1}{2}$;

9. *A*

$\lim\limits_{x\to\infty}(1+\dfrac{1}{x})(2-\dfrac{1}{x^2})=\lim\limits_{x\to\infty}(1+\dfrac{1}{x})\cdot\lim\limits_{x\to\infty}(2-\dfrac{1}{x^2})=1\times2=2$;

10. *E*

$\lim\limits_{x\to9}\dfrac{\sqrt{x}-3}{9-x}=\lim\limits_{x\to9}\left(\dfrac{\sqrt{x}-3}{9-x}\cdot\dfrac{\sqrt{x}+3}{\sqrt{x}+3}\right)=\lim\limits_{x\to9}\left(\dfrac{x-9}{9-x}\cdot\dfrac{1}{\sqrt{x}+3}\right)=-\dfrac{1}{6}$;

11. *C*

$\lim\limits_{h\to0}\dfrac{\sin h\tan h}{2h}=\lim\limits_{h\to0}\dfrac{\sin h}{2h}\lim\limits_{h\to0}\tan h=\dfrac{1}{2}\times0=0$;

12. C

$$\lim_{x\to -\infty}\frac{3-2e^x}{e^x+5}=\lim_{x\to -\infty}\frac{3-0}{0+5}=\frac{3}{5};$$

$$\lim_{x\to +\infty}\frac{3-2e^x}{e^x+5}=\lim_{x\to +\infty}\frac{\frac{3}{e^x}-2}{1+\frac{5}{e^x}}=-2;$$

13. $\lim\limits_{n\to\infty}(\frac{1}{2}+\frac{1}{2^2}+\frac{1}{2^3}+\ldots\frac{1}{2^n})=\lim\limits_{n\to\infty}\frac{\frac{1}{2}(1-\frac{1}{2^n})}{1-\frac{1}{2}}=\lim\limits_{n\to\infty}(1-\frac{1}{2^n})=1;$

14. $\lim\limits_{x\to 2}\log_2[g(x)]=\log_2[\lim\limits_{x\to 2}g(x)]=\log_2 1=0;$

15. $x=-5, 1$

$$f(x)=\frac{-x^2-x+2}{x^2+4x-5}=\frac{-(x+2)(x-1)}{(x+5)(x-1)};$$

16. $a=1$

$$\lim_{x\to 0^-}(a+x^3)=a \qquad \lim_{x\to 0^+}\left(\frac{1}{x}\sin x\right)=1$$

$$\lim_{x\to 0^-}f(x)=\lim_{x\to 0^+}f(x)=f(0)\Rightarrow a=1=f(0)\Rightarrow a=1.$$

Chapter 4 Definition of Derivative

1. $\frac{f(3)-f(0)}{3-0}=\frac{3^4-5\times4-0}{3-0}=22$;

2. $f'(x_0)=2x_0$, $f'(x_0)|_{x_0=1}=2$, $f'(x_0)|_{x_0=2}=4$;

3. $(\cos x)'=\lim_{\triangle x\to0}\frac{\cos(x+\triangle x)-\cos x}{\triangle x}=\lim_{\triangle x\to0}\frac{\cos x\cos\triangle x-\sin x\sin\triangle x-\cos x}{\triangle x}$

$=\lim_{\triangle x\to0}\frac{\cos x(\cos\triangle x-1)-\sin x\sin\triangle x}{\triangle x}=\lim_{\triangle x\to0}\frac{\cos x(\cos\triangle x-1)}{\triangle x}+\lim_{\triangle x\to0}\frac{-\sin x\sin\triangle x}{\triangle x}$

$=0+(-\sin x)=-\sin x$;

4. $f'(x)=\lim_{\triangle x\to0}\frac{f(x+\triangle x)-f(x)}{\triangle x}=\lim_{\triangle x\to0}\frac{\frac{2(x+\triangle x)-3}{3(x+\triangle x)+4}-\frac{2x-3}{3x+4}}{\triangle x}$

$=\lim_{\triangle x\to0}\frac{\frac{17\triangle x}{(3x+4)[3(x+\triangle x)+4]}}{\triangle x}=\lim_{\triangle x\to0}\frac{17}{(3x+4)[3(x+\triangle x)+4]}=\frac{17}{(3x+4)^2}$;

5. $f(x)$ is not differentiable at $x=0$.

$$\left.\begin{aligned}f'_-(0)&=\lim_{h\to0^-}\frac{f(0+h)-f(0)}{h}=\lim_{h\to0^-}\frac{-h}{h}=-1\\ f'_+(0)&=\lim_{h\to0^+}\frac{f(0+h)-f(0)}{h}=\lim_{h\to0^+}\frac{h^2}{h}=0\end{aligned}\right\}\Rightarrow f'_-(0)\neq f'_+(0);$$

6. $\lim_{a\to0}\frac{\sin(\frac{\pi}{2}+a)-\sin\frac{\pi}{2}}{a}=(\sin x)'|_{x=\frac{\pi}{2}}=\cos\frac{\pi}{2}=0$;

7.

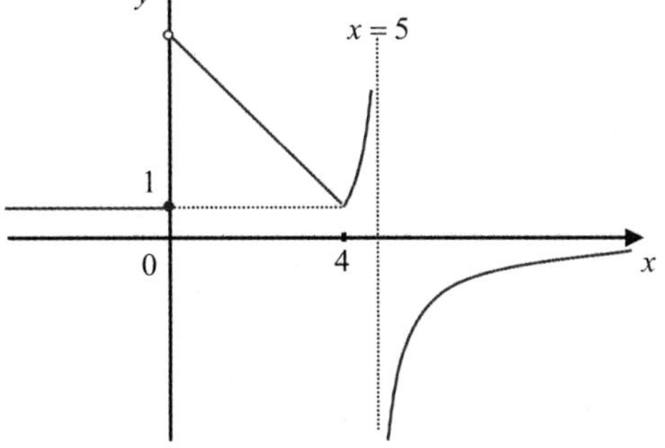

8. $x=0, 5$;

9. $f'_{-}(4)=\lim\limits_{h\to 0^{-}}\dfrac{f(4+h)-f(4)}{h}=\lim\limits_{h\to 0^{-}}\dfrac{(5-(4+h))-(5-4)}{h}=\lim\limits_{h\to 0^{-}}\dfrac{-h}{h}=-1$

$f'_{+}(4)=\lim\limits_{h\to 0^{+}}\dfrac{f(4+h)-f(4)}{h}=\lim\limits_{h\to 0^{+}}\dfrac{\dfrac{1}{5-(4+h)}-\dfrac{1}{5-4}}{h}=\lim\limits_{h\to 0^{+}}\dfrac{1}{1-h}=1$;

10. $x=0, 4, 5$;

11. C;

12. 16. $\lim\limits_{x\to 0}\dfrac{\sin^2(4x)}{x^2}=\lim\limits_{x\to 0}\dfrac{\sin(4x)}{x}\cdot\lim\limits_{x\to 0}\dfrac{\sin(4x)}{x}=16$;

13. E. $\lim\limits_{x\to 2}\dfrac{f(x)-3}{x-2}=\lim\limits_{x\to 2}\dfrac{f(x)-f(2)}{x-2}=f'(2)$，但$f(x)$在$x=2$处不可导，所以$\lim\limits_{x\to 2}\dfrac{f(x)-3}{x-2}$不存在。

Chapter 5 Rules for Finding Derivatives

1. (1) $f'(x) = \left(\frac{x}{2x+1}\right)' = \frac{x'(2x+1) - x(2x+1)'}{(2x+1)^2} = \frac{1}{(2x+1)^2}$;

(2) $4x+5$;

(3) $\cos x$;

(4) $2^x \ln 2 + \frac{1}{x\ln 2}$;

2. (1) $2\cos 2x$;

(2) Let $y = u^2, u = \cos v, v = 3x^2 - 2x$

$$\frac{dy}{dx} = \frac{dy}{du} \cdot \frac{du}{dv} \cdot \frac{dv}{dx} = 2u \cdot (-\sin v) \cdot (6x-2) = -2\cos(3x^2-2x)\sin(3x^2-2x)(6x-2);$$

or

$$y' = [\cos^2(3x^2-2x)]' = 2\cos(3x^2-2x)[\cos(3x^2-2x)]'$$
$$= -2\cos(3x^2-2x)\sin(3x^2-2x)(3x^2-2x)'$$
$$= -2\cos(3x^2-2x)\sin(3x^2-2x)(6x-2);$$

(3) $3x^2 - 4x + \cos x$;

3. $f'(x) = 5x^4 + 2 \Rightarrow f'(4) = 5 \times 4^4 + 2 = 1282$;

4. $$g'(x) = (\cos \pi x)'\sin^2 \pi x + \cos \pi x(\sin^2 \pi x)' = -\pi\sin \pi x\sin^2 \pi x + \cos \pi x[2\sin \pi x][\sin \pi x]'$$
$$= -\pi\sin \pi x\sin^2 \pi x + \pi\cos \pi x[2\sin \pi x][\cos \pi x] = -\pi\sin^3 \pi x + 2\pi\sin \pi x\cos^2 \pi x$$

$$g'\left(\frac{1}{2}\right) = -\pi \sin^3 \frac{\pi}{2} + 2\pi\sin \frac{\pi}{2}\cos^2 \frac{\pi}{2} = -\pi;$$

5. $$y' = \left(\frac{x}{x+2}\right)' = \frac{x'(x+2) - x(x+2)'}{(x+2)^2} = \frac{(x+2) - x}{(x+2)^2} = \frac{2}{(x+2)^2}$$

$$y'' = \frac{-2 \times 2(x+2)(x+2)'}{(x+2)^4} = -\frac{4}{(x+2)^3};$$

6. $$f'(x) = [\sin^2(3-x)]' = 2\sin(3-x)\cos(3-x)(3-x)'$$
$$= -2\sin(3-x)\cos(3-x) = -\sin(6-2x) \Rightarrow f'(0) = -\sin 6;$$

7. (1) Let $f(x) = \ln(u), u = x^2 - x$

$$\frac{dy}{dx} = \frac{dy}{du} \cdot \frac{du}{dx} = \frac{1}{u}(2x-1) = \frac{2x-1}{x^2-x};$$

(2) Let $f(x) = \ln(u), u = \frac{x}{\sqrt{x+1}}$

$$\frac{dy}{dx}=\frac{dy}{du}\cdot\frac{du}{dx}=\frac{1}{u}\left(\frac{x'\sqrt{x+1}-x(\sqrt{x+1})'}{x+1}\right)=\frac{x+2}{2x(x+1)};$$

(3) Let $f(x)=\ln(u), u=3x\cdot\sqrt{3+x}$

$$\frac{dy}{dx}=\frac{dy}{du}\cdot\frac{du}{dx}=\frac{1}{u}\left(3\times\sqrt{3+x}+3x\times\frac{1}{2\sqrt{3+x}}\right)=\frac{6+3x}{2x(3+x)};$$

(4) Let $f(x)=2^u, u=x^2$

$$\frac{dy}{dx}=\frac{dy}{du}\cdot\frac{du}{dx}=2^u(\ln 2)\cdot(2x)=2(\ln 2)x\,2^{x^2};$$

(5) Let $f(x)=\pi^u, u=8x^2$

$$\frac{dy}{dx}=\frac{dy}{du}\cdot\frac{du}{dx}=\pi^u(\ln\pi)\cdot(16x)=16x(\ln\pi)\pi^{8x^2};$$

(6) $f'(x)=(e^{\pi x})'=\pi e^{\pi x}$;

(7) $f(x)=(e^{x\sin x})'=\mathrm{e}^{x\sin x}(x\sin x)'=e^{x\sin x}(\sin x+x\cos x)$;

(8) $f(x)=(x^e)'=ex^{e-1}$;

(9) $f'(x)=(\log_2(x^2+1))'=\frac{1}{(x^2+1)\ln 2}(x^2+1)'=\frac{2x}{(x^2+1)\ln 2}$;

(10) $f'(x)=(\log(x\csc x))'=\frac{1}{x\csc x\cdot\ln 10}(x\csc x)'=\frac{1-x\cot x}{x\ln 10}$;

8. (1) $\frac{\log_2 x}{x}+\frac{\ln x}{x\ln 2}$;

(2) $3x^2 5^x+x^3 5^x\ln 5$;

(3) $3e^{3x}-(\ln 3)\cdot e\cdot 3^{ex}$;

9. $y^4-4y^2=2x^3+12x^2\Rightarrow 4y^3\frac{dy}{dx}-8y\frac{dy}{dx}=6x^2+24x\Rightarrow\frac{dy}{dx}=\frac{3x^2+12x}{2y^3-4y}$;

10. $2x^2y+3y^2-4x^3=10\Rightarrow 2(2xy+x^2\frac{dy}{dx})+6y\frac{dy}{dx}-12x^2=0$

$$\Rightarrow\frac{dy}{dx}=\frac{12x^2-4xy}{2x^2+6y}\Rightarrow\left.\frac{dy}{dx}\right|_{x=1,y=1}=\left.\frac{12x^2-4xy}{2x^2+6y}\right|_{x=1,y=1}=1;$$

11. $x-y+\frac{1}{2}\sin y=0\Rightarrow 1-\frac{dy}{dx}+\frac{1}{2}\cos y\times\frac{dy}{dx}=0$

$$\Rightarrow\frac{dy}{dx}=-\frac{2}{\cos y-2};$$

12. $x^2+3xy+y^2=5\Rightarrow 2x+(3y+3xy')+2yy'=0$

$$y'|_{x=1,y=1}=-\left.\frac{2x+3y}{3x+2y}\right|_{x=1,y=1}=-1;$$

13. $2xy^2 + x^2(2y)y' = 0 \Rightarrow y' = -\dfrac{2xy^2}{2x^2y} = -\dfrac{y}{x}$

$\Rightarrow y'' = (-\dfrac{y}{x})' = -(\dfrac{y}{x})' = -\dfrac{y'x - y}{x^2} = -\dfrac{-\dfrac{y}{x}x - y}{x^2} = \dfrac{2y}{x^2}$

$\Rightarrow y''(1, -5) = -10$;

14. $x\sin y + y\sin x = -\dfrac{\pi}{2\sqrt{2}} \Rightarrow (\sin y + x\cos y\dfrac{dy}{dx}) + (\dfrac{dy}{dx}\sin x + y\cos x) = 0$

$\Rightarrow \dfrac{dy}{dx} = -\dfrac{y\cos x + \sin y}{x\cos y + \sin x} \Rightarrow \dfrac{dy}{dx}\bigg|_{(-\frac{\pi}{4},\frac{\pi}{4})} = 1$;

15. B

$3x^2 + 2xy + y^2 = 1 \Rightarrow 6x + 2(y + x\dfrac{dy}{dx}) + 2y\dfrac{dy}{dx} = 0$

$\Rightarrow \dfrac{dy}{dx} = -\dfrac{6x + 2y}{2x + 2y} = -\dfrac{3x + y}{x + y}$;

16. C

$y^3x + y^2x^2 = 6 \Rightarrow \left(3y^2\dfrac{dy}{dx}x + y^3\right) + \left(2y\dfrac{dy}{dx}x^2 + 2y^2x\right) = 0$

$\Rightarrow \dfrac{dy}{dx} = -\dfrac{2y^2x + y^3}{3y^2x + 2yx^2} = -\dfrac{2yx + y^2}{3yx + 2x^2} \Rightarrow \dfrac{dy}{dx}\bigg|_{(2,1)} = -\dfrac{4 + 1}{6 + 8} = -\dfrac{5}{14}$;

17. D

$\dfrac{d}{dx}[f(h(x))] = f'(h(x))h'(x) = f'(e^{x^2})(2xe^{x^2})$;

18. Let $2x - x^3 = 1 \quad \Rightarrow x = 1$

$\dfrac{dy}{dx} = 2 - 3x^2 \quad \Rightarrow \dfrac{dx}{dy} = \dfrac{1}{2 - 3x^2} \Rightarrow \dfrac{dx}{dy}\bigg|_{x=1} = \dfrac{1}{2 - 3} = -1$;

19. $(a)\, t = 1 \Rightarrow x = 10 - 1 = 9, y = -11$

$\dfrac{dy}{dx} = \dfrac{3t^2 - 12}{-2t} \Rightarrow \dfrac{dy}{dx}\bigg|_{t=1} = \dfrac{3 - 12}{-2} = \dfrac{9}{2}$

$y + 11 = \dfrac{9}{2}(x - 9) \Rightarrow 9x - 2y - 103 = 0$

(b) Horizontal:

$\dfrac{dy}{dx} = 0 \Rightarrow 3t^2 - 12 = 0$ and $-2t \neq 0 \Rightarrow t = -2, t = 2 \Rightarrow (6,16), (6, -16)$

Vertical:

$$\frac{dx}{dt}=0 \Rightarrow -2t=0 \Rightarrow t=0 \Rightarrow (10, 0);$$

20. $r=1+\cos\theta \Rightarrow \begin{cases} x=r\cos\theta=(1+\cos\theta)\cos\theta \\ y=r\sin\theta=(1+\cos\theta)\sin\theta \end{cases}$

$$\frac{dy}{dx}=\frac{(1+\cos\theta)'\sin\theta+(1+\cos\theta)(\sin\theta)'}{(1+\cos\theta)'\cos\theta+(1+\cos\theta)(\cos\theta)'}=\frac{(-\sin\theta)\sin\theta+(1+\cos\theta)(\cos\theta)}{(-\sin\theta)\cos\theta+(1+\cos\theta)(-\sin\theta)}$$

$$\left.\frac{dy}{dx}\right|_{\theta=\frac{\pi}{6}}=\frac{(-\sin\frac{\pi}{6})\sin\frac{\pi}{6}+(1+\cos\frac{\pi}{6})\left(\cos\frac{\pi}{6}\right)}{(-\sin\frac{\pi}{6})\cos\frac{\pi}{6}+(1+\cos\frac{\pi}{6})\left(-\sin\frac{\pi}{6}\right)}=-1.$$

Chapter 6 Applications of Derivatives

1. $f'(x) = -\frac{6}{x^2} \Rightarrow f'(c) = -\frac{6}{c^2} = \frac{f(2)-f(1)}{2-1} = -3 \Rightarrow c^2 = 2 \Rightarrow c = \pm\sqrt{2}$

$c = \sqrt{2}$ since $1 < c < 2$;

2. $f(-1) = -1-1+1+1 = 0$, $f(2) = 8-4-2+1 = 3$

$\frac{f(2)-f(-1)}{2-(-1)} = \frac{3-0}{2-(-1)} = 1$

$f'(x) = 3x^2 - 2x - 1 \Rightarrow f'(c) = 3c^2 - 2c - 1 = 1 \Rightarrow c_1 = -0.549$, $c_2 = 1.215$;

3. not exist;

$f(-1) = f(1) = 0$

$\Rightarrow f'(x) = \frac{2}{x^3} \Rightarrow f'(c) = \frac{2}{c^3} = 0$

c has no value! Because $f(x)$ is not continuous in the interval $[-1, 1]$;

4. $y = \frac{10x}{x^2+1} \Rightarrow \frac{dy}{dx} = \frac{10(x^2+1) - 10x(2x)}{(x^2+1)^2} = \frac{-10x^2+10}{(x^2+1)^2}$

$\Rightarrow \left.\frac{dy}{dx}\right|_{x=2} = -\frac{6}{5}$ When $x = 2$, then $y = 4$.

tangent line: $y = -\frac{6}{5}(x-2) + 4$;

normal line: $y = \frac{5}{6}(x-2) + 4$;

5. $\left.\begin{array}{l} A = \frac{\sqrt{3}}{4}a^2 \Rightarrow \frac{dA}{dt} = \frac{\sqrt{3}}{4} \times 2a\frac{da}{dt} \\ \frac{da}{dt} = 27 \end{array}\right\} \Rightarrow \frac{dA}{dt} = 243\sqrt{3}\ \text{in}^2/\text{sec}$;

6. (a) $t = 1, t = 2$;

(b) $0 < t < 1, \frac{3}{2} < t < 2$;

(c) 34;

7. D;

8. (a) $y' = 2\left(\frac{x-4}{x+3}\right)\left(\frac{x-4}{x+3}\right)' = 2\left(\frac{x-4}{x+3}\right)\frac{x+3-(x-4)}{(x+3)^2} = \frac{14(x-4)}{(x+3)^3} = 0 \Rightarrow x = 4$

$$y''=\frac{14(x+3)^3-14(x-4)\times 3(x+3)^2}{(x+3)^6}=\frac{14(x+3)-14(x-4)\times 3}{(x+3)^4}=\frac{14(15-2x)}{(x+3)^4}$$

$$y''|_{x=4}=\frac{14(15-2\times 4)}{(x+3)^3}>0$$

$y(4)=0$ is the minimum value.

(b) $y''=0\Rightarrow x=\frac{15}{2}$, point of inflection $(\frac{15}{2},\frac{1}{9})$.

(c) $x=-3$, $\lim\limits_{x\to\infty}(\frac{x-4}{x+3})^2=\left[\lim\limits_{x\to\infty}(\frac{x-4}{x+3})\right]^2=1$; $y=1$.

9. $\lim\limits_{x\to 0^+}x\cot x=\lim\limits_{x\to 0^+}\left[\frac{x}{\sin x}\cos x\right]=\lim\limits_{x\to 0^+}\frac{x}{\sin x}\cdot\lim\limits_{x\to 0^+}\cos x=1$;

10. $\lim\limits_{x\to\frac{\pi}{2}}\frac{x-\frac{\pi}{2}}{\cos x}=\lim\limits_{x\to\frac{\pi}{2}}\frac{1}{-\sin x}=-1$;

11. $\lim\limits_{x\to 0}\frac{5x^3-4x^2+1}{7x^3+2x-6}=-\frac{1}{6}$;

12. $\lim\limits_{x\to 0^+}\frac{\ln(\sin x)}{\ln(2x)}=\lim\limits_{x\to 0^+}\frac{\frac{1}{\sin x}\cos x}{\frac{1}{x}}=\lim\limits_{x\to 0^+}\frac{x\cos x}{\sin x}=1$.

Chapter 7 Differential

1. (a) $dy = -\cos(-x)\,dx$;

(b) $dy = \frac{-3x^2}{1+x^6}dx$;

2. $\tan 59° = \tan(\frac{\pi}{3} - \frac{\pi}{180}) \approx \tan\frac{\pi}{3} + \sec^2\frac{\pi}{3}(-\frac{\pi}{180}) = 1.662$

(*Use the formula* $f(x+\triangle x) \approx f(x) + f'(x)\triangle x$);

3. (a) $\left.\frac{dy}{dx}\right|_{x=1,y=1} = -\left.\frac{y}{x}\right|_{x=1,y=1} = -1$, $y-1 = -(x-1) \Rightarrow x+y-2=0$;

(b) $f(1.1) = f(1+0.1) \approx f(1) + f'(1) \times 0.1 = 1 + (-1) \times 0.1 = 0.9$;

4. $y'(0) = 1 - y(0) = 1 - 4 = -3$

$y(0.5) \approx y(0) + y'(0) \times 0.5 = 4 + (-3) \times 0.5 = 2.5$;

$y'(0.5) = 1 - y(0.5) = 1 - 2.5 = -1.5$

$y(1) \approx y(0.5) + y'(0.5) \times 0.5 = 2.5 + (-1.5) \times 0.5 = 1.75$;

5. $y'(0) = 0 \times y(0) = 0$

$y(-0.25) \approx y(0) + y'(0) \times (-0.25) = -2$;

$y'(-0.25) = -0.25 \times y(-0.25) = 0.5$

$y(-0.5) \approx y(-0.25) + (0.5 \times 0.25) \times (-0.25) = -2.125$.

Chapter 8 Indefinite Integral

1. (1) $-\frac{\cos 5x}{5}-\sin x+C$;

(2) $\tan x-\sec x+C$;

(3) $-\cot x-\frac{x^2}{2}+C$;

(4) $4\sqrt{x}+C$;

(5) $x-\frac{x^2}{2}-\frac{2x^3}{3}+C$;

(6) $\frac{2x^5}{5}+\frac{3x^4}{2}+2x^3+x^2+C$;

2. (1) Let $u=\ln x, du=\frac{1}{x}dx \quad \Rightarrow \int \frac{\ln x}{x}dx=\int udu=\frac{(u)^2}{2}+C=\frac{(\ln x)^2}{2}+C$;

(2) Let $u=\sqrt{x}, du=\frac{1}{2\sqrt{x}}dx \quad \Rightarrow \int \frac{e^{\sqrt{x}}}{\sqrt{x}}dx=2\times\int \frac{e^{\sqrt{x}}}{2\sqrt{x}}dx=2\times\int e^u du=2e^u+C=2e^{\sqrt{x}}+C$;

(3) Let $u=\sin x, du=\cos xdx \quad \Rightarrow \int \sin^2 x\cos xdx=\int u^2du=\frac{u^3}{3}+C=\frac{\sin^3 x}{3}+C$;

(4) Let $u=1+x^4, du=4x^3dx$

$\Rightarrow \int \frac{x^3}{1+x^4}dx=\frac{1}{4}\int \frac{4x^3}{1+x^4}dx=\frac{1}{4}\int \frac{1}{u}du=\frac{1}{4}\ln|u|+C=\frac{1}{4}\ln|1+x^4|+C$;

3. (1) Let $u=1+\cos x, du=-\sin xdx \Rightarrow$

$\int \frac{\sin x}{1+\cos x}dx=-\int \frac{-\sin x}{1+\cos x}dx=-\int \frac{1}{u}du=-\ln|u|+C=-\ln|1+\cos x|+C$;

(2) Let $u=1+e^x, du=e^xdx \quad \Rightarrow \int e^x\cos(1+e^x)dx=\int \cos udu=\sin u+C=\sin(1+e^x)+C$;

(3) Let $u=e^x+e^{-x}, du=(e^x-e^{-x})dx \Rightarrow$

$\int \frac{e^x-e^{-x}}{e^x+e^{-x}}dx=\int \frac{1}{u}du=\ln|u|+C=\ln|e^x+e^{-x}|+C$;

(4) Let $u=x-1, du=dx \quad \Rightarrow \int \frac{4}{x-1}dx=\int \frac{4}{u}du=4\ln|u|+C=4\ln|x-1|+C$;

4. (1) Let $u=\cot x, du=-\csc^2 xdx \quad \Rightarrow \int \frac{\csc^2 x}{\cot x}dx=-\int \frac{1}{u}du=-\ln|u|+C=-\ln|\cot x|+C$;

(2) Let $u=5x, du=5dx \quad \Rightarrow \int 5^{5x}dx=\frac{1}{5}\int 5^u du=\frac{5^u}{5\ln 5}+C=\frac{5^{5x}}{5\ln 5}+C$;

(3) Let $u=\ln x, du=\frac{1}{x}dx \quad \Rightarrow \int \frac{1}{x\ln x}dx=\int \frac{1}{u}du=\ln|u|+C=\ln|\ln x|+C$;

(4) $\int (e^{3\ln x} + e^{3x})\,dx = \int (x^3 + e^{3x})\,dx = \frac{x^4}{4} + \frac{e^{3x}}{3} + C$;

(5) Let $u = \sin^2 x, du = 2\sin x\cos x dx = \sin(2x)\,dx$

$\Rightarrow \int \sin(2x)\,e^{\sin^2 x} dx = \int e^u du = e^u + C = e^{\sin^2 x} + C$;

(6) Let $u = x^2, du = 2xdx \quad \Rightarrow \int x2^{x^2} dx = \frac{1}{2}\int 2^u du = \frac{2^u}{2\ln 2} + C = \frac{2^{x^2}}{2\ln 2} + C$;

5. (1) $\int (e^x \cos x)\,dx = \int (\cos x)\,de^x = e^x\cos x - \int e^x d\cos x = e^x\cos x + \int e^x \sin xdx$

$= e^x\cos x + \int \sin xde^x = e^x\cos x + e^x\sin x - \int e^x d\sin x = e^x\cos x + e^x\sin x - \int e^x\cos xdx$;

$\int (e^x\cos x)\,dx = \frac{e^x}{2}(\sin x + \cos x) + C$;

(2) $\int (x\sin 2x)\,dx = -\frac{1}{2}\int xd\cos 2x = -\frac{1}{2}(x\cos 2x - \int \cos 2xdx) = -\frac{x\cos 2x}{2} + \frac{\sin 2x}{4} + C$;

(3) $\int (\sqrt{x} + \frac{1}{\sqrt{x}})^2 dx = \int (x + 2 + \frac{1}{x})\,dx = \frac{x^2}{2} + 2x + \ln|x| + C$;

(4) $\int (xe^{x^2})\,dx = \frac{1}{2}\int (e^{x^2})\,dx^2 = \frac{e^{x^2}}{2} + C$;

(5) $\int \sin xe^{-x}dx = -\int \sin xde^{-x} = -\sin xe^{-x} + \int \cos xe^{-x}dx = -\sin xe^{-x} - \int \cos xde^{-x}$

$= -\sin xe^{-x} - \cos xe^{-x} - \int \sin xe^{-x}dx$

$\int \sin xe^{-x}dx = -\frac{\sin xe^{-x}}{2} - \frac{\cos xe^{-x}}{2} + C$;

(6) $\int (7xe^{3x^2})\,dx = \frac{7}{6}\int (e^{3x^2})\,d(3x^2) = \frac{7e^{3x^2}}{6} + C$;

(7) $\int \sin^5(2x)\cos(2x)\,dx = \frac{1}{2}\int \sin^5(2x)\,d\sin(2x) = \frac{\sin^6(2x)}{12} + C$;

(8) $\int \frac{\ln x}{3x}dx = \frac{(\ln x)^2}{6} + C$;

(9) $\int x^2\sqrt{3x}dx = \int \sqrt{3}x^{\frac{5}{2}}dx = \sqrt{3}\cdot\frac{x^{\frac{7}{2}}}{\frac{7}{2}} + C = \frac{2\sqrt{3}}{7}x^{\frac{7}{2}} + C$;

(10) Let $u = 3 + x,\ du = dx$

$\Rightarrow \int x\sqrt{3+x}dx = \int (u-3)\sqrt{u}du = \int (u^{\frac{3}{2}} - 3u^{\frac{1}{2}})\,du$

$= \frac{2(u)^{\frac{5}{2}}}{5} - 2(u)^{\frac{3}{2}} + C = \frac{2(x+3)^{\frac{5}{2}}}{5} - 2(x+3)^{\frac{3}{2}} + C$;

6. (1) $\frac{1}{x^2 - 6x + 8} = \frac{1}{(x-2)(x-4)} = \frac{1}{2}(\frac{1}{x-4} - \frac{1}{x-2})$

$$\int \frac{1}{x^2-6x+8}dx = \frac{1}{2}\int \frac{1}{x-4}dx - \frac{1}{2}\int \frac{1}{x-2}dx = \frac{1}{2}\ln\left|\frac{x-4}{x-2}\right| + C;$$

(2) $\frac{7x}{(2x-3)(x+2)} = \frac{3}{2x-3} + \frac{2}{x+2}$

$$\Rightarrow \frac{7x}{(2x-3)(x+2)}dx = 3\int \frac{dx}{2x-3} + 2\int \frac{dx}{x+2} = \frac{3}{2}\ln|2x-3| + 2\ln|x+2| + C.$$

Chapter 9 Definite Integral

1. (1) $\int_{-1}^{1} x^2 dx = \left[\frac{x^3}{3}\right]_{-1}^{1} = \frac{2}{3}$;

(2) $\int_0^{\pi} (2\sin x - \cos x + 1)dx = [-2\cos x - \sin x + x]_0^{\pi} = 4 + \pi$;

(3) $\int_{-1}^{-2} \frac{1}{x}dx = [\ln|x|]_{-2}^{-1} = -\ln 2$;

(4) $\int_0^{2\pi} |\sin 2x| dx = 4\int_0^{\frac{\pi}{2}} \sin 2x dx = 4$;

(5) $\int_{-\frac{\pi}{2}}^{\frac{\pi}{2}} \sqrt{1-\cos x}\, dx = 2\int_0^{\frac{\pi}{2}} \sqrt{1-\cos x}\, dx = 2\int_0^{\frac{\pi}{2}} \sqrt{2\sin^2\frac{x}{2}}\, dx = 2\sqrt{2}\int_0^{\frac{\pi}{2}} \sin\frac{x}{2}dx$

$= 4\sqrt{2}(-\cos\frac{x}{2})_0^{\frac{\pi}{2}} = 4\sqrt{2}(-\cos\frac{\pi}{4} + \cos 0) = 4\sqrt{2}(-\frac{\sqrt{2}}{2} + 1)$

$= 4(\sqrt{2} - 1)$;

2. $\int_{-1}^{1} f(x)dx = \int_{-1}^{0} f(x)dx + \int_0^1 f(x)dx = \int_{-1}^{0}(x+1)dx + \int_0^1 xdx = 1$;

3. $\int_{-\frac{\pi}{2}}^{\frac{\pi}{2}} \cos xdx = 2\int_0^{\frac{\pi}{2}} \cos xdx = 2$;

4. $\int_1^1 \frac{x+1}{\cos x - \cot x}dx = 0$;

5. $\frac{d}{dx}\int_1^x \cos^2 tdt = \cos^2 x$;

6. $\frac{d}{dx}\int_{-100}^{-x} |t| dt = -|-x| = -|x|$;

7. $\frac{d}{dx}\int_0^{x^2} \frac{1}{\sqrt{1+\sqrt{t}}} dt = \frac{2x}{\sqrt{1+|x|}}$;

8. $A \approx A_{left} = 1\times[f(0)+f(1)+f(2)+f(3)] = 20$

$A \approx A_{right} = 1\times[f(1)+f(2)+f(3)+f(4)] = 40$

$A \approx A_{mid} = 1\times[f(\frac{1}{2})+f(\frac{3}{2})+f(\frac{5}{2})+f(\frac{7}{2})] = 29$

$A \approx A_{trap} = 1\times[\frac{f(0)+f(1)}{2}+\frac{f(1)+f(2)}{2}+\frac{f(2)+f(3)}{2}+\frac{f(3)+f(4)}{2}] = 30$;

9. $\int_0^{+\infty} \frac{x}{1+x^2}dx = \lim_{a\to+\infty}\int_0^a \frac{x}{1+x^2}dx = \frac{1}{2}\lim_{a\to+\infty}\int_0^a \frac{2x}{1+x^2}dx = \lim_{a\to+\infty}[\ln|1+x^2|]_0^a = +\infty$ *diverge*;

10. $\int_0^2 \frac{2}{x-1}dx = \int_0^1 \frac{2}{x-1}dx + \int_1^2 \frac{2}{x-1}dx = \lim_{a\to1^-}\int_0^a \frac{2}{x-1}dx + \lim_{b\to1^+}\int_b^2 \frac{2}{x-1}dx$

$= 2\lim_{a\to1^-}[\ln|x-1|]_0^a + 2\lim_{b\to1^+}[\ln|x-1|]_b^2$ diverge;

11. D. $f'(x) = 2x\cos(x^2) = 0 \Rightarrow x = 0$ or $\cos(x^2) = 0 \Rightarrow x = 0$ or $x^2 = \pm\frac{\pi}{2}, \pm\frac{3\pi}{2}, \pm\frac{5\pi}{2}\ldots$

$\Rightarrow x = 0, \pm\sqrt{\frac{\pi}{2}}, \pm\sqrt{\frac{3\pi}{2}}, \pm\sqrt{\frac{5\pi}{2}}, \ldots$;

12. $3x - 6 = 0 \Rightarrow x = 2$,

$\int_1^4 |3x-6|dx = \int_1^2 -(3x-6)dx + \int_2^4 (3x-6)dx = \frac{15}{2}$;

13. $G(1) = G(0) + \int_0^1 G'(x)dx = 0 + \int_0^1 (1+e^x)dx = e$;

14. $\int_1^k (2x)dx = [x^2]_1^k = k^2 - 1 = 8 \Rightarrow k = \pm 3$.

Chapter 10 Applications of Definite Integrals

1. *The average of value* $= \dfrac{\int_0^4 (x + x^2)\,dx}{4 - 0} = \dfrac{22}{3}$;

2. $\begin{cases} y^2 = 2x \\ y^2 = -2(x-4) \end{cases} \Rightarrow (2, -2), (2, 2)$

$A = \int_{-2}^{2} \left[\left(4 - \dfrac{y^2}{2}\right) - \dfrac{y^2}{2} \right] dy = \dfrac{32}{3}$;

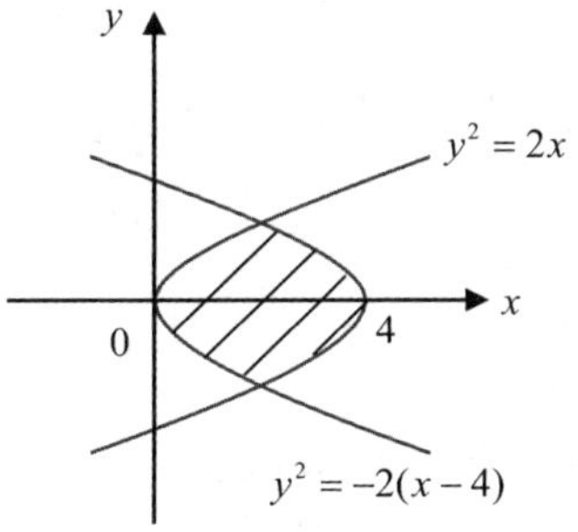

3. (1) $\begin{cases} y = x^2 \\ y = 4x - x^2 \end{cases} \Rightarrow (0, 0), (2, 4)$

$A = \int_0^2 \left[(4x - x^2) - x^2 \right] dx = \dfrac{8}{3}$;

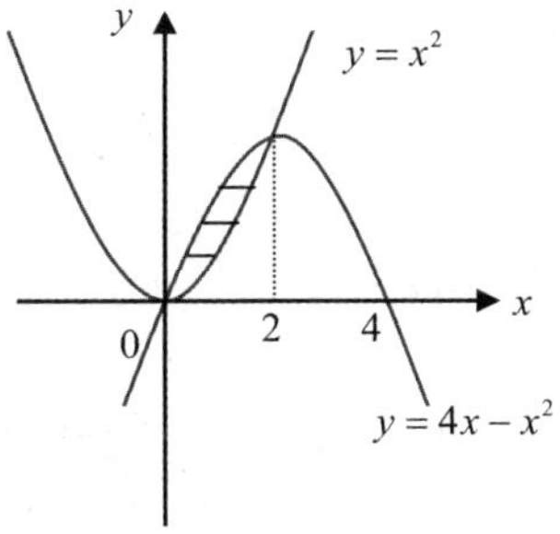

(2) $\begin{cases} y = x^2 - 4x - 5 \\ y = 2x - 5 \end{cases} \Rightarrow (0, -5), (6, 7)$

$A = \int_0^6 [(2x-5) - (x^2 - 4x - 5)]dx = 36$;

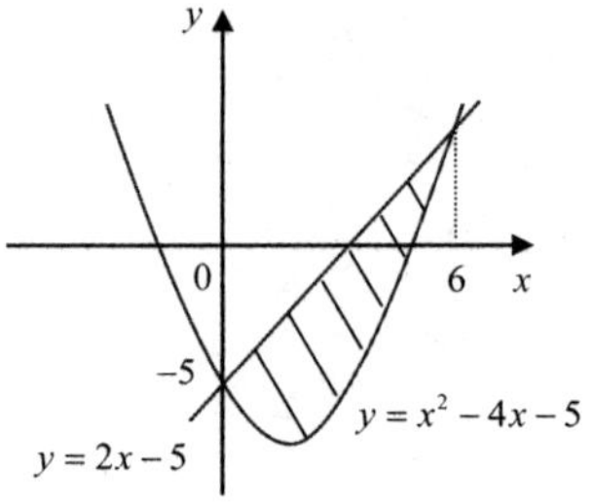

4. $A = \int_{-\frac{\pi}{3}}^{\frac{\pi}{3}} \frac{1}{2}[(2\cos\theta)^2 - 1^2]d\theta = \frac{1}{2} \times 2\int_0^{\frac{\pi}{3}} [4\cos^2\theta - 1]d\theta = \frac{\pi}{3} + \frac{\sqrt{3}}{2}$;

5. D;

6. $V = \int_0^3 \pi[(9 - x^2)^2 - (9 - 3x)^2]dx = \frac{243}{5}\pi$;

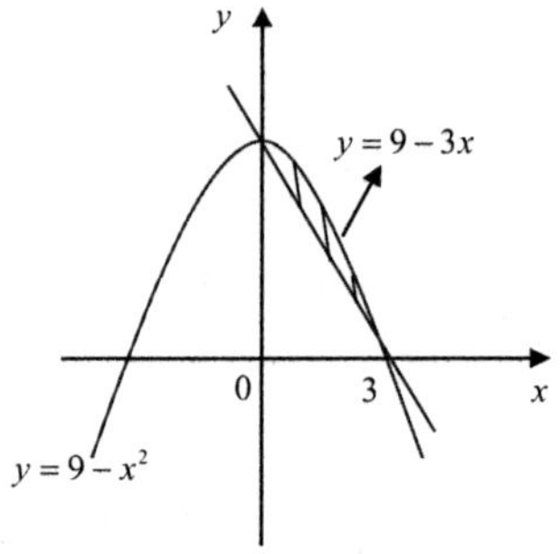

7. $V = \int_0^1 2\pi x \cdot [\sqrt{x} - (2x - 1)]dx = \frac{7\pi}{15}$;

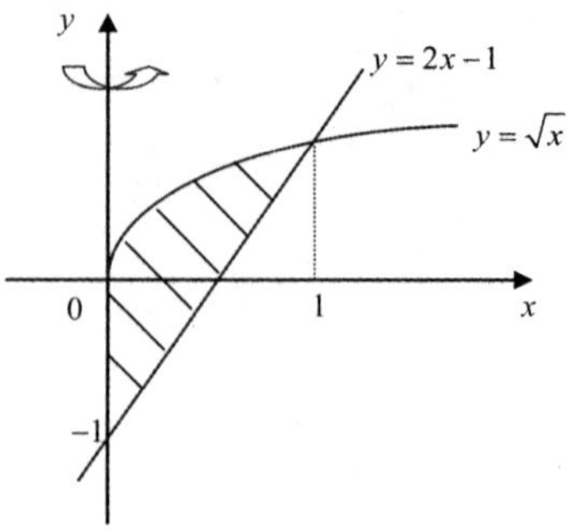

8. $V = \int_0^4 2\pi y \cdot \sqrt{y}dy = \frac{128\pi}{5}$;

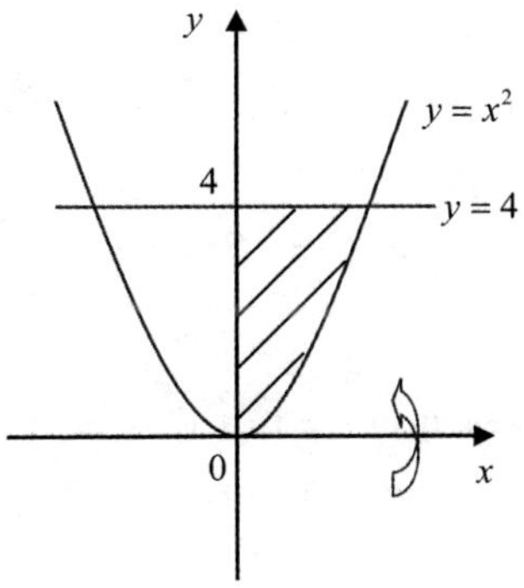

9. $V = \int_{-2}^{2} \frac{1}{2}\left(\frac{4-x^2}{\sqrt{2}}\right)^2 dx = \frac{128}{15}$;

10. $\frac{dx}{dt} = a(1-\cos t)$, $\frac{dy}{dt} = a\sin t$

$S = \int_0^{2\pi} \sqrt{a^2(1-\cos t)^2 + a^2\sin^2 t}\, dt = 8a$;

11. Total number of gallons leaked = $\int_0^{10} 5\, e^{-0.1t} dt$;

12. Average rate = $\frac{1}{4-0}\int_0^4 R(t)\, dt = 14.691$ gallons per minute.

Chapter 11 Differential Equations

1. $\frac{dy}{dx}=3x+1 \quad \Rightarrow \int dy=\int(3x+1)dx \quad \Rightarrow y=\frac{3x^2}{2}+x+C$

$y(2)=3 \quad \Rightarrow 3=\frac{3\times 2^2}{2}+2+C \quad \Rightarrow C=-5 \quad \Rightarrow y=\frac{3}{2}x^2+x-5$;

2. $\frac{dy}{dx}=2xy \quad \Rightarrow \int \frac{dy}{y}=\int 2xdx \quad \Rightarrow \ln|y|=x^2+C \quad \Rightarrow y=Ae^{x^2}$

$y(0)=1 \quad \Rightarrow Ae^0=1 \quad \Rightarrow A=1 \quad \Rightarrow y=e^{x^2}$;

3. $f''(x)=-x+1 \quad \Rightarrow \int f''(x)dx=\int(-x+1)dx \quad \Rightarrow f'(x)=-\frac{x^2}{2}+x+C$

$f'(1)=2 \Rightarrow 2=-\frac{1}{2}+1+C \Rightarrow C=\frac{3}{2} \quad \Rightarrow f'(x)=-\frac{x^2}{2}+x+\frac{3}{2}$

$\int f'(x)dx=\int(-\frac{x^2}{2}+x+\frac{3}{2})dx \quad \Rightarrow f(x)=-\frac{x^3}{6}+\frac{x^2}{2}+\frac{3}{2}x+C_1$

$f(2)=3 \quad \Rightarrow 3=-\frac{2^3}{6}+\frac{2^2}{2}+\frac{3}{2}\times 2+C_1 \Rightarrow C_1=-\frac{2}{3} \Rightarrow y=-\frac{x^3}{6}+\frac{x^2}{2}+\frac{3}{2}x-\frac{2}{3}$;

4. $x(t)=\int v(t)dt=\int(2t^2+1)dt=\frac{2t^3}{3}+t+C,\ x(1)=0 \Rightarrow C=-\frac{5}{3} \Rightarrow x(t)=\frac{2t^3}{3}+t-\frac{5}{3}$;

5. $x\sin y=1 \Rightarrow x'\sin y+x(\sin y)'=0 \Rightarrow \sin y+x\cos y\cdot\frac{dy}{dx}=0 \Rightarrow \frac{dy}{dx}=-\frac{\sin y}{x\cos y}$;

6. ignore;

7. $k=0.08, K=1000$,

$P(t)=(\frac{K}{1+Ae^{-kt}}=)\frac{1000}{1+Ae^{-0.08t}}, P(0)=100 \Rightarrow A=9$

$P(t)=\frac{1000}{1+9e^{-0.08t}},\ P(40)=731.604, P(80)=985.266$;

8. (a) Ⅳ (b) Ⅱ (c) Ⅲ (d) Ⅰ;

9. $\frac{dP}{dt}=3P(1-\frac{P}{3000}),\ \lim_{t\to\infty}P(t)=K=3000$;

10. $y(1.5)\approx y(1)+y'(1)\times 0.5=1+\left[\frac{1}{2}(3-2)\right]\times 0.5=\frac{3}{4}$

$y(2)\approx y(1.5)+y'(1.5)\times 0.5=\frac{3}{4}+\left[\frac{3}{8}\left(3-2\times\frac{3}{4}\right)\right]\times 0.5=\frac{33}{32}$.

Chapter 12 Infinite Series

1. 2;

2. $\lim\limits_{n\to\infty}\dfrac{\dfrac{2^{n+1}}{(n+1)^2}}{\dfrac{2^n}{n^2}}=\lim\limits_{n\to\infty}[2(\dfrac{n}{n+1})^2]=2>1$ *diverge*;

3. $\lim\limits_{n\to\infty}\dfrac{\dfrac{3^{n+1}}{(n+1)!}}{\dfrac{3^n}{n!}}=\lim\limits_{n\to\infty}\dfrac{3}{n+1}=0<1$ *converge*;

4. (*a*) $\lim\limits_{n\to\infty}\left|\dfrac{\dfrac{x^{n+1}}{\sqrt{n+1}}}{\dfrac{x^n}{\sqrt{n}}}\right|=\lim\limits_{n\to\infty}\left|x\cdot\sqrt{\dfrac{n}{n+1}}\right|=|x|<1\Rightarrow -1<x<1$

$x=-1,\ \sum\limits_{n=1}^{\infty}\dfrac{(-1)^n}{\sqrt{n}}\Rightarrow\dfrac{1}{\sqrt{n}}>\dfrac{1}{\sqrt{n+1}}$ and $\lim\limits_{n\to\infty}\dfrac{1}{\sqrt{n}}=0\Rightarrow$ *converge*

$x=1,\ \sum\limits_{n=1}^{\infty}\dfrac{1}{\sqrt{n}}\Rightarrow$ *p-series*, $p=\dfrac{1}{2}<1\Rightarrow$ *diverge*

radius $=1$, *interval* $[-1,1)$;

(*b*) $\lim\limits_{n\to\infty}\left|\dfrac{\dfrac{(n+1)!\ x^{n+1}}{e^{n+1}}}{\dfrac{n!\ x^n}{e^n}}\right|=\lim\limits_{n\to\infty}\left|(n+1)\dfrac{1}{e}\cdot x\right|\Rightarrow$ *Only* $x=0$ *makes the series converge*;

5. $\lim\limits_{n\to\infty}\left|\dfrac{\dfrac{(4x)^{n+1}}{(n+3)^2}}{\dfrac{(4x)^n}{(n+2)^2}}\right|=\lim\limits_{n\to\infty}\left|4x\times\left(\dfrac{n+2}{n+3}\right)^2\right|=|4x|<1\Rightarrow -\dfrac{1}{4}<x<\dfrac{1}{4}$

$x=-\dfrac{1}{4},\ \sum\limits_{n=1}^{\infty}\dfrac{(4x)^n}{(n+2)^2}=\sum\limits_{n=1}^{\infty}\dfrac{(-1)^n}{(n+2)^2}\Rightarrow\dfrac{1}{(n+2)^2}>\dfrac{1}{(n+3)^2}$ and $\lim\limits_{n\to\infty}\dfrac{1}{(n+2)^2}=0$

$\Rightarrow$ *converge*

$x=\dfrac{1}{4},\ \sum\limits_{n=1}^{\infty}\dfrac{(4x)^n}{(n+2)^2}=\sum\limits_{n=1}^{\infty}\dfrac{1}{(n+2)^2}\Rightarrow$ *p-series*, $p=2>1\Rightarrow$ *converge*

radius $=\dfrac{1}{4}$, *interval* $[-\dfrac{1}{4},\dfrac{1}{4}]$;

6. $f(x)=f(\dfrac{\pi}{3})+f'(\dfrac{\pi}{3})(x-\dfrac{\pi}{3})+\dfrac{f''(\dfrac{\pi}{3})}{2!}(x-\dfrac{\pi}{3})^2+\cdots=\dfrac{\sqrt{3}}{2}+\dfrac{1}{2}(x-\dfrac{\pi}{3})-\dfrac{\sqrt{3}}{4}(x-\dfrac{\pi}{3})^2+\cdots$;

7. $\ln(1+x)=x-\frac{x^2}{2}+\frac{x^3}{3}-\cdots \Rightarrow \ln(1.3)=\ln(1+0.3)\approx 0.3-\frac{0.3^2}{2}+\frac{0.3^3}{3}=0.264$

$\Rightarrow |R_3| \leqslant a_4=\frac{x^4}{4}\approx 0.002$;

8. (a) $\frac{x}{(1-x)^2}=x\left(\frac{1}{1-x}\right)'=x(1+x+x^2+x^3+..+x^n+...)'$

$=x+2x^2+3x^3+...+nx^n+...$

(b) $x=\frac{1}{2}$, $\sum_{n=1}^{\infty}\frac{n}{2^n}=\frac{\frac{1}{2}}{(1-\frac{1}{2})^2}=2.$

15.2 AP Calculus BC模考试题参考答案

SECTION Ⅰ

Multiple-Choice Questions

Number	Correct answer	Number	Correct answer
1	D	76	D
2	A	77	B
3	C	78	D
4	D	79	E
5	D	80	D
6	A	81	A
7	E	82	E
8	E	83	A
9	D	84	D
10	D	85	B
11	E	86	B
12	C	87	B
13	D	88	B
14	C	89	B
15	D	90	D
16	E	91	B
17	C	92	D
18	B		
19	A		
20	A		
21	C		
22	D		
23	E		
24	E		
25	E		
26	B		
27	E		
28	D		

Calculus BC

SECTION Ⅰ, PART A

Time—55 minutes

Number of questions—28

1. 根据隐函数求导法则，对方程两边对 x 求导数，

$$\frac{d(3y^2-4e^{(-2x)}-xy)}{dx}=0$$

$$\frac{d(3y^2)}{dx}-\frac{d(4e^{(-2x)})}{dx}-\frac{d(xy)}{dx}=0$$

$$\frac{3d(y^2)}{dy}\frac{dy}{dx}-4e^{(-2x)}\frac{d(-2x)}{dx}-\left[\frac{dx}{dx}y+\frac{dy}{dx}x\right]=0$$

$$6y\frac{dy}{dx}+8e^{(-2x)}-(y+x\frac{dy}{dx})=0$$

$$\frac{dy}{dx}=-\frac{8e^{(-2x)}-y}{6y-x}$$

选 D.（知识点见 chapter 5.3 隐函数求导法则）

2. 根据三角函数公式 $\cos(-x)=\cos(x)$ 先化简，另有：

$$(\cos x)'=-\sin x \qquad (\cos x)^{(5)}=-\sin x$$

$$(\cos x)''=-\cos x \qquad (\cos x)^{(6)}=-\cos x$$

$$(\cos x)'''=\sin x \qquad \cdots\cdots\cdots\cdots$$

$$(\cos x)^{(4)}=\cos x \qquad (\cos x)^{(4n+m)}=\cos^{(m)}x$$

$$(\cos x)^{(2012)}=\cos^{(4)}x=\cos x$$

选 A.（知识点见 chapter 5.1 基本求导公式）

3. 根据三角函数知识先化简，

$$\lim_{x\to 0}\left(\frac{\cot 5x}{\csc 3x}+1\right)=\lim_{x\to 0}\left(\frac{\cos 5x}{\sin 5x}\sin 3x+1\right)=\lim_{x\to 0}\left(\frac{\sin 3x}{\sin 5x}\cos 5x+1\right)=\frac{3}{5}+1=\frac{8}{5}$$

选 C.（知识点见 chapter 3.4 两个重要极限）

4. 幂函数求收敛域

$$\lim_{n\to\infty}\left|\frac{a^{n+1}}{a^n}\right|=\lim_{n\to\infty}\left|\frac{x^{n+1}}{n+1}\frac{n}{x^n}\right|=|x|\lim_{n\to\infty}\left|\frac{n}{n+1}\right|=|x|<1,\ -1<x<1$$

When $x=-1$, $\sum_{n=1}^{\infty}\frac{x^n}{n}=\sum_{n=1}^{\infty}\frac{(-1)^n}{n}$ convergence

When $x=1$, $\sum_{n=1}^{\infty}\frac{x^n}{n}=\sum_{n=1}^{\infty}\frac{1}{n}$ divergence

因此，上述级数收敛域为 $-1\le x<1$

选 D.（知识点见 chapter 5.4 幂级数求收敛域）

5.

$$\int_1^9\frac{5}{\sqrt{x}}dx=\int_1^9 5x^{-\frac{1}{2}}dx=[5\times 2\sqrt{x}]_1^9=20$$

选 D.（知识点见 chapter 9.2 求定积分。读者应熟练一些常见的求导和积分，这样能达到又快又准的要求，如$\left(\frac{1}{x}\right)'=-\frac{1}{x^2}$，$(\sqrt{x})'=\frac{1}{2\sqrt{x}}$）

---

6. 切线的斜率即导数

$$(g(x))'=\left(\int_0^x e^{2t}dt\right)'=e^{2x}$$

$$(g(x))'|_{x=1}=e^2$$

选 A.（此题很容易把导数求错，$(g(x))'=\left(\int_0^x e^{2t}dt\right)'\neq 2e^{2x}$。知识点见 chapter 9.3 微积分第二基础理论。从 2003 和 2008 年 AP 考试真题看，微积分第二基础理论是重点要求掌握的知识。）

7.

$$\frac{dy}{dx}=10xy\Rightarrow\frac{dy}{y}=10xdx\Rightarrow\int\frac{dy}{y}=10\int xdx\Rightarrow\ln|y|=5x^2+C$$

$$y(0)=2,\ \ln 2=C,\ \Rightarrow y=e^{5x^2+\ln 2}=2e^{5x^2}$$

选 E.（知识点见 chapter 11.1 可分离变量的微分方程求解）

---

8. 此题说满足 MTV，即求满足中值定理的 C 值。因此需要同时考虑微分中值定理和积分中值定理。

MTVD（mean theorem value for derivative）

$$f'(x)=\sqrt{6-x}+x\frac{-1}{2\sqrt{6-x}}$$

$$f'(c)=\frac{f(6)-f(0)}{6-0}\Rightarrow\sqrt{6-c}+x\frac{-1}{2\sqrt{6-c}}=0\Rightarrow c=4$$

MTVI（mean theorem value for integral）

$$f(c)=\frac{\int_0^6 x\sqrt{6-x}dx}{6-0}=\frac{8\sqrt{6}}{5}\Rightarrow c\sqrt{6-c}=\frac{8\sqrt{6}}{5}\Rightarrow 6c^2-c^3=\left(\frac{8\sqrt{6}}{5}\right)^2$$

将选项的值代入上式，没有一个答案符合要求。

选 E.（知识点见 chapter 6.2 微分中值定理和第 145 页 chapter 10.1 积分中值定理）

9. 此题需要考生记住考试大纲要求掌握的 4 个函数的 Maclaurin 展开式

$$e^x = 1 + x + \frac{x^2}{2!} + \frac{x^3}{3!} + \cdots + \frac{x^n}{n!} + \cdots$$

$$f(x) = e^x - 1$$

$$F(x) = \int f(x)\,dx = \int (e^x - 1)\,dx = e^x - x + C$$

$$F(0) = 1 \Rightarrow 1 + C = 1 \Rightarrow C = 0$$

$$F(x) = e^x - x$$

选 D.（知识点见 chapter 12.2 四个函数的 Maclaurin 展开式）

10. 此题考查 related rate

$$\sin\theta = \frac{x}{5}$$

$$\cos\theta \frac{d\theta}{dt} = \frac{1}{5}\frac{dx}{dt}$$

When $x = 4$, $\cos\theta = \frac{3}{5}, \frac{d\theta}{dt} = 2$

$$\frac{dx}{dt} = 6 \text{ ft/hour}$$

选 D.（知识点见 chapter 6.3 相关变化率）

11. length of a curve

$$L = \int_a^b \sqrt{1 + (f'(x))^2}dx = \int_a^b \sqrt{1 + (\sec^2 x)^2}dx = \int_a^b \sqrt{1 + \sec^4 x}dx$$

选 E.（知识点见 chapter 10.4 曲线弧长）

12.

$$V = \int_1^e A(x)\,dx = \int_1^e (\sqrt{\ln x})^2 dx = \int_1^e \ln x dx$$

$$\int \ln x dx = x \ln x - \int x d(\ln x) = x \ln x - \int x \frac{1}{x} dx = x \ln x - x + C$$

$$V = \int_1^e \ln x dx = [x \ln x - x]_1^e = 1$$

选 C.（知识点见 chapter 10.3.3 已知横截面积求体积）

13.

$$x^2+(y+3)^2=9\Rightarrow x^2+y^2+6y+9=9\Rightarrow r^2+6r\sin\theta=0\Rightarrow r=-6\sin\theta$$

选 D.（知识点见 chapter 2.5 极坐标）

14.

$$\int \frac{1}{\sqrt{4-x^2}}dx=\int \frac{1}{\sqrt{1-\left(\frac{x}{2}\right)^2}}d\left(\frac{x}{2}\right)=\arcsin\left(\frac{x}{2}\right)+C$$

$$\int_0^1 \frac{1}{\sqrt{4-x^2}}dx=\left[\arcsin\left(\frac{x}{2}\right)\right]_0^1=\frac{\pi}{6}$$

选 C.（知识点见 chapter 8.3 不定积分公式）

15.

$$f(2.5)\approx f(2)+f'(2)\times 0.5=5+0.4\times 0.5=5.2$$

$$f(3)\approx f(2.5)+f'(2.5)\times 0.5=5.2+0.6\times 0.5=5.5$$

选 D.（知识点见 chapter 7.3 欧拉法估算）

16.

$$\frac{x}{12-7x+x^2}=\frac{x}{(x-3)(x-4)}=\frac{A}{x-3}+\frac{B}{x-4}$$

$$\frac{A}{x-3}+\frac{B}{x-4}=\frac{A(x-4)+B(x-3)}{(x-3)(x-4)}=\frac{(A+B)x-(4A+3B)}{(x-3)(x-4)}$$

$$\begin{cases}A+B=1\\4A+3B=0\end{cases}\Rightarrow\begin{cases}A=-3\\B=4\end{cases}$$

$$\int \frac{x}{12-7x+x^2}dx=\int\left(\frac{-3}{x-3}+\frac{4}{x-4}\right)dx=-3\int\frac{dx}{x-3}+4\int\frac{dx}{x-4}=-\ln|x-3|+4\text{In}|x-4|+C$$

选 E.（知识点见 chapter 8.5 分式拆分求积分）

17.

$$\frac{dx}{dt}=2t \qquad \frac{dy}{dt}=\frac{2}{2t+3}$$

$$velocity=<2t,\frac{2}{2t+3}>$$

$$acceleration=<2,\ -\frac{4}{(2t+3)^2}>$$

选 C.（知识点见 chapter 5.7 向量导数）

18. Lagrange error bound

$$|R_n(x)| < \max\left|\frac{f^{(n+1)}(\xi)}{(n+1)!}(x-a)^{n+1}\right| (\xi \text{ between } x \text{ and } a)$$

Since $x=3$, $a=1$, $1<\xi<3$

$$\max\left|\frac{f^{(n+1)}(\xi)}{(n+1)!}(x-a)^{n+1}\right| = \max\left|\frac{f^{(5)}(\xi)}{5!}(3-1)^5\right| = \frac{0.015}{5!}\times 2^5 = 4\times 10^{-3}$$

选 B.（知识点见 chapter 12.5 拉格朗日误差限）

19.

$$y = x\sin(-x) = -x\sin x$$

$$y' = -(\sin x + x\cos x)$$

$$y'' = -(\cos x + (\cos x - x\sin x)) = x\sin x - 2\cos x$$

选 A.（知识点见 chapter 5.1 导数基本运算）

20.

(B) f has a local minimum, not an absolute minimum, value at $x=2$.

(C) f is continuous, but not differential, at $x=3$.

(D) f is not differentiable at $x=3$.

(E) f is not continuous at $x=1$.

选 A.（知识点见 chapter 4.4 有极限连续可导之间的关系）

21.

$$\frac{\int_{-1}^{2}(x^2+3x-1)dx}{2-(-1)} = \frac{3}{2}$$

选 C.（知识点见 chapter 10.1 积分中值定理）

22.

$$f'(x) = e^{2x} + 2xe^{2x} = 0 \Rightarrow x = -\frac{1}{2}$$

Since $x > -\frac{1}{2}$, $f'(x) > 0$; $x < -\frac{1}{2}$, $f'(x) < 0$, function f has an absolute minimum at $x = -\frac{1}{2}$. $f(-\frac{1}{2}) = -\frac{1}{2}e^{-1} = -\frac{1}{2e}$

选 D.（知识点见 chapter 6.5 函数最大最小值）

23.

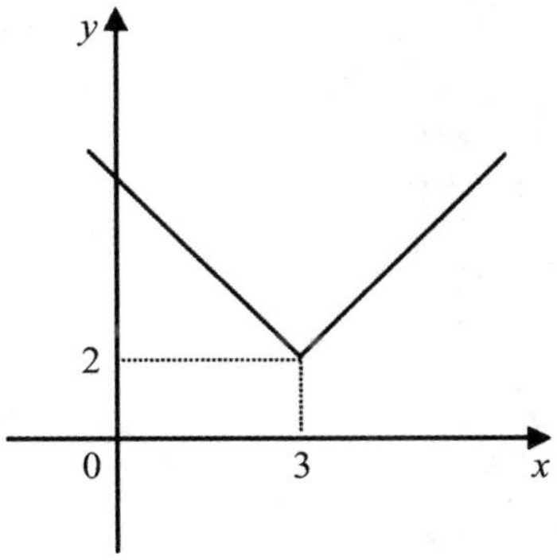

The function f is not differentiable at $x=3$ since $f'_-(x_0)\neq f'_+(x_0)$.

选 E.（知识点见 chapter 4.2 导数定义-单侧导数）

24.

(a) $\left|\dfrac{(-1)^n(n+1)}{n\sqrt{n}}\right|=\dfrac{n+1}{n\sqrt{n}}>\dfrac{n}{n\sqrt{n}}>\dfrac{1}{\sqrt{n}}$ since $\sum\limits_{n=1}^{\infty}\dfrac{1}{\sqrt{n}}$ diverges, $\sum\limits_{n=1}^{\infty}\dfrac{(-1)^n(n+1)}{n\sqrt{n}}$ diverges;

(b) $|(-1)^n e^{-n}|=\left(\dfrac{1}{e}\right)^n$ Since $0<\dfrac{1}{e}<1$, $\sum\limits_{n=1}^{\infty}(-1)^n e^{-n}$ converges;

(c) $\lim\limits_{n=\infty}\left|\dfrac{(n+1)^2}{2^{n+1}}\dfrac{2^n}{n^2}\right|=\dfrac{1}{2}\lim\limits_{n=\infty}\left|(1+\dfrac{1}{n})^2\right|=\dfrac{1}{2}<1$ converges.

选 E.（知识点见 chapter 12.5 幂级数）

25.

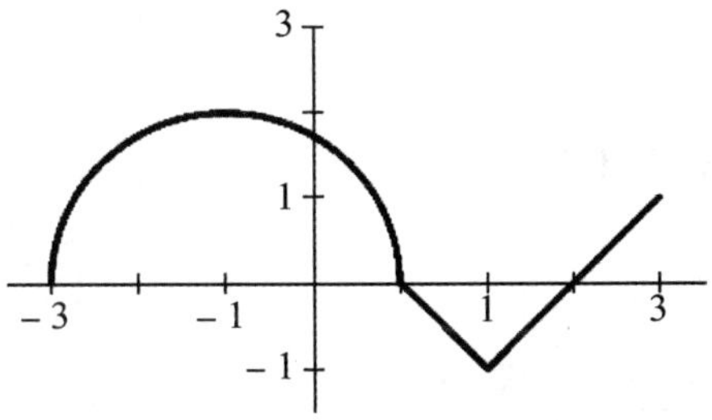

(A) $g(1)=0$

(B) $g(2)=\int_1^2 f(t)\,dt=-\dfrac{1}{2}$

(C) $g(-1)=\int_1^{-1} f(t)\,dt=-\int_{-1}^{1} f(t)\,dt=-\pi$

(D) The function is not differential at $x=1$

选 E.（知识点见 chapter 9.3）

26.

$$\frac{1}{1-x}=1+x+x^2+x^3+x^4+x^5\cdots$$

$$\frac{1}{1+x}=\frac{1}{1-(1-x)}=1-x+x^2-x^3+x^4-x^5\cdots$$

$$\frac{1}{(1+x)^2}=-\left(\frac{1}{1+x}\right)'=-[0-1+2x-3x^2+4x^3-5x^4+\cdots]$$

$$\frac{1}{(1+x)^2}=1-2x+3x^2-4x^3+5x^4-\cdots$$

选 B.（知识点见 chapter 12.5.2 级数的运算）

27.

At $x=a$, $f(a)>0$, $f'(a)>0$, $f''(a)<0$

At $x=b$, $f(b)>0$, $f'(b)>0$, $f''(b)<0$

At $x=c$, $f(c)>0$, $f'(c)<0$, $f''(c)<0$

At $x=d$, $f(d)>0$, $f'(d)<0$, $f''(d)>0$

At $x=e$, $f(e)>0$, $f'(e)>0$, $f''(e)>0$

选 E.（知识点见 chapter 6.5 函数与其一阶导数，二阶导数的关系）

28.

$$G'(x)=\frac{-g'(x)}{[g(x)]^2}$$

$$f(3)=7\Rightarrow g(7)=3\Rightarrow g'(7)=\frac{1}{f'(3)}=9$$

$$G'(7)=\frac{-g'(7)}{[g(7)]^2}=\frac{-9}{9}=-1$$

选 D.（知识点见 chapter 5.4 反函数求导）

END OF PART A OF SECTION Ⅰ

IF YOU FINISH BEFORE TIME IS CALLED, YOU MAY CHECK YOUR WORK ON PART A ONLY.

DO NOT GO ON TO PART B UNTIL YOU ARE TOLD TO DO SO.

Calculus BC

SECTION Ⅰ, PART B

Time—50 minutes

Number of questions—17

A graphing calculator is required for some questions on this part of the exam.

76.

$$\lim_{x\to 1}\frac{\int_1^x e^{t^2}dt}{x^2-1}=\lim_{x\to 1}\frac{e^{x^2}}{2x}=\frac{e}{2}$$

选 D.（知识点见 chapter 6.6 洛必达法则）

77.（此题需要计算器）

$$df(x)=(\tan x)'dx=\sec^2 xdx$$

$$dx=\frac{0.01}{\sec^2 1}=2.919\times 10^{-3}$$

选 B.（知识点见 chapter 7.1 微分定义）

78.

$$(5x^3+40)'=\left(\int_c^x f(t)\,dt\right)' \qquad 15x^2=f(x)$$

$$\int_c^x f(t)\,dt=\int_c^x 15x^2dx=[5x^3]_c^x=5(x^3-c^3)=5x^3+40\Rightarrow c=-2$$

此题另解：let $x=c$ 即可。

选 D.（知识点见 chapter 9.2 和 9.3 微积分第一第二基础理论）

79.

$$y'=\arctan x+\frac{x+1}{1+x^2}$$

$$y''=\frac{1}{1+x^2}+\frac{(1+x^2)-2x(1+x^2)}{(1+x^2)^2}=\frac{2-2x}{(1+x^2)^2}=0\Rightarrow x=1$$

$$y(1) = (1+1)\arctan 1 = \frac{\pi}{2}$$

选 E.（知识点见 chapter 6.5）

80.

$$f'(x) = \lim_{h\to 0}\frac{f(x+h)-f(x)}{h} = -\lim_{h\to 0}\frac{f(x)-f(x+h)}{h}$$

$$\lim_{h\to 0}\frac{8\left(\frac{1}{2}\right)^8 - 8\left(\frac{1}{2}+h\right)^8}{h} = -f'\left(\frac{1}{2}\right)$$

$$f(x) = 8x^8 \qquad f'(x) = 64x^7 \qquad -f'\left(\frac{1}{2}\right) = -\frac{1}{2}$$

选 D.（知识点见 chapter 4.1）

81.

$$v(t) = v(\pi) + \int_{\pi}^{t} a(t)\,dt = \frac{\sin(2t)}{2}$$

$$v(2\pi) = v(\pi) + \int_{\pi}^{2\pi} a(t)\,dt = 0$$

$$x(2\pi) = x(\pi) + \int_{\pi}^{2\pi} \frac{\sin(2t)}{2}dt = 4.5$$

选 A.（知识点见 chapter 9.2）

---

82. 根据图像得有

第三象限 $x<0, y<0 \Rightarrow y'>0$ 排除 CD；

第四象限 $x>0, y<0 \Rightarrow y'>0$ 排除 AB.

选 E.（chapter 11.3）

83.（此题需要计算器）

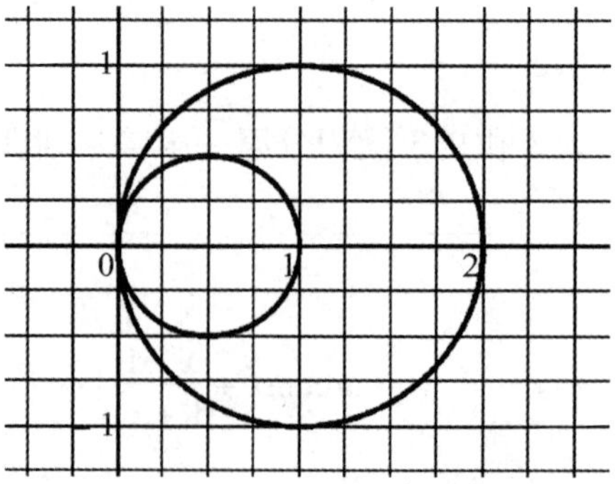

$$A=2\int_0^{\frac{\pi}{2}}\frac{1}{2}[(2\cos\theta)^2-\cos^2\theta]d\theta=3\int_0^{\frac{\pi}{2}}\cos^2\theta d\theta$$

选 A.（知识点见 chapter 10.2）

84.

$$\sin^2 x=\frac{1-\cos(2x)}{2}$$

$$\cos x=1-\frac{x^2}{2!}+\frac{x^4}{4!}-\cdots+(-1)^{n+1}\frac{x^{2n-2}}{(2n-2)!}+\cdots$$

$$\cos(2x)=1-\frac{(2x)^2}{2!}+\frac{(2x)^4}{4!}-\cdots+(-1)^{n+1}\frac{(2x)^{2n-2}}{(2n-2)!}+\cdots$$

$$-\cos(2x)=-1+\frac{(2x)^2}{2!}-\frac{(2x)^4}{4!}+\cdots+(-1)^{n+2}\frac{\{2x\}^{2n-2}}{(2n-2)!}+\cdots$$

$$1-\cos(2x)=\frac{(2x)^2}{2!}-\frac{(2x)^4}{4!}+\cdots+(-1)^{n+2}\frac{(2x)^{2n-2}}{(2n-2)!}+\cdots$$

$$\frac{1-\cos(2x)}{2}=x^2-\frac{x^4}{3}+\cdots+(-1)^{n+2}\frac{(2x)^{2n-2}}{2(2n-2)!}+\cdots$$

选 D.（知识点见 chapter 12.5.2 级数运算）

85.

$$\frac{dP}{dt}=kP(1-\frac{P}{K})\Rightarrow P(t)=\frac{K}{1+Ae^{-kt}}$$

$$\frac{dP}{dt}=0.01P(100-P)=P(1-\frac{P}{100})\Rightarrow k=1,K=100$$

$$P(t)=\frac{100}{1+Ae^{-t}}\qquad P(0)=\frac{100}{1+A}=50\Rightarrow A=1$$

$$P(t)=\frac{100}{1+e^{-t}}$$

选 B.（知识点见 chapter 11.2）

86.

$$\frac{3}{10}+\frac{3}{100}+\frac{3}{1000}+\cdots+\frac{3}{10^n}+\cdots=\sum_{i=1}^{\infty}0.3^n=\frac{0.3}{1-0.1}=\frac{1}{3}$$

选 B.（知识点见 chapter 12.4）

87.

$$\int x^2\cos x dx=\int x^2 d(\sin x)=x^2\sin x-\int\sin x dx^2=x^2\sin x-\int 2x\sin x dx;$$

$$h(x)=x^2\sin x+C$$

选 B.（知识点见 chapter 8.4）

88.（此题需要计算器）

$$\int_0^{60} F(t)\,dt = 724.646$$

选 B.（知识点见 chapter 9.1）

89.（此题需要计算器）

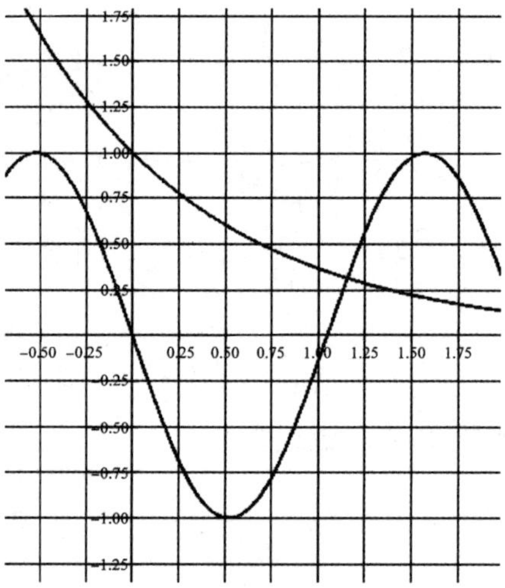

求交点横坐标 $x=1.154$（在 FR 部分，中间过程需要保留 6 位小数。）

$$\int_0^{1.154} [e^{-x} - \sin(-3x)]\,dx = 1.334$$

选 B.（知识点见 chapter 10.2）

90.

t (sec)	0	3	6	9	12	15
$a(t)$ (ft/sec^2)	4	8	6	9	10	10

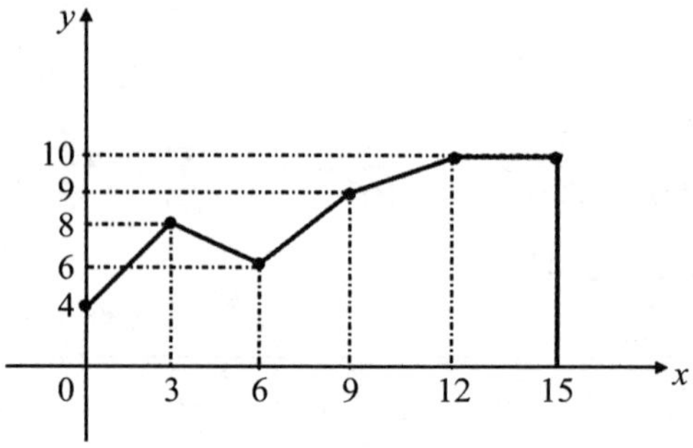

$$V(15)=V(0)+\int_0^{15}a(t)\,dt$$

$$=5+\frac{3}{2}[f(3)+2f(6)+2f(9)+2f(12)+f(15)]=125$$

选 D.（知识点见 chapter 9.1）

91.

$$\frac{dy}{dx}=y\sec^2 x\Rightarrow\frac{dy}{y}=\sec^2 x\,dx\Rightarrow\int\frac{dy}{y}=\int\sec^2 x\,dx$$

$$\ln|y|=\tan x+C$$

$$\ln|1|=\tan 0+C\Rightarrow C=0$$

$$\ln|y|=\tan x\Rightarrow y=-e^{\tan x}$$

选 B.（知识点见 chapter 11.1）

92.

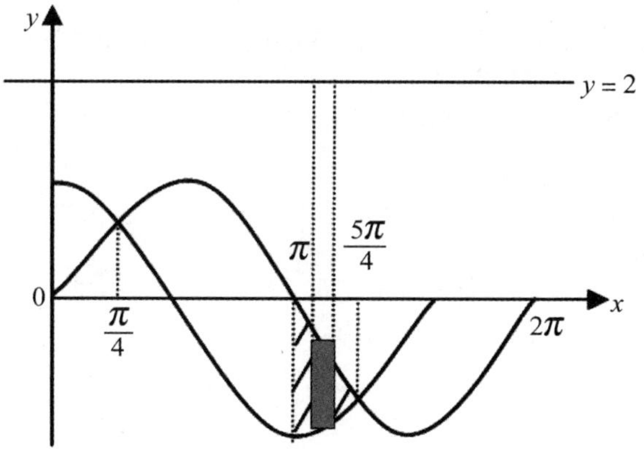

$$V=\pi\int_{\pi}^{\frac{5\pi}{4}}[(2-\cos x)^2-(2-\sin x)^2]\,dx$$

选 D.（知识点见 chapter 11.1）

END OF SECTION Ⅰ

IF YOU FINISH BEFORE TIME IS CALLED, YOU MAY CHECK YOUR WORK ON PART B ONLY.

DO NOT GO ON TO SECTION Ⅱ UNTIL YOU ARE TOLD TO DO SO.

SECTION Ⅱ

Free-Response Questions

AP Calculus BC

Free-Response Scoring Guidelines

Question 1

1. An object moving along a curve in the xy-plane has position $< x(t), y(t) >$ at time t with $\dfrac{dy}{dt} = 2 + \sin(e^t)$. The derivative of $\dfrac{dx}{dt}$ is not explicitly given. At $t = 3$, the object is at the point $(4, 5)$.

   (a) Find the y-coordinate of the position at time $t = 1$.

   (b) At time $t = 3$, the value of $\dfrac{dy}{dx}$ is -1.8. Find the value of $\dfrac{dx}{dt}$ when $t = 3$.

   (c) Find the speed of the object at $t = 3$.

(a) $y(1) = y(3) + \displaystyle\int_3^1 \frac{dy}{dt}dt$

$= 5 + \displaystyle\int_3^1 [2 + \sin(e^t)]\,dt = 1.269$

$3: \begin{cases} 2: \text{expression of } y(1) \\ 1: \text{answer} \end{cases}$

(b) $\dfrac{dy}{dx} = \dfrac{\frac{dy}{dt}}{\frac{dx}{dt}}$, $\dfrac{dx}{dt} = \dfrac{\frac{dy}{dt}}{\frac{dy}{dx}} = \dfrac{2 + \sin(e^3)}{-1.8} = 1.636$

$3: \begin{cases} 2: \text{expression of } \frac{dy}{dx} \\ 1: \text{answer} \end{cases}$

(c) $speed = \sqrt{\left(\dfrac{dx}{dt}\right)^2 + \left(\dfrac{dy}{dt}\right)^2} = \sqrt{(1.636)^2 + (2.944)^2}$

$= 3.368$

$3: \begin{cases} 2: \text{expression of } speed \\ 1: \text{answer} \end{cases}$

AP Calculus BC

Free-Response Scoring Guidelines

Question 2

2. Let S be the region in the first quadrant bounded by the graphs of $y = e^{-x^2}$ and $y = 2x^2$ and the y-axis.

   (a) Find the area of the region S.

   (b) Find the volume of the solid generated when the region S is rotated about the x-axis.

   (c) The region S is the base of a solid for which each cross section perpendicular to the x-axis is a semi-circle with diameter in the xy-plane. Find the volume of this solid.

(a)

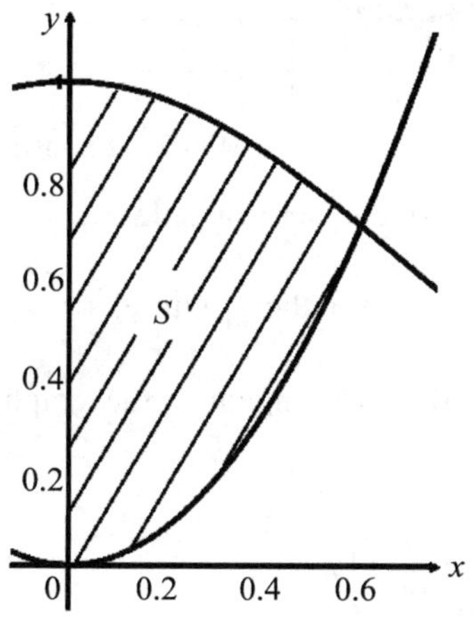

intersection point $e^{-x^2} = 2x^2$, $x = 0.593071$

Let $P = 0.593071$, $A = \int_0^P (e^{-x^2} - 2x^2)\,dx = 0.391$

3: { 1: intersection point; 1: expression of A; 1: answer }

(b) $V = \int_0^P \pi[(e^{-x^2})^2 - (2x^2)^2]\,dx = 1.321$

3: { 2: expression of V; 1: answer }

(c) $V = \int_0^P \frac{\pi}{2}\left[\frac{e^{-x^2} - 2x^2}{2}\right]^2 dx = 0.122$

3: { 2: expression of V; 1: answer }

AP Calculus BC

Free-Response Scoring Guidelines

Question 3

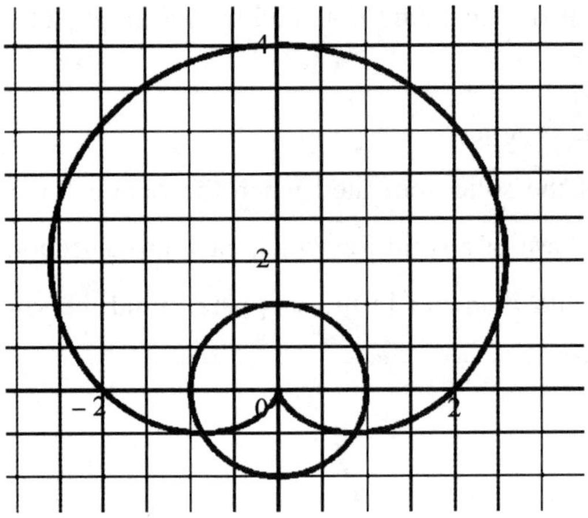

3. The graphs of the polar curves $r_1 = 2 + 2\sin\theta$ and $r_2 = 1$ for $0 \le \theta \le 2\pi$ are shown above:

(a) Write an integral expression for the area inside r_1 and outside r_2.

(b) Write expressions for $\frac{dx}{d\theta}$ and $\frac{dy}{d\theta}$ in terms of θ for the r_1 curve.

(c) Write an equation in terms of x and y for the line tangent to the graph of the polar curve r_1 at the point where $\theta = 0$.

(a) Let $2 + 2\sin\theta = 1$, then $\sin\theta = -\frac{1}{2}$, $\theta = \frac{7\pi}{6}$ or $\frac{11\pi}{6}$

$$A = \frac{1}{2}\int_0^{\frac{7\pi}{6}} [(2 + 2\sin\theta)^2 - 1]\,d\theta + \frac{1}{2}\int_{\frac{11\pi}{6}}^{2\pi} [(2 + 2\sin\theta)^2 - 1]\,d\theta$$

$3: \begin{cases} 1: \text{values of } \theta \\ 2: \text{express of } A \end{cases}$

(b) $x = r\cos\theta = (2 + 2\sin\theta)\cos\theta \quad \frac{dx}{d\theta} = 2(\cos 2\theta - \sin\theta)$

$y = r\sin\theta = (2 + 2\sin\theta)\sin\theta \quad \frac{dy}{d\theta} = 2\sin 2\theta + 2\cos\theta;$

$4: \begin{cases} 1: \text{expression of } x \\ 1: \text{expression of } dx/dt \\ 1: \text{expression of } y \\ 1: \text{expression of } dy/dt \end{cases}$

(c) At $\theta = 0$, $x = 2$, $y = 0$, $\frac{dy}{dx} = \frac{dy/d\theta}{dx/d\theta} = 1$

The equation of the tangent line is $y = x - 2$.

$1: \begin{cases} 1: dy/dx = 1 \\ 1: \text{equation of tangent line} \end{cases}$

AP Calculus BC

Free-Response Scoring Guidelines

Question 4

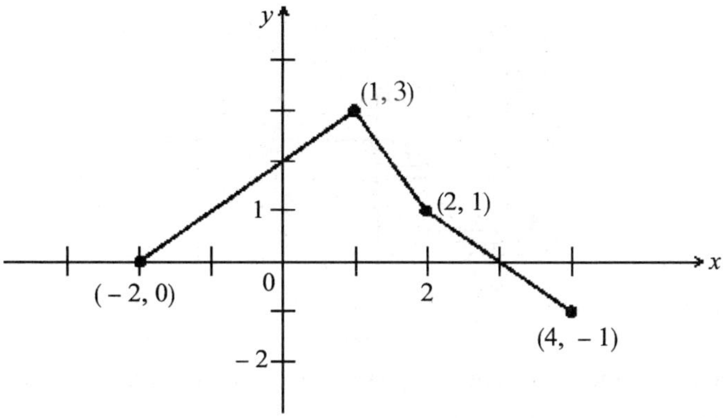

4. The graph of the function f, consisting of three segments, is shown above. Let $g(x) = \int_1^x f(t)\,dt$.

(a) Find $g(1)$ and $g'(1)$.

(b) Find the instantaneous rate of change of g, which respect to x, at $x = 2$.

(c) Find the absolute minimum value of g on the closed interval $[-2, 4]$. Justify your answer.

(d) The second derivative of g is not defined at $x = 1$ and $x = 2$. Which of these values are x-coordinates of points of inflection of the graph of g? Justify your answer.

(a) $g(1) = \int_1^1 f(t)\,dt = 0$ and $g'(1) = f(1) = 3$	$2:\begin{cases}1: g(0)\\2: g(1)\end{cases}$
(b) $g'(x) = f(x)$ and $g'(2) = f(2) = 1$	$2:\begin{cases}1: g'(x)\\1: g'(2)\end{cases}$
(c) For $-2 < x < 4$, $g'(x) = f(x) = 0$ when $x = -2$ or 3. $g' = f$ changes from positive to negative only at $x = 3$. The absolute minimum must occur at left endpoint or right endpoint. $g(-2) = \int_1^{-2} f(t)\,dt = -\int_{-2}^{1} f(t)\,dt = -4.5$ and $g(4) = \int_1^4 f(t)\,dt = 2$. The absolute minimum occurs at $x = -2$.	$3:\begin{cases}1: x = -2 \text{ or } 3\\1: \text{reason}\\1: \text{answer}\end{cases}$
(d) The value of $x = 1$ is the x-coordinates of points of inflection of the graph of g since $g''(x) = f'(x)$ changes from positive to negative at $x = 1$ and $g''(x) = f'(x)$ is always negative in the interval $(1,2) \cup (2,4)$.	$2:\begin{cases}1: x = 1\\1: \text{reason}\end{cases}$

AP Calculus BC

Free-Response Scoring Guidelines

Question 5

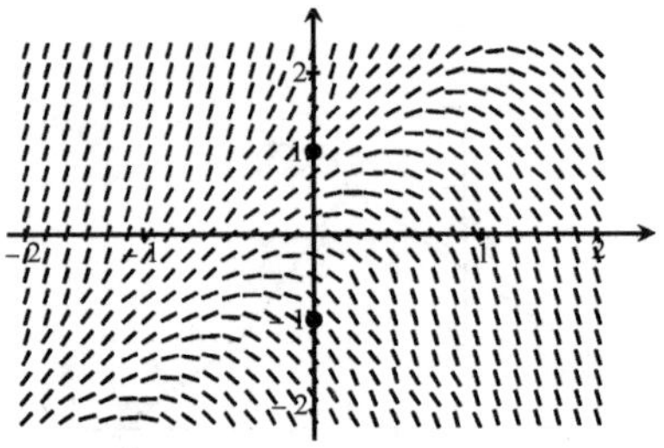

5. Consider the differential equation $\frac{dy}{dx} = 2y - 4x$.

(a) The slope field for the differential equation is shown above. Sketch the solution curve that passes through the point $(0, 1)$ and sketch the solution curve that passes through the point $(0, -1)$.

(b) There is a value of b for which $y = 2x + b$ is a solution to the differential equation. Find this value of b. Justify your answer.

(c) Let g be the function that satisfies the given differential equation with the initial condition $g(0) = 0$. It appears from the slope field that g has a local maximum at the point $(0, 0)$. Using the differential equation, prove analytical that this is so.

(d) Write the second-degree Taylor polynomial for g about $a = 0$.

(a)

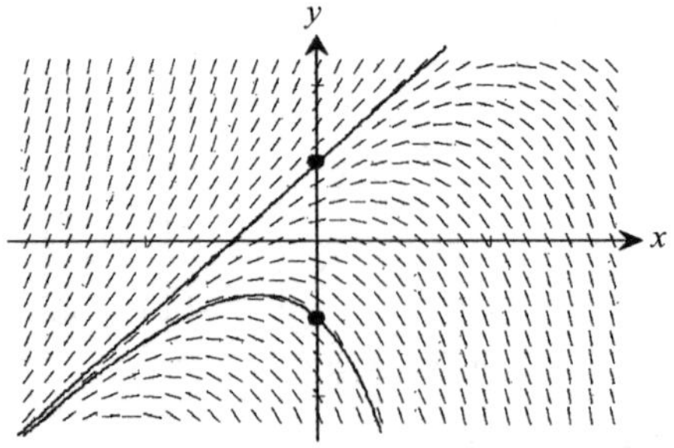

2: $\begin{cases} 1: \text{solution curve through } (0,1) \\ 2: \text{solution curve through } (0, -1) \end{cases}$

(b) Let $\frac{dy}{dx} = 2$ and $y = 2x + b$ in the differential equation:

$2 = 2(2x + b) - 4x,\ b = 1.$

2: $\begin{cases} 1: dy/dx \\ 1: \text{answer} \end{cases}$

(c) Note that $\frac{dg}{dx} = 2 \times 0 - 4 \times 0 = 0$ at the point $(0,0)$. Also,

$\frac{d^2 g}{dx^2} = \frac{dg}{dx}(2g - 4x) = -4 < 0$ at the point $(0,0)$. So, g' has a local maximum at $(0,0)$.

3: $\begin{cases} 1: g'(0) = 0 \\ 2: g''(0) = -4 \\ 1: \text{answer} \end{cases}$

(d) $g(x) = g(0) + g'(0)x + \frac{g''(0)}{2!}x^2 = -2x^2$

1: answer

AP Calculus BC

Free-Response Scoring Guidelines

Question 6

6. Let f be the function given by $f(x)=e^{-2x^2}$

(a) Find the first four nonzero terms and the general term of the power series for $f(x)$ about $x=0$.

(b) Find the interval of convergence of the power series for $f(x)$ about $x=0$. Show the analysis that leads to your conclusion.

(c) Let g be the function given by the sum of the first four nonzero term of the power series for $f(x)$ about $x=0$. Show that $|f(x)-g(x)|<1.8\times10^{-6}$ for $-0.2\le x\le 0.2$.

(a) $e^x=1+x+\frac{x^2}{2!}+\frac{x^3}{3!}+\cdots+\frac{x^n}{n!}+\cdots$

$$e^{-2x^2}=1-2x^2+\frac{(-2x^2)^2}{2!}+\frac{(-2x^2)^3}{3!}+\cdots+\frac{(-2x^2)^n}{n!}+\cdots$$

$$f(x)=1-2x+2x^4-\frac{4x^6}{3}+\cdots+\frac{(-1)^n2^nx^{2n}}{n!}+\cdots$$

3: $\begin{cases}1: e^x\\ 1: e^{-2x^2}\\ 1: \text{answer}\end{cases}$

(b) $\lim\limits_{n\to\infty}\left|\frac{(-1)^{n+1}2^{n+1}x^{2n+2}}{(n+1)!}\quad\frac{n!}{(-1)^n2^nx^{2n}}\right|$

$=\lim\limits_{n\to\infty}\left|\frac{2x^2}{n+1}\right|=2x^2\lim\limits_{n\to\infty}\left|\frac{1}{n+1}\right|=0<1$. The interval of convergence of the power series is $(-\infty,+\infty)$.

3: $\begin{cases}1: \text{expression of } \lim\limits_{n\to\infty}|a_{n+1}/a_n|\\ 1: \text{value of limit}\\ 1: \text{answer}\end{cases}$

(c) The power series for $f(x)$ about $x=0$ is an alternating series. According to alternating series error estimate theorem, $|f(x)-g(x)|\le a_5=\frac{(-2x^2)^4}{4!}=\frac{2}{3}x^8\le\frac{2}{3}\times0.2^8=$ 1.707×10^{-6}

3: $\begin{cases}1: \text{alternating series}\\ 1: \text{expression}\\ 1: \text{answer}\end{cases}$

END

附　录

1. AP Calculus AB&BC公式大全

AP 微积分考试为闭卷考试，考试时也不给任何数学公式。因此，熟练掌握考试大纲要求的微积分公式十分必要。为了帮助考生更快的掌握 AP 微积分的相关公式，本文总结了 AP 微积分考试当中常用的重要公式，供大家参考学习。

1.1 Function and Limit

1. 五种基本初等函数图像性质

Power $y=x^u$；*Exponential* $y=a^x$；*Logarithmic*：$y=\log_a x$

Trigonometric：$y=\sin x/\cos x/\tan x/\cot x/\sec x/\csc x$

Inverse trigonometricy $=\sin^{-1}x/\cos^{-1}x/\tan^{-1}x/\cot^{-1}x/\sec^{-1}x/\csc^{-1}x$

2. 四种表达函数的解析式

$y=f(x)$；*parametric* $\begin{cases}x=f(t)\\y=g(t)\end{cases}$；*polar* $r=f(\theta)$；*vector* $\overrightarrow{r(t)}=\langle f(t),g(t)\rangle$

3. 三个重要极限

$$\lim_{x\to\infty}\frac{\sin x}{x}=1;$$

$$\lim_{x\to\infty}\left(1+\frac{1}{x}\right)^x=e\Rightarrow\lim_{x\to 0}(1+x)^{\frac{1}{x}}=e$$

$$\lim_{x\to\infty}\frac{P_m(x)}{Q_n(x)}=\lim_{x\to\infty}\frac{a_0x^m+a_1x^{m-1}+...+a_{m-1}x+a_m}{b_0x^n+b_1x^{n-1}+\cdots+b_{n-1}x+b_n}=\begin{cases}\frac{a_0}{b_0}(n=m)\\ \infty\ (n<m)\\ 0(n>m)\end{cases}$$

1.2 Derivatives

1. 导数定义式

(1) $f'(x_0)=\lim\limits_{\Delta x\to 0}\frac{\Delta y}{\Delta x}=\lim\limits_{\Delta x\to 0}\frac{f(x_0+\Delta x)-f(x_0)}{\Delta x}$

(2) *One - sided*: $f'_-(x_0)=\lim\limits_{x\to x_0^-}\frac{f(x)-f(x_0)}{x-x_0}=\lim\limits_{\Delta x\to 0^-}\frac{f(x_0+\Delta x)-f(x_0)}{\Delta x}$;

$f'_+(x_0)=\lim\limits_{x\to x_0^+}\frac{f(x)-f(x_0)}{x-x_0}=\lim\limits_{\Delta x\to 0^+}\frac{F(x_0+\Delta x)-f(x_0)}{\Delta x}$;

2. 求导公式和法则

(1) *Derivative formulas of five basic elementry functions*:

$(x^n)'=nx^{n-1}$, $\left(\frac{1}{x}\right)'=-\frac{1}{x^2}$, $(\sqrt{x})'=\frac{1}{2\sqrt{x}}$;

$(a^x)'=a^x(\ln a)$, $(e^x)'=e^x$; $(\log_a x)'=\frac{1}{x\ln a}$, $(\ln x)'=\frac{1}{x}$;

$(\sin x)'=\cos x$, $(\cos x)'=-\sin x$, $(\tan x)'=\sec^2 x$,

$(\cot x)'=-\csc^2 x$, $(\sec x)'=\sec x\tan x$, $(\csc x)'=-\csc x\cot x$;

$(\arcsin x)'=\frac{1}{\sqrt{1-x^2}}$, $(\arccos x)'=-\frac{1}{\sqrt{1-x^2}}$, $(\arctan x)'=\frac{1}{1+x^2}$,

$(\operatorname{arccot} x)'=-\frac{1}{1+x^2}$, $(\operatorname{arcsec} x)'=\frac{1}{|x|\sqrt{x^2-1}}$, $(\operatorname{arccsc} x)'=-\frac{1}{|x|\sqrt{x^2-1}}$

(2) *Operation*: $(ku)'=ku$; $(u\pm v')=u'\pm v'$, $(uv)'=u'v+uv'$, $\left(\frac{u}{v}\right)'=\frac{u'v-uv'}{v^2}$

(3) *Chain rule* $y=f[g(x)]\Rightarrow\frac{dy}{dx}=\frac{dy}{du}\cdot\frac{du}{dx}$

(4) *Logarithmic differentiation*

(5) *Inverse function* $\frac{dy}{dx}=\frac{1}{dx/dy}$

parametric $\frac{dy}{dx}=\frac{dy/dt}{dx/dt}$, $\frac{d^2y}{dx^2}=\frac{d(dy/dx)/dt}{dx/dt}$

polar $\frac{dy}{dx}=\frac{f'(\theta)\sin\theta+r\cos\theta}{f'(\theta)\cos\theta-r\sin\theta}$, *vector* $(\overrightarrow{r(t)})'=\langle f'(t),g'(t)\rangle$

1.3 Integrals

1. 不定积分定义式

definition $\int f'(x)dx = f(x) + C$ *method* $\int df(x) = f(x) + C$

2. 求不定积分的四种方法

(1) *Formulas*: $\int x^n dx = \frac{x^{n+1}}{n+1} + C$, $\int a^u du = \frac{1}{\ln a}a^u + C$

$\int \sin xdx = -\cos x + C$, $\int \cos xdx = \sin x + C$, $\int \tan xdx = -\ln|\cos x| + C$

$\int \cot xdx = \ln|\sin x| + C$, $\int \sec xdx = \ln|\sec x \tan x| + C$, $\int \csc xdx = -\ln|\csc x \cot x| + C$

$\int \frac{dx}{\sqrt{1-x^2}} = \sin^{-1}x + C(x^2 < 1)$, $\int \frac{dx}{1+x^2} = \tan^{-1}x + C$, $\int \frac{dx}{x\sqrt{x^2-1}} = \sec^{-1}x + C(x^2 > 1)$

(2) *U - substitution*

(3) *Partial fractions*

(4) *Integration by parts*: $\int udv = uv - \int udv$ (*story about* $\ln x$, x, $\sin x$ and e^x)

3. 反常积分的两种形式

(1) *Integral on an Infinite Interval*

$$\int_a^{+\infty} f(x)dx = \lim_{b\to+\infty}\int_a^b f(x)dx$$

$$\int_{-\infty}^b f(x)dx = \lim_{a\to-\infty}\int_a^b f(x)dx$$

$$\int_{-\infty}^{+\infty} f(x)dx = \int_{-\infty}^{+\infty} f(x)dx + \int_{-\infty}^{+\infty} f(x)dx$$

(2) *Integrand with Infinite discontinuities*

$$\int_a^b f(x)dx = \lim_{c\to a^+}\int_c^b f(x)dx$$

$$\int_a^b f(x)dx = \lim_{c\to b^-}\int_a^c f(x)dx$$

$$\int_a^b f(x)dx = \int_a^c f(x)dx + \int_c^b f(x)dx$$

4. 定积分定义和运算法则

(1) *Riemann sum* (*left*, *right*, *mid*, *trapezoidal*)

(2) *definition*: $\int_a^b f(x)dx = \lim_{n\to\infty}\sum A_i = \lim_{n\to\infty}\sum f(x_i)\Delta x$

(3) *properties of Integral*:

$$\int_a^b [f(x) \pm g(x)]dx = \int_a^b f(x)dx \pm \int_a^b g(x)dx$$

$$\int_a^b kf(x)dx = k\int_a^b f(x)dx$$

$$\int_a^b f(x)dx = \int_a^c f(x)dx + \int_c^b f(x)dx$$

$$\int_b^a f(x)dx = 0 \qquad \int_b^a f(x)dx = -\int_a^b f(x)dx$$

$$\int_{-a}^a f(x)dx = 0(f(x)\ odd) \qquad \int_{-a}^a f(x)dx = 2\int_0^a f(x)dx(f(x)\ even)$$

5. 微积分两条基础理论

$$\int_a^b f'(x)dx = f(b) - f(a) \ \ or\ f(b) = f(a) + \int_a^b f'(x)dx$$

$$\frac{dA(x)}{dx} = \frac{d}{dx}\int_a^x f(t)dt = f(x),\ x \in [a,b]$$

6. 定积分应用

(1) *Mean value theorem*: $f(c) = \dfrac{\int_a^b f(x)dx}{(b-a)}$

(2) *Area* (*vertical slice / horizontal slice / polar*)

(3) *Volume* (*disk / washer / shell / known cross - setion*)

(4) *Length of curve*: $L = \int_{x_1}^{x_2}\sqrt{1+\left(\frac{dy}{dx}\right)^2}dx = \int_{y_1}^{y_2}\sqrt{1+\left(\frac{dy}{dx}\right)^2}dy$

or $L = \int_\alpha^\beta \sqrt{x'^2(t)+y'^2(t)}dt$ (*parametric equation*)

7. 微分方程

Differential equation:

(1) *Separation Variable* $\dfrac{dy}{N(y)} = M(x)dx$

(2) *Logistic equation*: $\dfrac{dy}{dx} = ky\left(1-\dfrac{y}{K}\right) \Rightarrow y = \dfrac{K}{1+Ae^{-kx}}$ *and* $\lim_{t\to\infty} y = K$

(3) *Slope field*

(4) *Eluer's method*: $y_n = y_{n-1} + h(y'_{n-1})$ *or* $f(x) = f(x_0) + f'(x_0)(x - x_0)$

1.4 Series

1. 级数的定义与收敛性

Definition:

(1) $\sum_{n=1}^{\infty} a_n = a_1 + a_2 + a_3 + \cdots + a_n + \cdots$;

(2) *partial sum*: $S_n = \sum_{n=1}^{\infty} a_n = a_1 + a_2 + a_3 + \cdots + a_n$;

(3) *If* $\lim_{n\to\infty} S_n$ *exits, then* $\sum_{n=1}^{\infty} a_n$ *converges*;

If $\lim_{n\to\infty} S_n$ *does not exit, then* $\sum_{n=1}^{\infty} a_n$ *diverges.*

2. 判定级数收敛性的三大审敛法

Three test:

(1) *Ratio* $\sum_{n=1}^{\infty} a_n$: $\lim_{n\to\infty}\left|\frac{a_{n+1}}{a_n}\right| = \rho$

($\rho < 1$ *convergence*, $\rho > 1$ *divergence*, $\rho = 1$ *may convergence or divergence*);

(2) *Integral*: *If* $a_n = f(n)$ *is positive, continuous and decreasing for* $x \geq 1$, *then* $\sum_{n=1}^{\infty} a_n$ *and* $\int_1^{\infty} f(x)\,dx$ *both convergence or divergerence*;

(3) *Comparison*: *Let* $0 \leq a_n \leq b_n$ *for all* n, *If* $\sum_{n=1}^{\infty} b_n$ *converges, them* $\sum_{n=1}^{\infty} a_n$ *converges*; *If* $\sum_{n=1}^{\infty} a_n$ *diverges, then* $\sum_{n=1}^{\infty} b_n$ *diverges.*

3. 四种重要的级数

Four series:

(1) *Harmonic series*: $\sum_{n=1}^{\infty} \frac{1}{n} = \frac{1}{1} + \frac{1}{2} + \frac{1}{3} + \cdots + \frac{1}{n} + \cdots$ (*divergence*);

(2) *Geometric series*: $a + ar + ar^2 + ar^3 + \cdots = \sum_{n=1}^{\infty} ar^{n-1}$.

If $|r| < 1$, *convergence* $\Rightarrow \sum_{n=1}^{\infty} ar^{n-1} = \frac{a}{1-r}$;

If $|r| \geq 1$, *divergence*;

(3) *P-series*: $\sum_{n=1}^{\infty} \frac{1}{n^P}$. *If* $P > 1$, *convergence*; *If* $P \leq 1$, *divergence*;

(4) *Alternating series*: $\sum_{n=1}^{\infty} (-1)^{n+1} b_n (b_n > 0)$

If $b_n > b_{n+1}$ *and* $\lim_{n\to\infty} b_n = 0$, *convergence*.

Error bound: *the next term* $(|R_n| \leq |S_{n+1} - S_n| = a_{n+1})$

4. 幂级数和泰勒级数

(1) *Power series*:

$$\sum_{n=1}^{\infty} c_n x^n = c_0 + c_1 x + c_2 x^2 + c_3 x^3 + \cdots + c_n x^n + \cdots$$

(2) *Taylor series*:

$$f(x) = f(a) + f'(a)(x-a) + \frac{f''(a)}{2!}(x-a)^2 + \cdots + \frac{f^{(n)}(a)}{n!}(x-a)^n + \cdots;$$

Let $f(x) = p_n(x) + R_n(x)$

$$P_n(x) = f(a) + f'(a)(x-a) + \cdots + \frac{f^{(n)}(a)}{n!}(x-a)^n$$

Lagrange error: $R_n(x) = \frac{f^{(n+1)}(\xi)}{(n+1)!}(x-a)^{n+1}$ (ξ *between* x *and* a)

(3) *Maclaurin series*:

$$f(x) = \sum_{n=1}^{\infty} \frac{f^{(n)}(0)}{n!}x^n = f(0) + f'(0)x + \frac{f''(0)}{2!}x^2 + \cdots + \frac{f^{(n)}(0)}{n!}x^n + \cdots$$

(4) *Four series to remember*:

$$e^x = 1 + x + \frac{x^2}{2!} + \frac{x^3}{3!} + \cdots + \frac{x^n}{n!} + \cdots$$

$$\sin x = x - \frac{x^3}{3!} + \frac{x^5}{5!} - \cdots + (-1)^{n+1}\frac{x^{2n-1}}{(2n-1)!} + \cdots$$

$$\frac{1}{1-x} = 1 + x + x^2 + x^3 + \cdots + x^n + \cdots \ (|x| < 1)$$

$$\cos x = 1 - \frac{x^2}{2!} + \frac{x^4}{4!} - \cdots + (-1)^{n+1}\frac{x^{2n-2}}{(2n-2)!} + \cdots$$

2. AP Calculus BC 考试中常见的极坐标图像*

极坐标(polar coordinate)函数只要求准备 AP Calculus BC 考试的考生掌握，参加 AP Calculus AB 的考生不要求掌握。AP Calculus BC 的考试中，在多项选择题和自由问答题中都出现了极坐标函数的题。

值得注意的是，在考试说明(AP calculus course description)BC 样题 Section 1 Part A(不能使用计算器)中，出现了极坐标求面积的题，此题如下所示(样题 12 题)：

Which of the following integrals represents the area enclosed by the smaller loop of the graph of $r = 1 + 2\sin\theta$?

(A) $\frac{1}{2}\int_{7\pi/6}^{11\pi/6}(1+2\sin\theta)^2 d\theta$

(B) $\frac{1}{2}\int_{7\pi/6}^{11\pi/6}(1+2\sin\theta) d\theta$

(C) $\frac{1}{2}\int_{-\pi/6}^{7\pi/6}(1+2\sin\theta)^2 d\theta$

(D) $\int_{-\pi/6}^{7\pi/6}(1+2\sin\theta)^2 d\theta$

(E) $\int_{7\pi/6}^{-\pi/6}(1+2\sin\theta)^2 d\theta$

此题的出现警示考生，在没有计算器的情况下，要求考生最好要能手绘出 $r = 1 + 2\sin\theta$ 的极坐标图像。画出图像之后就能十分清楚的知道 smaller loop 积分的上限和下限。画出极坐标图像如下：

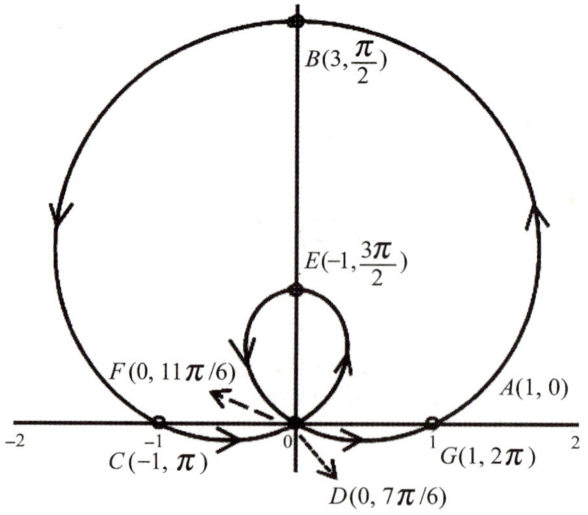

极坐标图像的画法请见 chapter 2.5。随着 θ 的增大，图像从点 A 开始，经过点 B、C、D、E、F 到 G，即从 $\theta=0$ 增大到 $\theta=2\pi$。从图中我们可以得知 small loop 的起点坐标和终点坐标为 D$(0,\frac{7\pi}{6})$ 和 F$(0,\frac{11\pi}{6})$。根据极坐标求面积公式

$$A=\int_{\alpha}^{\beta}\frac{1}{2}r^{2}d\theta$$

可得答案为 A。

如下列出在 AP Calculus BC 真题中曾经出现过的极坐标图像，供考生参考（M 代表多项选择题，F 代表自由问答题）。

1.（1998 – BC – M19）

$r=2$

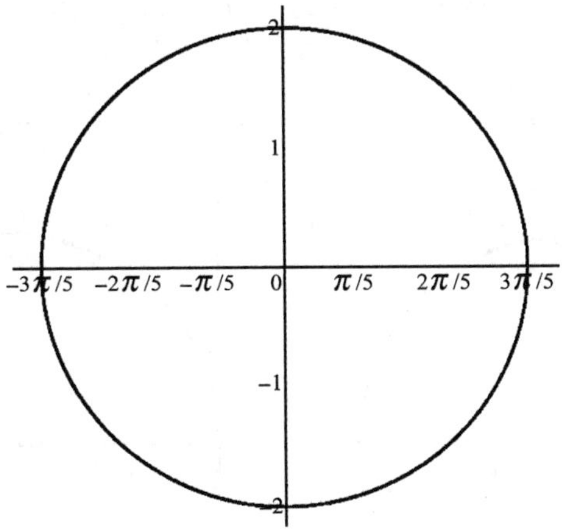

2.（1998 – BC – M19）

$r=\sin\theta$

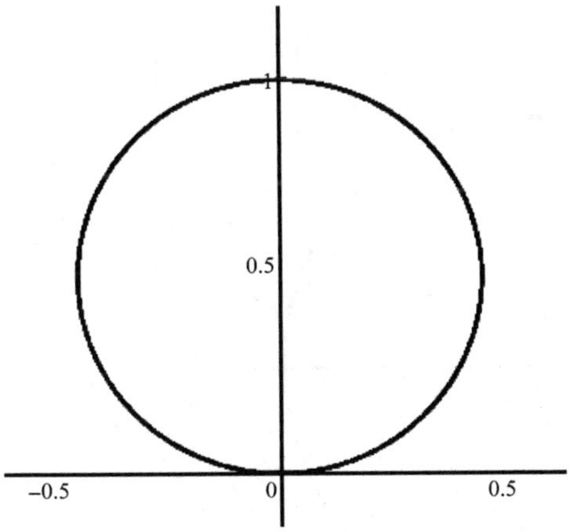

$r=4\sin\theta$

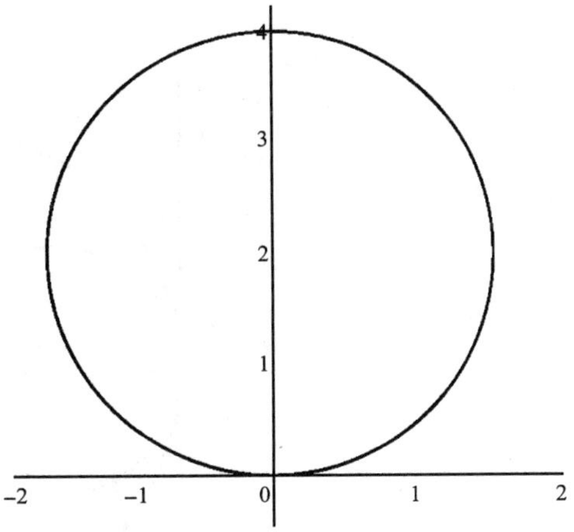

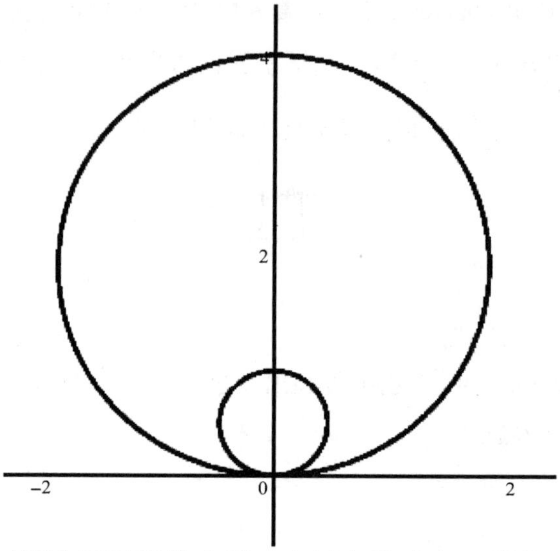

（两个函数图像在同一坐标上的对比，下同）

3.（1997 – BC – M21） $r = \cos\theta$ $r = 2\cos\theta$

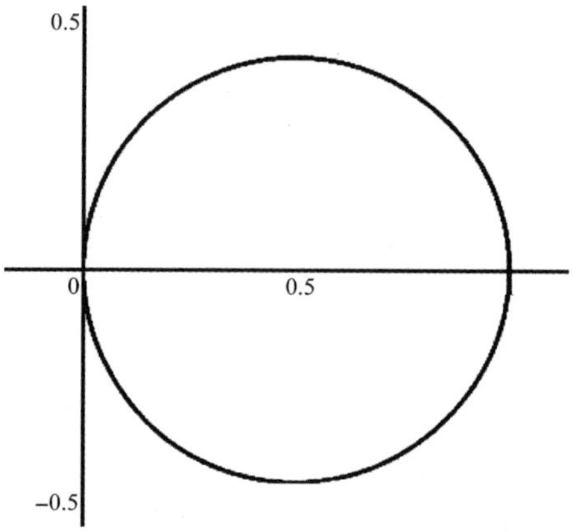

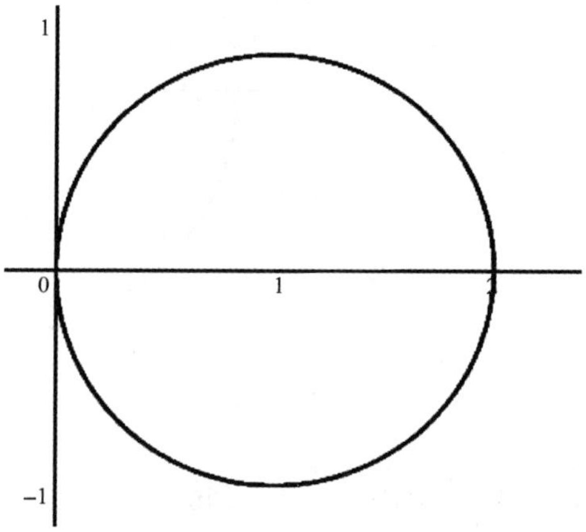

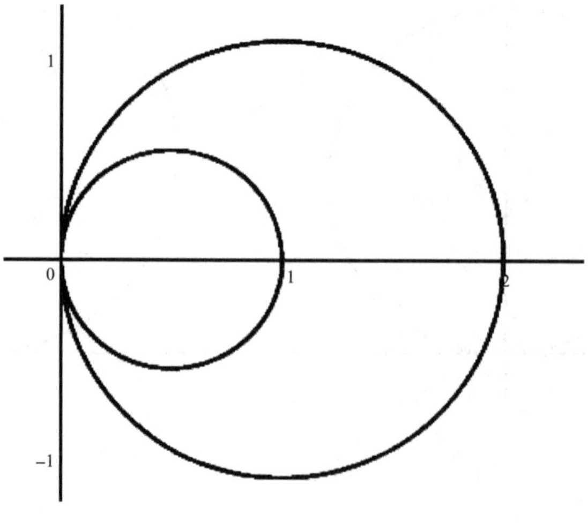

4.（2005 – BC – F2） $r=\theta+\sin(2\theta)$

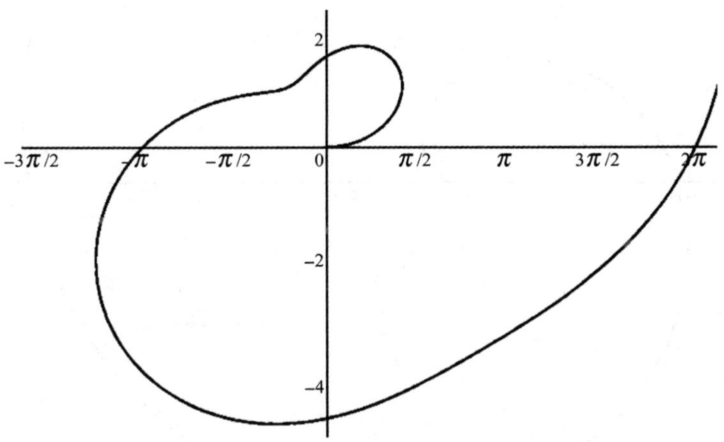

5.（2007 – BC – F3） $r=3+2\cos\theta$

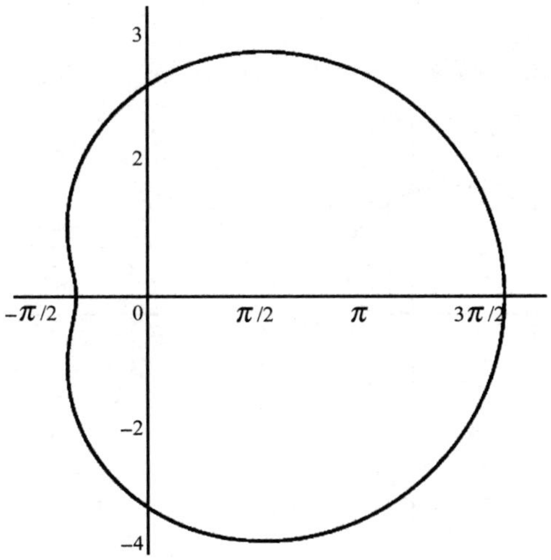

6.（2009 – BC – F4） $r=1-2\cos\theta$

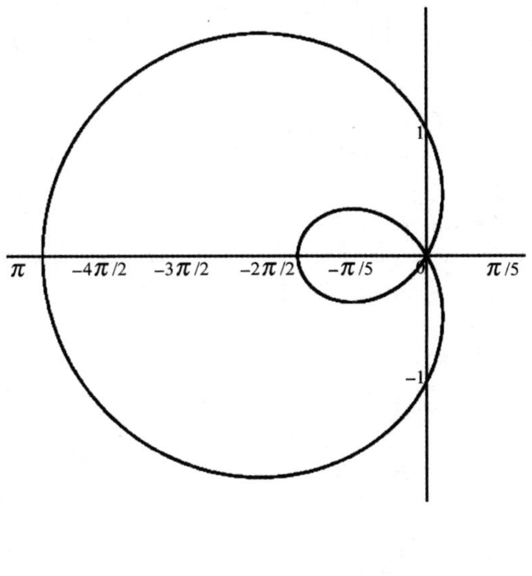

7.（Practice exam 2008 – BC – M23） $r = 2\theta$

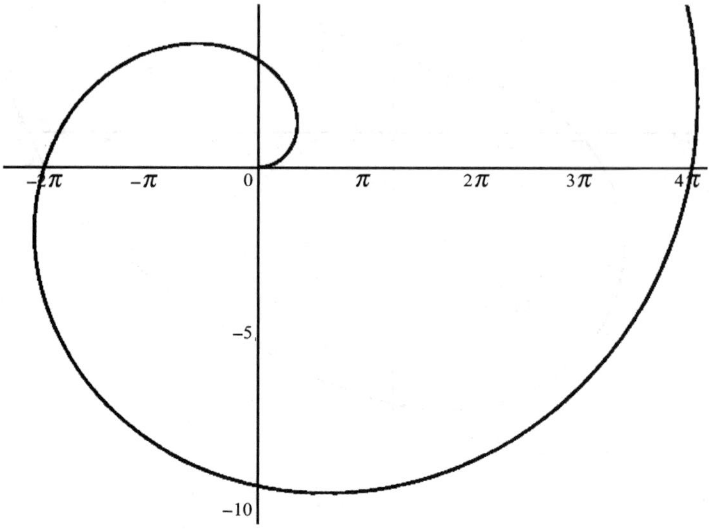

8.（Practice exam 2008 – BC – M78） $r = 2\theta + \cos\theta$(黑线,灰线为 $r = 2\theta$)

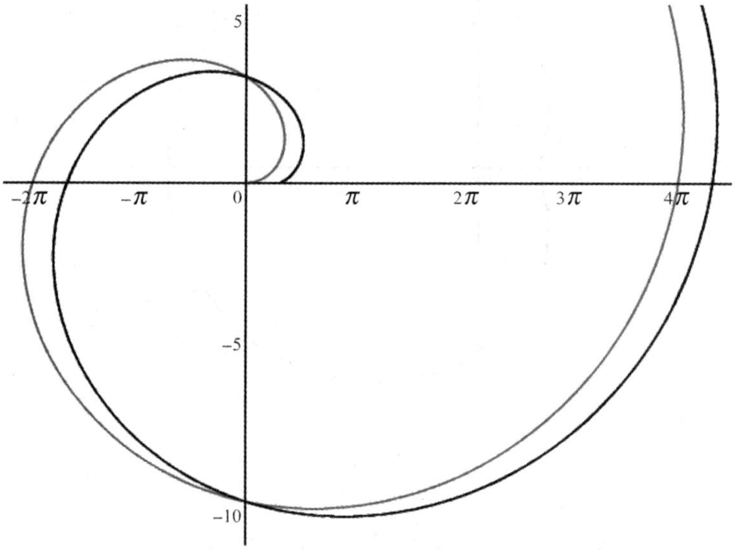

9.（2008 – BC – M26）

$r = \sin^2\theta$

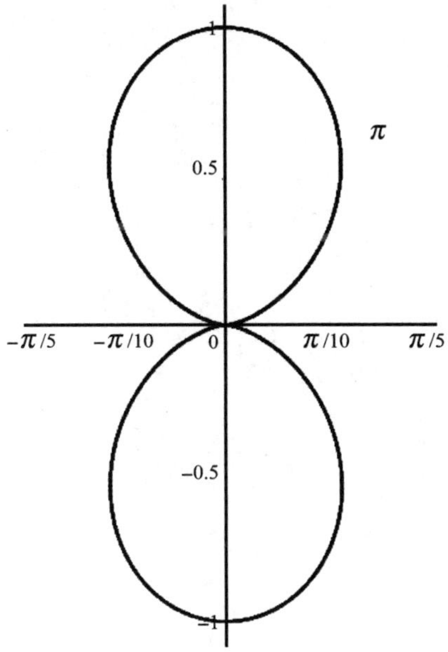

10.

$r = 2(1 + \sin\theta)$　　　　$r = 1 + 2\sin\theta$

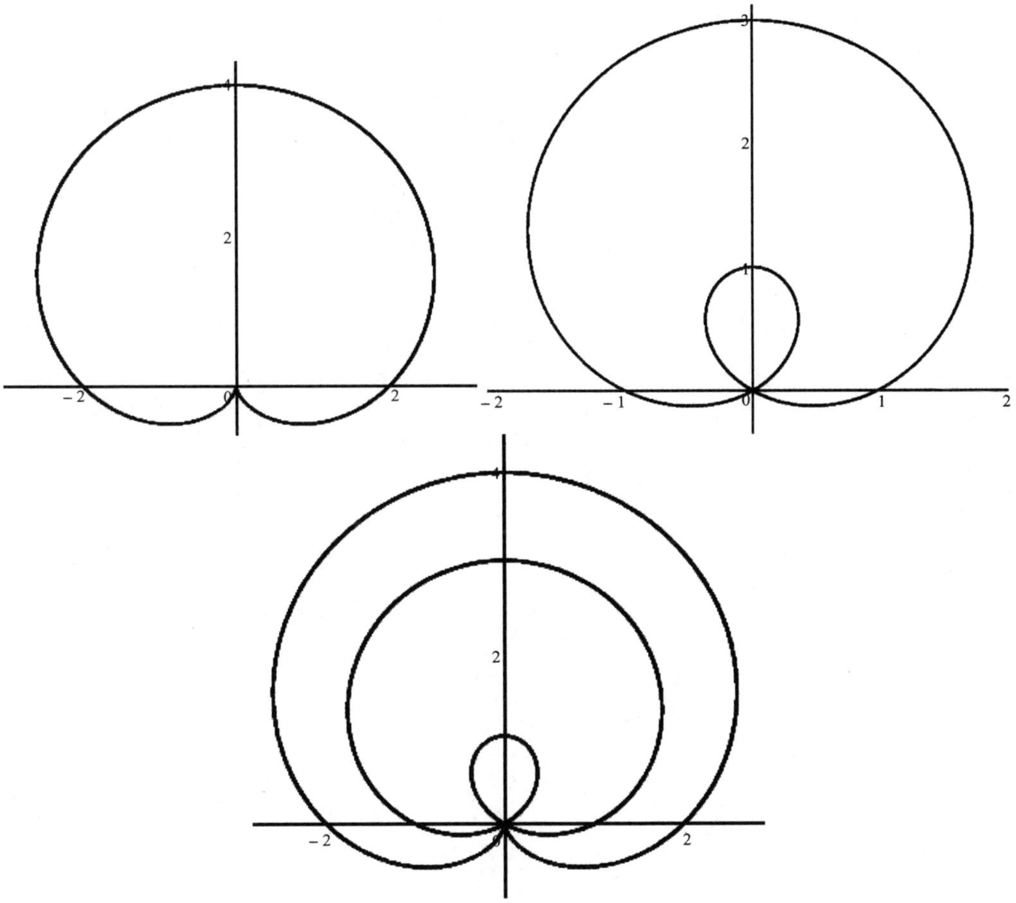

读者反馈表

尊敬的读者:

您好! 非常感谢您对**新东方大愚图书**的信赖与支持，希望您抽出宝贵的时间填写这份反馈表，以便帮助我们改进工作，今后能为您提供更优秀的图书。谢谢!

为了答谢您对我们的支持，我们将对反馈的信息进行随机抽奖活动，当月将有20 位幸运读者可获赠**《新东方英语》**期刊一份。我们将定期在新东方大愚图书网站 www.dogwood.com.cn 公布获奖者名单并及时寄出奖品，敬请关注。

来信请寄: 北京市海淀区海淀东三街 2 号新东方南楼 19 层 北京新东方大愚文化传播有限公司

图书部收

邮编: 100080　　E-mail: dywh@xdf.cn

姓名:________ 年龄:________ 职业:________ 教育背景:________ 邮编:________

通讯地址:______________________ 联系电话:________

E-mail:______________ 您所购买的书籍的名称是:______________

1. 您是通过何种渠道得知本书的 (可多选):
   □书店 □新东方网站 □大愚网站 □朋友推荐 □老师推荐 □@新东方大愚图书(http://weibo.com/dogwood)
   □其他__________
2. 您是从何处购买到此书的? □书店 □新东方大愚淘宝网 □其他网上书店 □其他__________
3. 您购买此书的原因 (可多选):
   □封面设计 □书评广告 □正文内容 □图书价格 □新东方品牌 □新东方名师 □其他__________
4. 您对本书的封面设计满意程度: □很满意 □比较满意 □一般 □不满意 □改进建议__________
5. 您认为本书的内文在哪些方面还需改进? □结构编排 □难易程度 □内容丰富性 □内文版式 □其他______
6. 本书最令您满意的地方: □内文 □封面 □价格 □纸张
7. 您对本书的推荐率: □没有 □1 人 □1-3 人 □3-5 人 □5 人以上
8. 您更希望我们为您提供哪些方面的英语类图书?
   □少儿英语类 □初高中英语类 □四六级类 □考研类 □IELTS 类 □TOEFL 类 □GRE、GMAT 类 □SAT、SSAT 类
   □留学申请类 □BEC、TOEIC 类 □实用英语类 □商务英语类 □休闲欣赏类 □英语读物类 □其他__________
   您目前最希望我们为您出版的图书是: __________
9. 您在学习英语过程中最需要哪些方面的帮助? (可多选)
   □词汇 □听力 □口语 □阅读 □写作 □翻译 □语法 □其他__________
10. 您最喜欢的英语图书品牌: ______________
    理由是(可多选): □版式漂亮 □内容实用 □难度适宜 □价格适中 □对考试有帮助 □其他__________
11. 您对新东方图书品牌的评价: ______________
12. 您对本书(或其他新东方图书)的意见和建议: ______________

    ____

    ____
13. 填表时间: ______ 年 _____ 月 ___ 日